人类记忆与多维记忆评估

程灶火 满娇 著

中国商业出版社

图书在版编目（CIP）数据

人类记忆与多维记忆评估 / 程灶火，满娇著.
北京 : 中国商业出版社，2024. 8. -- ISBN 978-7-5208-3094-2

Ⅰ. B842.3

中国国家版本馆 CIP 数据核字第 2024AM0395 号

责任编辑：王　彦

中国商业出版社出版发行

（www.zgsycb.com　100053　北京广安门内报国寺 1 号）

总编室：010-63180647　编辑室：010-63033100

发行部：010-83120835 / 8286

新华书店经销

廊坊市博林印务有限公司印刷

*

710 毫米 ×1000 毫米　16 开　15.5 印张　261 千字

2024 年 8 月第 1 版　2024 年 8 月第 1 次印刷

定价：58.00 元

* * * *

（如有印装质量问题可更换）

作者简介

程灶火，男，汉族，1958 年 11 月出生。博士研究生学历，现就职于长治医学院，教授，博士研究生导师，临床心理学家，国务院政府特殊津贴专家。曾任中南大学和南京医科大学教授、江南大学和皖南医学院兼职教授、无锡市精神卫生中心副院长。江苏省临床心理学重点学科带头人、江苏省首批中青年科技领军人才，无锡市名医、首席医师。曾获全国心理卫生先进工作者、中国医师协会优秀精神科医师、中华医学会行为医学杰出贡献奖等荣誉。从事精神卫生和临床心理工作 30 余年，主持完成国家自然科学基金和社科基金、省自然科学基金和社科基金课题 8 项，在国内外学术期刊发表论文 300 余篇，曾获国家科技进步二等奖、卫生部科技成果二等奖和省市科技成果奖 10 余项。编制《华文认知能力量表》《多维记忆评估量表》《儿童和青少年心理健康量表》《儿少主观生活质量问卷》《中国人婚姻质量问卷》《家庭教养方式问卷》等 10 多种本土化心理测验。编著《临床心理学》《实用短程心理治疗》《心灵解惑》《轻松社交成就人生》等著作；主译《另辟蹊径》《智商测试》《智力》等著作；主编或参编《医学心理学》《变态心理学》《心理统计学》《精神病学》等教材。担任中华医学会行为医学分会常务理事，中国心理评估专业委员会常委，《中国临床心理学杂志》副主编，《中华行为医学与脑科学杂志》《中国心理卫生杂志》《中国健康心理学杂志》和《临床精神医学》等杂志编委。

满娇，女，汉族，1987 年 1 月出生。国家二级心理咨询师，北京师范大学在读教育博士，长治医学院精神卫生系应用心理学专业教师。有近 10 年《普通心理学》《教育心理学》等专业课程授课经验，累计心理咨询与治疗 2000 小时以上。长期从事认知心理学与心理健康教育领域研究工作，在国内外期刊发表多篇学术论文，主持完成多项省校级课题。

前　言

认知神经科和神经心理学研究的突破性进展，使人们对人类记忆的神经基础和记忆过程有了更深入的了解，记忆评估从理论到技术均相应地发生了深刻的变化，临床记忆评估的目的、内容及作用均较以往有了明显的不同，除评估记忆的功能水平外，还要更深入地了解记忆过程和记忆策略的改变。这些新的记忆测量技术不仅改进了记忆功能测查的敏感性和特异性，而且还能确定记忆障碍的类型和记忆过程的缺陷，在多种神经精神疾病以及儿童学习障碍的诊断、康复指导和预后估计等方面均起着重要作用。

近十几年来，国外有许多新的记忆量表问世，韦氏记忆量表也发展到第4版，而且在内容和结构上也发生了重大的变化。国内目前临床上使用的成套记忆量表仅有两套：龚耀先修订的韦氏记忆量表和许淑莲编制的临床记忆量表，而且都是在20世纪80年代初修订和编制的。自改革开放以来，我国经济、文化和学科快速发展，这种变化无疑对国民的心理健康发展起到促进作用，旧的量表有必要重新修订，或编制新的量表来弥补旧量表的不足。基于这些原因，我们从1998年开始着手编制多维记忆评估量表（Multiple Memory Assessment Scale，MMAS）。在测验编制过程中，得到龚耀先教授的精心指导，郑虹、耿铭、李欢欢和王力等在常模取样和信效度研究中做了大量的工作。经过多年努力，量表已基本成型，并在临床和科研中得到推广应用，为进一步规范检验施测和加速推广应用，特决定撰写出版《人类记忆与多维记忆评估》这本专著，指导MMAS的临床应用。不足之处在所难免，有待今后进一步完善。

MMAS是根据多重记忆系统理论编制的，包括外显记忆、内隐记忆和日常记忆三个方面的内容，其中外显记忆用记忆广度、自由回忆、再认和联想学习四方面共12个分测验来测量，内隐记忆用自由组词（语义启动）和残图命名（知觉启动）来测量，日常记忆则通过经历定向、时事与常识和生活记忆等内容来评定。它可以评价记忆各侧面的特点，或许能为临床诊断和科研提供更多的帮助。

程灶火

2024年6月于无锡

目　录

第一章　人类记忆……1
　第一节　人类记忆概述……2
　第二节　人类记忆种类……6
　第三节　记忆的基本过程……15
　第四节　记忆的理论模型……21

第二章　临床记忆评估的现状……30
　第一节　成套记忆量表……30
　第二节　单项记忆测验……35
　第三节　日常记忆评估……38
　第四节　内隐记忆的评估……41

第三章　多维记忆评估量表的理论构思……44
　第一节　多重记忆系统及测量问题……44
　第二节　分测验的设置和条目选择……46
　第三节　测验结果的量化问题……48
　第四节　多维记忆量表的结构……49

第四章　标准化样本及常模……52
　第一节　标准化样本……52
　第二节　分测验粗分的转换……57
　第三节　指数分的转换……57
　第四节　记忆过程指数的百分位常模……58
　第五节　指数差异分的百分位常模……59
　第六节　分测验差异分的百分位常模……59
　第七节　MMAS 简式及常模　……60

第五章　MMAS 的信度研究 …………………………………………………… 61
第一节　重测信度…………………………………………………………… 61
第二节　信度系数…………………………………………………………… 64
第三节　标准测量误和可信区间…………………………………………… 72
第四节　分测验和指数分间差异的显著性………………………………… 76

第六章　MMAS 的效度研究 …………………………………………………… 79
第一节　内容效度…………………………………………………………… 79
第二节　构想效度…………………………………………………………… 80
第三节　效标效度…………………………………………………………… 90
第四节　实证效度…………………………………………………………… 92
第五节　测验的偏差分析…………………………………………………… 94

第七章　MMAS 测试的一般考虑 ……………………………………………101
第一节　MMAS 的适用范围和主要用途 …………………………………101
第二节　MMAS 测验工具 …………………………………………………102
第三节　测验实施时间和标准程序…………………………………………103
第四节　建立和保持协调合作的关系………………………………………104
第五节　其他一些值得注意的问题…………………………………………105

第八章　MMAS 内容、实施和记分 …………………………………………106
第一节　自由组词……………………………………………………………106
第二节　图画再认……………………………………………………………107
第三节　残图命名……………………………………………………………108
第四节　汉词配对……………………………………………………………109
第五节　图符配对……………………………………………………………110
第六节　人—名配对…………………………………………………………111
第七节　数字广度……………………………………………………………112
第八节　汉词广度……………………………………………………………113
第九节　空间广度……………………………………………………………114
第十节　汉词再认……………………………………………………………115
第十一节　人面再认…………………………………………………………116

第十二节 汉词回忆……117
第十三节 图画回忆……117
第十四节 图形再生……118
第十五节 延迟回忆……119
第十六节 日常记忆评定……120

第九章 测验结果的统计和分析……123
第一节 检查和完善记录表……123
第二节 计算被试的年龄……123
第三节 获得量表分（或比率分）和指数分……124
第四节 估计各指数分的可信区间和百分位……126
第五节 画出记忆能力剖析图……127
第六节 离散或差异分析……128
第七节 计算有关附加指数……130

第十章 MMAS 结果解释与报告……131
第一节 记忆测验结果解释和报告的基础和主要内容……131
第二节 记忆水平的解释……135
第三节 记忆过程的解释……141
第四节 记忆平衡性的分析解释……143
第五节 分测验内容的定性分析……146

参考文献……147

附 表……150

第一章　人类记忆

记忆是人类重要的心理功能，两千多年前哲学家就讨论过这个问题，但人类记忆的科学研究始于德国科学家赫尔曼·艾宾浩斯（Hermann Ebbinghaus）的工作。1885 年，Ebbinghaus 把当时知觉研究中采用的试验方法用于研究人类的高级心理过程——记忆，他把自己当作被试，运用科学方法对记忆进行了研究。为了避免日常记忆的复杂性和个人经历的影响，他创造性地使用了无意义音节作为学习材料，在严格控制的实验条件下考查人类学习和遗忘的规律。通过研究，Ebbinghaus 发现了人类记忆的一条重要规律（遗忘曲线），即人类的遗忘规律是先快后慢，后人称之为“艾宾浩斯遗忘曲线”。虽然 Ebbinghaus 的工作对记忆研究产生了重要影响，但人类记忆丰富而复杂的内涵不是试验法能捕捉到的。在严格控制条件下用无意义音节发现的规律，虽具有可重复性，但不一定能解释人类在真实世界中的记忆规律。也就是说，它不一定有生态效度。在 Ebbinghaus 用实验法研究人类记忆的同时，也有人坚持用测验法和自然观察法研究现实生活记忆，弗朗西斯·高尔顿（Frances Galton）就是坚持用传统方法研究记忆的学者之一。这种传统的研究方法在 20 世纪初的记忆研究领域中也发挥过重要的作用，英国的弗雷德里克·巴特莱特（Frederic Charles Bartlett）和德国的格式塔心理学家在这一领域做了大量的工作。在北美由于受行为主义的影响，强调简单重复和实验控制，Ebbinghaus 的方法一直占统治地位，直到 20 世纪 60 年代认知心理学兴起。

记忆研究中的认知心理学方法很大程度上受计算机科学或信息加工论的影响，它把计算机科学中的术语（如内存、反馈、编码、提取等）运用到记忆研究领域，用这些术语来构建记忆理论和描述记忆过程。人脑比电脑复杂，术语的改变并不能真正阐明人类记忆的本质，人类对接受到的信息是如何编码的、储存在哪里、以什么形式储存、又是怎样提取的等问题，都没有从根本上解决，所有的记忆理论都是对观察到的现象的自圆其说而已，不过它还是心理学研究中最富成果、最有希望获得突破的领域。认知心理学的飞速发展对记忆的概念和评估方法产生了较大的影响，人们在编制记忆测验时，不仅想反映不同记忆系统的量的特征，而且还试图反映记忆过程的特点。记忆的测量学研究不仅对深入研究记忆的分子生物学和心理学机制有意义，在临床上更有实用价值。记忆功能损害是一种最常见的认知症状和神经心理缺陷，在一些脑损害疾病中，记忆困难是最早出现的、最常见的、最突出的症状，在增龄过程中最容易观察到的心理变化也是记忆改变，而且不同原因造成的记忆改变有其不同的特点。这些都使记忆评估在临床上具有实际意义，有助于疾病的诊断、疗效评估和康复指导。

目前，国外常用成套记忆量表有韦氏记忆量表（WMS、WMS-R 和 WMS-Ⅲ）、记忆评估量表（MAS）和 Randt 记忆测验（RMT）等，这些量表涵盖的内容和生态效度方面有不尽如人意之处，未含有内隐记忆和日常记忆等内容。国内广泛使用的两套记忆测验——中国修订的韦氏记忆量表和临床记忆量表，其常模标准都是 20 世纪 80 年代初建立的，标准有点过时了，美国的韦氏记忆量表已经发展到了第三版，故有必要对原有的测验重新标准化，或用新的测验替代。基于这些原因，我们从 1998 年开始着手编制了一个新的记忆量表——多维记忆评估量表（Multi-dimensional Memory Assessment Scale，MMAS），为记忆研究和记忆障碍的诊断提供一套实用的工具。在介绍具体测验内容之前，对记忆概念和记忆测量的一些基本问题做简要的复习，以便读者对记忆和记忆测量有更全面的了解。

第一节　人类记忆概述

一、什么是记忆

记忆（memory）作为一个普通名词，可以把它理解为这样一组现象：我们学习过的知识、经历过的事情或见过的人，会在我们的脑子里留下痕迹，这就是“记”；以后在我们需要时，可以提取那些知识、回忆起那些事情或认识那个人，这就是“忆”；“记”而且“忆”方能称为“记忆”。认知学派把记忆看作认识事物的过程，认为记忆是对输入信息的编码、储存和提取。从神经科学角度看，可以把记忆看作保存信息、知识或经历的系统，人脑有许多这样的系统，用于储存不同信息。记忆是“过往的痕迹”或“已往经历的重现”，乃是比较广泛的定义。如果机械地搬弄这些定义，则记忆非人类所特有，碑刻、录音带、录像带、狗见主人摇尾巴，都可以称为“记忆”。我们不否认动物或植物有记忆，事实上许多有关记忆的理论或知识都是通过动物试验获得的，这类记忆有人称之为“习惯化”或“条件反射”。这就意味着它与人类的记忆有着本质上的区别。本书讨论的是人类记忆，就是要说明人类记忆的特征。

人类记忆的重要特点是“经历的意识和追认”，能够意识这些经历发生的情境、时间和地点，能够追认这些经历是自己所经历的，这是习惯或条件反射所不能概括的高级心理活动，动物有无意识、能否对经历进行追认，这是一个有争议的问题，例如，狗能认识主人和自己的孩子、能根据气味追捕逃犯，它们可能也是用它们特有的语言进行交流，这只不过是条件反射，不是真正的“记忆”；电脑能同时记住很多信息，而且提取的速度和量似乎超过人脑，它毕竟是一台机器，没有意识，不能追认，也不能算是真正的“记忆”。再如，儿童背诵歌谣和唐诗，与有意识地追述经历也是两个不同的过程，前者是机械地进行，熟练到一定程度，提示一个字就能背诵全篇；后者必须有高级意识指引，不仅经历重现于意识，而且能明确追认。现在文献中提到的“内隐记忆”，既没有明确的意识，也不能追认，这说明人和动物具有某种共同的“记忆”。这种记忆在人类现实生活中毕竟不占主要地位，但对某些活动是非常重要的。

所有经历具有“时间”和“方位”双重属性，完整的记忆必须意识到某经历发生在过去某一时间，出现在某一方位，而且能意识是自己所经历的。也就是说，能够在事后追认是自己体验的经历，才算完整的记忆，才是人所特有的记忆。这里的时间和方位不是具体的日历时间和地理位置，而是指宇宙和光阴，意识到此事发生于人世间，此事发生于个体历史长河的某一片段，意识到“我”生存于宇宙间，意识到“我”度着光阴片段，经历与宇宙和光阴的关系在“我”的意识中有正确反映，乃构成“我”的记忆。

人类记忆的另一个重要特征是它的选择性，记那些对自己生活有意义的人、物和事，记那些与当前任务或将来任务有关的信息，忆那些与当前任务或情景有关的信息，滤去那些无关的干扰信息。记忆的选择性对人来说具有重要意义。在任何一瞬间进入人类感觉系统的信息都难以计数，这些信息经注意系统的过滤，那些有用的、有意义的信息被组织到记忆系统中去，保证所保存信息的有序性，方便以后使用。另外，人会有意识地遗忘一些信息，这种遗忘也是有选择性的，遗忘那些使自己感到不愉快的信息，遗忘那些以后可能不再使用的信息，遗忘的目的是节省容量以便储存更有用的信息，遗忘那些不愉快的信息可能是人的一种自我保护功能。这里所说的“记忆的选择性”是指进入意识领域的信息是有选择性的，但不排除有些信息不经选择地进入无意识领域，这就是所谓的“无意识记忆”，现在称之为“内隐记忆”，有些原属于意识领域的记忆在某些情况下也可进入无意识领域，据目前的研究发现，无意识记忆的容量是无限的，它的总容量远远超过意识记忆的容量。无意识的记忆当中有些对人生是有积极意义的，有些对人生有消极的作用，甚至是某些心理障碍的根源。

人的记忆不像电脑那样牢固，除上述的主动遗忘外，还有不可抗拒的被动遗忘。这种遗忘是信息的完全丧失，还是信息进入了无意识领域所致的提取困难，这是心理学上一个争议的问题，或许两者兼而有之。有些自己以为遗忘的事，在偶然情况下突然想起，或在梦中复呈无遗，或在自由联想过程中逐渐恢复，这在一定程度上说明那些所谓遗忘的信息并没有完全丧失。外显的学习和记忆是会随时间而衰退的，最初衰减比较快，以后衰减逐渐变慢，若不及时复习，一次学习获得的信息绝大多数会被遗忘，但也有些经历会终生难忘，或因事件特殊，或因反复回忆，保存得很牢固，复述点滴无遗。

信息保存在人脑以后不是一成不变的，它时刻处于动态的变化之中，有些信息被浓缩，有些信息被扩充，有些信息会扭曲变形，说明人的记忆没有电脑可靠。10 个人同时听一个故事或目睹同一事件，当他们分别报告各自的所见所闻时，内容会有很大出入，有些人忽略了许多重要的细节，有些人添加了许多无关的细节，说明人脑对储存的信息进行自动地组织，这种现象在证人证词有效性的判断中非常重要。

二、为什么需要记忆

在我们的记忆库里储存着大量的信息，包括个人自身状况的信息、自然和社会环境的信息、各种知识和技能及运行其他各种心理过程的程序，我们做任何事情或从事任何活动都离不开记忆。丧失记忆我们将寸步难行，出门会迷路，世界永远是陌生的。记忆在人类生活中占有不可缺少的重要地位，它使每个人知道自己是谁，使活动得以顺利进行，使人的心理活动在时间上得以持续，使经验得以积累或心理得以发展。

记忆对自我的认识是重要的，在回答“我是谁？”这个问题时，我们需要从自传记忆（autobiographical memory）中提取一些信息，如姓名、年龄、性别、职业、教育、生日、出生地以及其他一些能表明自己身份的信息。自传记忆是在个体生活中逐渐形成的，儿时父母不断地叫你的名字、每年给你过生日、告诉你的性别、穿戴与性别相适应的衣着、强化与性别相适应的行为，这些信息综合在一起，逐渐形成了“我是谁”的概念。自传记忆在日常生活中反复复述和强化，一般情况下不易遗忘，但在脑功能受到严重损害或遭受重大的心理创伤后，可能会产生严重的逆行性遗忘，能变得完全不知道自己是谁。

在我们的记忆中有一类与衣食住行有关的信息，我们称之为日常记忆（everyday memory）。在出门旅行时，我们需要知道地点方位、交通路线、交通工具的使用、所到之处的一些标志性建筑等，有些人对这类信息比较敏感，所到之处能过目不忘，有些人对这类信息不敏感，到陌生的地方很容易迷失方向，尤其是晚上出门。在社会交往中，我们需要记住一些人的名字、相貌和一些相关信息，有些人一次能记住十几个人的名字，且不易遗忘，有些在见面时才介绍的人，告别时已忘记，这在一定程度上影响社会交往。在家庭生活中，我们需要知道如何烧饭做菜、物体摆放的位置、电话号码和电视频道等，某些遗忘症病人不是把饭烧煳了，就是炒菜忘了放盐，做事丢三落四，整天不停地找东西，不记得存折的密码，甚至不记得自家的电话号码，这些都严重影响日常生活。

人的一生都在学习和掌握知识，这类记忆我们称之为语义记忆（semantic memory）。在语义记忆系统中不仅包括一般的知识和特殊的知识，而且还包括各种生活所需要的基本技能。它使我们认识我们赖以生存的世界，它使我们能适应这个世界，它使我们有能力改变这个世界。语义记忆的能力与我们学习知识的快慢、掌握知识的多少有密切的关系，有研究发现学习障碍儿童存在语义记忆缺陷，导致学习成绩低下。有些遗忘症病人也存在语义记忆缺陷，找不到合适的概念来表达自己的思想和情感，适应环境的能力下降，甚至不能照顾自己。

记忆是任何活动顺利进行的重要前提，没有记忆，任何活动都不能进行。如果没有记忆，从电话号码本找到电话号码，一旦视线离开电话号码本，电话号码在脑子里不复存在，打电话这一活动就无法完成。如果没有记忆，在炒菜时刚放过盐，就会忘得一干二净，炒菜这一活动也无法完成；如果没有记忆，当我们出门时刚锁好门，一转身就忘记了，又得再次检查，周而复始，也就无法出门了。这些简单的活动都无法完成，复杂的活动更无法实现了。

记忆是经验和知识积累的重要保证，记忆使经验积累和心理成长成为可能。从某种意义上说，个体心理成长的过程就是经验和知识的积累过程。个体在出生之初，大脑是一张白纸，在自然和社会环境中，经历成功和失败的尝试，逐渐地积累经验，通过正式和非正式的学习，获得了各种各样的知识，正是这些经验和知识使个体的心理逐渐成熟，认识世界更全面，应对环境更有效。没有记忆，世界对我们永远是陌生的，心理上永远是一个婴儿，个体不会发展，社会也不会发展。

三、如何洞悉人类记忆

人类对自身记忆的了解与科学技术的发展息息相关，在一个世纪以前，哲学家虽然对人类记忆做过各种猜测，但用科学的方法了解人类记忆仅有 100 多年的历史，那就是 1885 年德国学者 Ebbinghaus 的研究。他把试验研究的方法用于人类记忆研究，以自己为被试用无意义音节在严格控制的条件下观察学习和遗忘的规律，如今广泛引用的遗忘曲线就是他的研究发现，这一技术后来成为北美研究人类记忆的主要方法。与此同时，英国科学家 Galton 用测验的方法调查人对现实生活的记忆，这一传统被英国心理学家和德国格式塔心理学家继承和发展。20 世纪 60 年代后，随着电脑技术和认知心理学的发展，认知科学的方法很快成为记忆研究的主要方法，强调研究人类对有意义材料的记忆，对记忆理论的发展做出了重大的贡献。近几十年来，由于神经心理学、脑成像技术和事件相关电位技术的发展，人们对人类记忆有了更深入的了解。

第二节　人类记忆种类

一、记忆的分类方法

在 20 世纪 60 年代中期以前，人们普遍相信记忆是一个单一的系统，但后来大量的神经心理学研究证据使人们相信记忆不是一个单一的系统，而是由多个独立又有联系的子系统组成的。早在 20 世纪 40 年代，Hebb（1949）就提出了短时记忆（short-term memory）和长时记忆（long-term memory）的区别，认为这是两个不同的记忆系统。20 世纪 60 年代大量的研究证据表明，短时记忆和长时记忆有着本质的区别，言语材料的即刻记忆主要依赖语音编码（phonological coding），而长时记忆主要依赖语义编码（semantically coding）；被试在词单即刻自由回忆中，词单最后几个条目和最前几个条目的回忆正确率高，即所谓的近因效应（recency effect）和首因效应（primary effect），干扰延迟几秒钟后，近因效应消失，首因效应不变，前者属短时记忆，后者属长时记忆。长时记忆和短时记忆划分的最有力证据来自遗忘症病人的神经心理学研究，典型遗忘症病人学习新材料或回忆新近事件的能力受到明显损害，而数字广度或自由回忆近因效应保存完好，这可能是因为颞叶或海马区损害使短时记忆不能转换为长时记忆或使长时记忆信息提取困难；Shallice 和 Warrington 在左半球 perisylvian 区损害病人中观察到相反的记忆损害模式，数字广度仅有两位，近因效应受损，长时学习正常。在这些和其他证据面前，理论家开始放弃单一记忆系统的理念，采用多记忆系统的假说，Atkinson 和 Shiffrin（1968）提出了三个系统记忆模型：感觉登记（sensory registers）、短时记忆（short-term store）和长时记忆（long-term store）。在此以后，学者们提出过多种两分法分类系统，如 Kinsbourne 和 Wood（1982）、Tulving（1972，1983）的事件记忆（episodic）—语义记忆（semantic）；Bachevalier 和 Mishkin（1984）、Hirsh（1974）的习惯系统（habit system）—记忆系统（memory system）；Honing（1978）贮存记忆（reference）—工作记忆（working）；Wickelgren（1979）水平联结系统（horizontal）—垂直联结系统（vertical）；Cohen 和 Squire（1980）、Squire（1987）程序记忆（procedural）—陈述记忆（declarative）；Schacter 和 Moscovitch（1984）早期发展的系统（early developing）—后期发展的系统（late developing）；Graf 和 Schacter（1985）、Schacter（1987）内隐记忆（implicit）—外显记忆（explicit）；Warrington 和 Weiskrantz（1982）语义记忆（semantic）—认知记忆（cognitive）；Jacobs 和 Nadel（1985）、Nadel（1992）系统（taxon）和事件系统（socale）。

在记忆研究领域中，不同的学者用不同的分类方法，引起了许多术语混乱，这种现象对学术交流是不利的，但这种混乱局面看来一时无法解决。这种混乱局面也反映了一种倾向，人脑中存在多个记忆系统，对复杂的记忆现象不可能用单一的记忆系统来解释，但到底有多少记忆系统还是个未知数。按多重记忆系统理论，记忆似乎可以按多个维度进行综合分类，如信息保持时间、意识或加工水平、材料的性质等都可以作为记忆分类的维度。

按时间维度，记忆可以分为感觉记忆（sensory memory）、短时记忆（short-term memory）、中间记忆（intermediate memory）和长时记忆（long-term memory）。感觉记忆保存的时间很短暂，不超过 1 秒钟，其容量可能是无限的，但所能报告的数量却是有限的，采用部分报告法测得的容量大约为 9 个单元。感觉记忆是大脑感觉区的神经活动，如图像记忆（iconic memory）可能是枕叶初级视觉皮质的神经活动，语声记忆（echoic memory）可能是颞叶初级听觉皮质的神经活动。这类记忆与感觉有密切的关系，在很大程度上受注意的影响，若被注意，感觉记忆中的信息可以转换为短时记忆。短时记忆也称为工作记忆（working memory），在意识领域内正在加工的信息，保存的时间也是比较简短的，不经复述通常只能保持几秒钟，它的容量是有限的，大约 7±2 个单元，额叶是工作记忆的关键结构。中间记忆（intermediate memory）是短时记忆信息转换到长时记忆的中转站，海马是信息转换的关键结构，在短时记忆转换到长时记忆的皮质储存库前。海马作为记忆的暂时储存站，保持时间从几分钟到几十分钟，海马损害后。短时记忆和原有的长时记忆可以保持完整无损，但无法形成新的长时记忆。Bruce McNaughton 与同事的研究显示：在加工新事件时，海马的神经元处于激活状态，在快速眼动睡眠期或做梦时，海马的神经元也处于激活状态。长时记忆（long-term memory）是记忆的永久储存库，容量是无限的，可以保持终身，联络区皮质可能是长时记忆的保存场所，虽然长时记忆容量是无限的，我们不知道人的一生中能记住多少信息，但在一次尝试中所记得的信息还是有限的。

记忆与意识关系既是一个古老的问题，又是一个具有挑战性的问题。我们一眼望去可以看见很多东西，转眼间再回忆时，我们只能回忆有限的东西，只有那些当时处于意识中心的东西可能被回忆起来，那些处于意识边缘或意识之外的东西，是无法回忆起来的，有些经过提醒尚能回忆或事物再次出现时却能再认，有些既不能回忆也不能再认，但还是能通过其他形式表现出来，如再次学习时会快些或表现出重复启动效应，说明这些信息还是进入了我们的大脑，可能是保存在前意识或潜意识领域。在全麻手术中，有些病人术后能回忆术中的某些事件，或术中的不良事件会影响病人术后的情绪。有些事情不论你怎样努力去回忆也想不起来，却可以在无意中想起，这就说明有些原本保存在意识或潜意识中的记忆进入了无意识领域，以致无法有意识地回忆。遗忘病人可以完全忘记过去的经历，但并没有消失，当疾病痊愈后，病前的记忆可以完全恢复，而病中的经历却被完全遗忘。这些事实说明在识记和提取过程中既有有意识的过程，也有无意识的过程，那么记忆可按意识水平维度分类，如有意识识记有意识提取、有意识识记无意识提取、无意识识记有意识提取和无意识识记无意识提取。现在文献把第一种情况称为外显记忆，把最后一种情况称为内隐记忆，中间两种情况是否存在还未见有文献报告，有待研究证实。

按记忆材料的性质也可将记忆分为不同类型，如言语记忆和非言语记忆。待记忆的材料很多，有音乐、语音、数字、文字、图形、图案、人面、场景、气味、质地、时间、运动等，这些不同性质的东西，可以通过不同通道来感知，很难用言语和非言语两分法来归类，也不止语音、图像和语义三种编码方式，只是有些编码方式我们还没有发现。不同材料记忆不仅编码方式不同，而且储存的部位也可能不一样，我们现在知道言语材料的记忆可能与左半球有关，非言语材料的记忆可能与右半球有关，至于不同材料是混合储存还是分类储存，我们并不真正了解。电脑对所有的材料都能采用 0，1 编码，人脑对不同材料要采用不同的编码方式、分类储存，似乎人脑比电脑还笨。所以，从严格意义上讲，我们对人脑编码信息的方式也缺乏真正的了解。

综合上述三个维度，构成一个三维立体模型（图 1.1），假如在时间维度有四个水平，意识维度有四个水平，材料性质维度有六个水平，人类记忆就有 96 种。这只是一种假设，实际情况可能没有这么多，也可能更多。下面对文献提得较多的几类记忆做简要的描述。

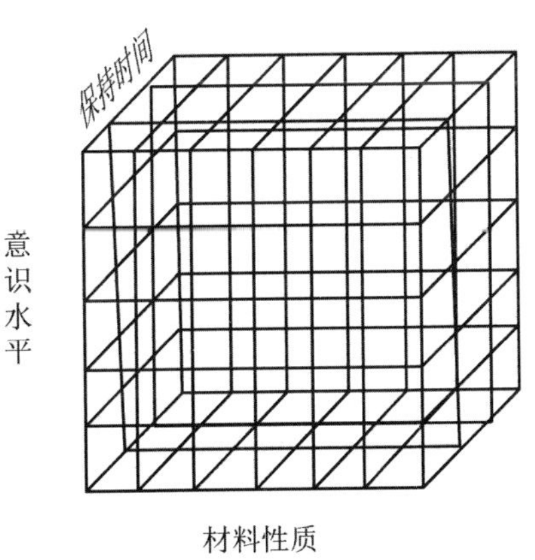

图 1.1　三维立体模型

二、工作记忆

工作记忆是一个功能性术语，它是一个多成分的记忆系统，在各种认知任务（如阅读、心算）中负责信息的暂时储存和资源调配，即在保持信息的同时，尚需对信息进行运作（双重任务）的容量有限的记忆系统。有些研究者把工作记忆当作短时记忆的同义语，是否正确，有待进一步研究。工作记忆是处于激活状态的、可运作的记忆，有短时工作记忆和长时工作记忆之分。Baddeley 和 Hitch（1974）提出了工作记忆模型，他的工作记忆模型继承了 Atkinson 和 Shiffrin 三级加工模型的部分观点，但工作记忆不是一个单一的记忆系统，而是由多个独立成分组成的复杂系统。Baddeley 的工作记忆模型包含下述三个成分：①视空间模板（visuospatial sketchpad），负责处理视觉形象信息；②语音环路（phonological loop），负责处理听觉语言信息；③中央执行系统（central executive），作为专注的控制机构，负责调配心理资源。中央执行系统是工作记忆的核心，它是一个通用资源结构，在许多认知任务中起着重要的作用，负责各子系统之间及它们与长时记忆的联系，也负责注意资源的协调和策略的选择与计划。这三个成分分别由不同脑区分管，其中中央执行系统与额叶有关，视空间模板与右半球功能有关，语音环路与左半球功能有关。

虽然有不少研究支持 Baddeley 的工作记忆模型，但随着研究的拓展和深入，也获得一些不利于该模型的结果，例如，该模型无法解释在复杂任务中的熟练加工，在这些任务中的记忆容量很大、保持时间较长。针对这些问题，Ericsson 和 Kintsch（1995）引入了长时工作记忆的概念，指出工作记忆是认知加工过程中随信息的不断变化而形成的一种连续的工作状态，其中除了暂时存储信息的短时工作记忆（short-term working memory）外，还存在另外一种机制，即基于长时记忆的、操作者可以熟练使用的长时工作记忆（long-term working memory）。长时工作记忆中的信息可以稳定地、长期地保持，同时又可通过短时工作记忆中的提取线索建立一个短暂的提取通路，因此长时工作记忆中的信息可以进行快速的、动态的更新，而不像传统理论假定的那样，长时记忆中的信息都是相对固定的，提取和存储的速度较慢。根据长时工作记忆的概念，可以方便地解释熟练操作者在某些特殊领域的工作记忆能力，而且熟练的信息在活动中断以后还可以长时间地保持在工作记忆中，可以随时快速提取。因此，长时工作记忆实际上是一种人们从事非常熟练的认知活动时所表现出来的，对于长时记忆中信息的快速可靠地提取和存储的能力。这种能力可以通过训练或长期实践而获得。由于短时记忆中保存了长时工作记忆所必需的提取结构，所以长时工作记忆必须得到短时工作记忆的支持才能有效地发挥作用。

三、外显记忆或陈述性记忆

最近，也有学者把记忆划分为外显记忆（explicit memory）和内隐记忆（implicit memory），也称为陈述性记忆（declarative memory）和非陈述性记忆（non-declarative memory）。这是近年来神经心理学研究的重要进展之一，因为这两类记忆的神经学基础不同，在脑损害时常常出现分离现象。外显记忆指有关事件的事实、经历和知识，这些信息的获得和提取均需意识的参与，并能通过言语或文字等不同系统直接表达出来，因此相对比较快和灵活。内隐记忆的信息可以是有意识获得的，也可以是无意识获得的，不管是通过哪种方式获得的，目前都不能有意识地提取，但能在作业成绩的改进中体现出来。据说内隐记忆的信息不能跨通道提取，而且内隐记忆的获得和提取都比较慢、不太灵活，但比较可靠，不易遗忘。

外显记忆可进一步分为事件记忆和语义记忆（Tulving，1972）。事件记忆（episodic memory）是指在人生的特殊时间和地点获得的信息，如早餐吃了什么，与某人是在什么时候和情境下认识的。为了正确地回忆目标信息，个体必须提取事件发生的时间和地点等信息。语义记忆（semantic memory）是指客观世界的一般知识，不涉及特别的时间和地点，如回答什么是记忆、盐的化学结构式、中国的首都，或 1 米等于多少厘米等问题，不要求个体回忆此概念获得的时间和地点。它们共同的特点是必须有意识地提取。

（一）事件记忆

事件记忆是与传统学习和记忆关系最密切的系统，一般情况下所说的记忆主要是指事件记忆，它的特征是学习经历的意识、对加工水平敏感。注意和组织对事件记忆有明显的影响，反映了这些过程对建立记忆结构的重要性，这些记忆结构是可以有意识提取的。事件记忆是人类特有的记忆，个体对经历有明确的意识和追认，能意识到事件发生的时间和空间，能意识到是自己的经历。事件记忆系统与大脑颞叶、海马和额叶有密切联系，这些结构损害会影响事件记忆系统的功能，产生典型的遗忘症，表现为学习速率和提取速度的下降，不能学习新的经历（顺行性遗忘）和不能提取以往的经历（逆行性遗忘），但以往的经历不一定丧失。海马在事件记忆中是重要的，它是短时记忆转换长时记忆的关键结构，但它本身不是记忆储存的部位。

（二）语义记忆

语义记忆是人类个体的知识系统，它与教育有密切的关系，是在后天教育过程中逐渐形成的庞大的知识体系。最初获得的是我们对客观世界的感性知识，以后逐渐形成我们的语言知识、社会知识和专业知识。语义记忆虽然对个体非常重要，但在 20 世纪 70 年代之前没有受到应有的重视，它的发展与计算机语言程序的发展有关，计算机语言程序的发展有赖于客观世界知识体系的建立，如知识的组织、存储和提取。

虽然我们对语义记忆的计算机模型不完全满意，但早期研究至少为进一步研究语义记忆机制和脑损害病人语义记忆缺陷提供了理论框架。脑损害病人（尤其是 Alzheimer 病人）存在某些语义记忆缺陷，他们的语义记忆发生歪曲或分离，为了解语义记忆的基本结构提供了有益的线索。脑损害病人语义记忆缺陷的神经心理学证据，结合知觉和语言损害的证据，能为语义记忆的理论概括提供可靠的基础，同时也能阐明语义记忆在临床实践中的重要性。

（三）事件记忆与语义记忆的关系

Tulving 最初认为事件记忆和语义记忆是两个完全独立的记忆系统，现在有证据表明它们是同一系统的两种不同功能。语义记忆储存的信息来源于多种途径，正因为语义记忆的多起源特点，我们不能追认经历的具体时间和空间，但我们还是能意识到它是我们人生历程和生活空间经历的事件。

我们可以认为语义记忆是许多个别事件记忆的整合，即由一系列事件记忆堆积而成的宝塔。事件记忆代表从宝塔中提取一件东西的能力，语义记忆反映我们站在塔顶看全塔和抽取许多事件共同特征的能力。这种观点虽然与 Tulving 的观点不同，但与目前的模式解释接近，Tulving 认为一件过去事件的现象体验是作为一件事件来记忆的。每件事件都有自己的特点，分别记忆有助于提取和运作。

四、内隐记忆或非陈述记忆

内隐记忆研究还不够深入，到底有哪些形式还不清楚，但肯定不是一个单一的记忆系统，可能是许多记忆系统的总称，目前已确认的内隐记忆形式有：程序记忆、启动效应和某些类型的经典条件反射（Squire，1993）。这些记忆系统与外显记忆系统不同，能积累信息，但不能提取或确认特殊的事件。它与外显记忆相比，具有以下特点。

（一）启动效应

启动效应（priming effect）是这样一种现象，先前接触知觉刺激体验能暂时和无意识地提高以后辨识那些刺激的能力，也就是说，无意识间接触过的刺激能激活脑内已有信息，使这些信息处于激活状态，在测验中表现为旧刺激比新刺激的反应更快、正确率更高（正性启动），也可表现为抑制效应（负性启动）。例如，在语义启动效应中，我们选择了20个双字词（如中坚、光辉和平等），把其中10个双字词呈现给被试，要他们对每个词做“喜”“恶”判断，不要求他们记忆，然后给他们20个词的词头（如中、光、平等），要他们报告想到的第一个双字词，结果先前看过的词头中有一半用原来的词，明显高于新词的命中率，这就是启动效应。非言语启动效应可用残图命名来测试。Tulving 和 Schacter（1990）指出，启动效应可发生于各种感觉通道，主要依赖于启动刺激的物理特征，对启动刺激的语义和概念特征不敏感。启动效应是一个独立的记忆系统，与有意识的回忆和再认所涉及的脑结构不同，所以在不同脑结构损害时，两者会出现分离现象。例如，Warrington 和 Weiskrantz（1970）先让遗忘症病人和正常被试学习词单，然后用三种方法进行测试：自由回忆、再认和词干填充，结果遗忘症病人在自由回忆和再认测试上的成绩明显比正常被试差，而在词干填充上两组的成绩没有明显的差异，即遗忘症病人的内隐记忆和外显记忆发生了分离。

（二）程序记忆

程序记忆（procedural memory）是指各种技能的获得和提取，这里的程序指个体在日常生活中习得的、更有效地驾驭环境的运动、知觉和认知技能，如系鞋带、骑自行车、开汽车、打字、阅读和解决问题等技能。程序记忆就是提取这些技能的有关信息的过程。虽然这些技能的有些信息是可以陈述的，但技能本身是自动的，不必有意识地去提取有关程序方面的信息。技能可分为两种类型：连续技能（如骑自行车、开汽车）和非连续技能（如打字），连续技能中每一个成分都可以作为下一个成分的线索，一般不易遗忘，非连续技能是由许多独立的刺激 - 反应连接组成的，容易遗忘。最近有研究显示，这些技能和程序的习得和保持所必需的脑结构（如皮质纹状体系统）与外显记忆相关的脑结构（如内侧颞叶和间脑系统）不同，因此，不涉及皮质纹状体区损害的遗忘症和痴呆病人的技能学习能力与程序记忆可以不受损害，而外显记忆可能受到明显的损害，皮质纹状体区损害病人（Parkison 和

Huntington 病人）的程序记忆可能受到损害，而外显记忆可能保存。

（三）条件反射

在经典条件反射（conditioning）中，非条件刺激（unconditioned stimulus）与中性刺激（neutral stimulus）多次结合后，中性刺激也能单独引起非条件刺激所能引起的反应，此时中性刺激已成为条件刺激（conditioned stimulus），它引起的反应称为条件反应（conditioned response）。有人认为人类条件反射的建立需要个体意识到条件刺激与非条件刺激的连带关系，但研究发现在遗忘症病人中，条件反射的建立可以不需要意识地参与。Weiskrantz 和 Warrington（1979）把吹气与声光同时呈现，单独吹气能引起眨眼反射，遗忘症病人能获得对声和光的条件性眨眼反射，但他们在 24 小时后不能回忆训练过程，不过他们建立条件反射速度比正常人慢，这种差异可能是意识参与的结果，这种条件反射称为联想条件反射（associative conditioning）。Johnson、Kim 和 Risse（1985）让正常被试判断韩国音乐的愉快度，他们对不习惯的体验有负性反应，然而，同样的音乐呈现几次以后，愉快度评定逐渐改善。这种现象在遗忘症病人身上更明显，愉快度明显提高，但病人否认以前听过同样的乐曲。这种对刺激情感价值体验的影响称为评价性条件反射（evaluative conditioning）。

五、内隐记忆与外显记忆的区别

内隐记忆与外显记忆的区别如表 1.1 所示。

表 1.1　内隐记忆与外显记忆的区别

内隐记忆	外显记忆
无须意识参与	需要意识参与和意志努力
非事件性的，一般知识	事件性的，有特别的时间和地点
抽象的信息	具体的信息
自动的或自发的	自主的或有意识控制的
非随意的	随意的
全或无提取	可部分提取，信息衰减
没有容量限制	有限的容量
对物体形状有利	对语义信息有利

六、日常记忆

在记忆研究有两种传统，其一是以 Ebbinghaus 为代表的试验研究传统，强调简单、可重复和无关变量的控制；其二是以 Galton 和 Bartlett 为代表的现实生活记忆研究传统，强调真实性和生态效度，Galton 的自传记忆研究和 Bartlett 的故事和图片回忆研究是该传统的代表性研究。在美国，Gibson 对知觉的生态学研究方法激励 Neisser 等研究者试图发展记忆的生态心理学，Neisser 声称如果 X 是记忆的重要方面，那么研究 X 就有实际意义，他的思想对日常记忆研究有一定的影响，但也会引起一些非议。

日常记忆（everyday memory）很难说是一个独立的记忆系统，泛指对现实生活中一系列事件的记忆，它至少含有三个成分：自传体记忆（autobiographical memory）是指个体回忆早年生活经历的能力；生活记忆（life memory）是指个体对实际生活中一系列事件的记忆能力，如重大社会和家庭事件的记忆，亲戚朋友姓名、年龄和职业的记忆，电话号码、物品存放地点的记忆等；前瞻性记忆（prospective memory）是指记住将要做的事的能力，如回家途中要寄一封信，几月几日要去哪里上课等。这类记忆功能的评定比实验室记忆测评更有生态学效度，对病人实际记忆功能的了解、对康复计划的制订和预后的估计更有意义。

第三节 记忆的基本过程

有关记忆的基本环节或基本过程也有不同的描述。在杨德森主编的《基础精神医学》和沈渔邨主编的《精神病学》中，把记忆描述为识记、保持、回忆和再认四个基本过程。如果回忆和再认是两个独立的过程，那么既不是回忆又不属再认的重学节省和内隐提取，是不是独立的记忆过程呢？回答是否定的。回忆、再认、重学节省和内隐提取都是再作用或记忆提取这一过程的不同形式。在张述祖等主编的《基础心理学》中，把记忆分为识记、保持和再作用三个基本环节，再作用的表现形式有回忆、再认、重学节省和正负迁移四种。在刘贻德等主编的《高级神经活动的症状和诊断》中，把记忆概括为感受、固定、融合、保存、复呈和追认六个基本过程。认知心理学认为记忆包括编码、储存和提取三个基本过程。除刘贻德的说法可能反映了人类记忆的特有过程外，其他说法可能都不能说明人类记忆的特有过程，因为动物和计算机也有记忆，但不能有意识地追认。许多关于记忆过程的假说现在已经不适用了，有些假说没有得到公认，认知心理学关于信息加工三个阶段的假说已被人们广泛接受，人脑和电脑在处理信息时都要经历这三个阶段，不过这种划分也是人为的，只是便于理解记忆系统的运作。

一、编码

编码（encoding）是信息加工的最初阶段，指把感觉器官接收到的信息转化为可储存的心理表征的过程，如听到一个电话号码、看到一幅图案、闻到一股气味等，都要通过记忆系统进行编码。电脑对输入的信息进行 0，1 编码，人脑对接收到的信息是如何编码的？准确地说“不知道”，但心理学上有一些解释，如语音编码、语义编码和图像编码等。

对数字和单词等语言材料的短时记忆是按语音特征进行编码的。Conrad（1964）给被试看一些字母序列（所用的字母为 B、C、F、M、N、P、S、T、V、X），每个系列为 6 个字母，呈现速度为每个字母 0.75 秒，呈现完毕，立即要被试按顺序写出 6 个字母，结果发现语音相似的字母容易混淆出错（如 F-S、B-V、P-B 之间容易混淆），表明被试对视觉呈现的言语材料是采用语音编码的。Conrad 在另一项研究中发现，被试对听觉呈现的言语材料也是采用语音编码的。Baddeley 比较被试对语音相似的单词（mad、map、can、man、cap）和语音不同的单词（pit、day、cow、pen、bar）的记忆成绩，结果发现被试对语音相似单词的记忆成绩较差，说明在单词短时记忆中也主要是用语音编码。他们进一步比较了语义相似单词（large、big、huge、long、tall）和语义不同单词的记忆成绩，结果差异不大，说明单词的短时记忆主要不是依赖语义编码。言语材料的短时记忆主要采用语音编码，但不排除其他编码的可能性，如 Shulman（1970）、Wickens 等（1976）研究显示短时记忆中也有语义编码，Michael 等（1969）研究发现短时记忆有时也采用视觉编码，不过较表浅易衰退。对非言语材料或来自其他通道（嗅觉、味觉、触觉）信息采用何种编码形式，目前还不太清楚。

另外，长时记忆中的信息似乎主要采用语义编码，这类研究证据很多，而且结论比较一致。Grossman 和 Eagle（1970）让被试学习 41 个单词，5 分钟后测试其再认成绩，再认测试包含 18 个干扰项目（9 个与学习词单中单词语义类似，9 个无关项目），结果发现语义相关单词的虚报率（1.83）高于语义无关单词的虚报率（1.05），说明语义相似对再认起了干扰作用。Bousfield（1953）

给被试学习 60 个单词（15 个动物名，15 个职业名，15 个蔬菜名，15 个人名），5 分钟后要被试自由回忆，结果发现同类连带回忆现象，表明被试是语义分类记忆的。语义编码虽然是长时记忆的主要形式，但也有其他编码形式。Frost（1972）给被试随机呈现 16 幅物体图画（不仅按语义分类：4 幅衣着，4 幅动物，4 幅车辆，4 幅家具，而且按视觉分类：4 幅在左，4 幅在右，4 幅在水平线上，4 幅在垂直线上），5 分钟后要被试自由回忆，结果发现被试回忆的顺序既有语义分类的影响，也有视觉分类的影响，提示被试采用了视觉和语义双重编码。Nelson 和 Rothbart 还发现长时记忆中也有语音编码。

无论是短时记忆还是长时记忆，编码形式都不是唯一的，不同的材料或不同情境可能采用不同的编码，不同的人对同一材料也可能采用不同的编码形式。Craik 和 Lockhart（1972）归纳有关的研究发现，提出了加工水平假说（levels of processing hypothesis），即项目的编码越深，记得越牢固。当要求被试对单词做表浅加工（按词的外形进行加工，如是大写还是小写）时，其后的回忆或再认成绩较差；当要求被试对单词做较深的语音编码时，保持的成绩比字型编码要好些；当要求被试对单词做语义编码时，其后的回忆成绩最好。

加工水平说可用于解释各种任务，从记忆卡通片到学习诗歌散文，毫无疑问它是一条有用的经验法则，能否作为一个有用的理论框架为时尚早，因为它不能单独测量加工深度。然而试验发现精心复述（elaborative rehearsal，结合已有的知识对材料进行编码）比保持编码（maintenance rehearsal，简单重复复述）的记忆效果更好，这可能是深加工或精心复述引起多维度的丰富的语义编码，有助于提取，减少遗忘。

二、储存

储存（storage）是把编码后的信息存放在大脑的某个区域，包括暂时储存和长时储存，暂时储存库里的信息很容易丢失，长时储存库里的信息保存得相对持久些，但也会随着时间的推移而渐渐变得模糊不清，最终完全无法提取。人脑能保存多少信息、人脑中信息是以什么形态保存的和保存在人脑的什么部位等问题，至今尚不完全清楚，也许人类无法解决这些问题。不过我们现在对遗忘的规律还是有所了解的，Ebbinghaus 的研究告诉我们，遗忘是先快后慢。有关记忆为什么会遗忘问题，心理学家提出过多种假说，如痕迹衰退说（trace decay theory）、信息干扰说（interference theory）和记忆痕迹的多成分说（muti-component theory of memory trace）。

信息在短时记忆系统中的储存时间是很短的，主要是神经电位在神经网络中的活动，当注意转向其他活动时信息会迅速消失，要使信息长时间保持，必须通过某种机制使信息转入长时记忆系统。信息转入长时记忆系统的方式取决于记忆的类型，一些内隐记忆（如启动效应和习惯）很不稳定，很容易衰退，另一些内隐记忆（如程序记忆和简单的经典条件反射）则很容易保持，尤其是那些反复使用的程序或反复出现的条件反射。信息转入外显记忆系统涉及许多复杂的过程，其中一种途径是有意识注意和理解信息，这里最重要的是把新信息同已经知道和理解的信息联系起来，以便把新信息综合到已有图式中去，这个过程称为融合（consolidation），人类把最初体验到的外显信息融合到记忆系统的过程中可以持续许多年。

有许多研究显示，有些遗忘症是融合过程的中断引起的，如电休克病人的短暂遗忘，是由于电休克干扰了融合过程，可能与电休克破坏了长时程增强有关。在信息融合的过程中，我们的记忆很容易被破坏和歪曲。为了保持和提高记忆的融合，我们可以用各种元记忆策略，如复述、分类和组织等，这些策略都能改善我们的记忆。

三、提取

外显记忆的提取（retrieval）是把储存的记忆信息带到意识层面的过程，这个过程多数需要主观意志的努力，有时也会不由自主地出现，内隐记忆的提取似乎是无意识，不需要主观意志努力，受情境的驱动而自动出现的。在临床上许多病人的记忆困难主要提取障碍，不是信息的完全丢失，某些疾病经治疗后能恢复所遗忘的记忆，某些梦游症病人，当梦游终止、意识恢复后，梦游经过遗忘殆尽，不能回忆，若再次发作，则可继续前次梦游的内容而行动。

Sternberg 的研究说明了短时记忆的提取过程，他研究的现象称为短时记忆扫描。他的基本程序很简单，给被试看 1 ～ 6 个数的数字集，稍后在屏幕上闪现一个检测数字，要被试回答刚才看过的数字集是否有这个数字。如果是一次性提取（并行加工），不论数字集大小，反应时间是相同的，如果是依次提取（序列加工），不同大小的数字集的反应时间是不同的。在序列加工中有两种情况，如果是依次提取所有条目（穷尽提取），反应时间与项目在数字集中的位置无关；如果是找到检测项目就自动终止（自动终止提取），反应时间与项目在数学集中的位置有关。Sternberg 研究结果提示，短时记忆的提取属于序列穷尽模式，但也有研究支持并行加工模式或序列自动终止模式。

长时记忆的提取比较复杂，很难把储存和提取分开，因此长时记忆信息提取的确切机制不清楚，但我们知道一些影响长时记忆提取的因素。提取线索是一个影响因素，在自由回忆、线索回忆和再认三种提取方式中，再认的成绩最好，线索回忆次之，自由回忆成绩最差，再认和回忆成绩的差距有时可以作为鉴别编码或提取缺陷的依据，编码缺陷两者成绩都差，提取缺陷者再认成绩相对保持得较好。材料的组织性是影响提取的另一个因素。Bower和他的同事让被试学习可归类的词单，一组按随机方式呈现，另一组按树状结构呈现，结果树状结构呈现组的回忆率为69%，随机方式呈现组的回忆率为19%。情境也是影响提取的一个因素，学习和回忆的情境一致有助于回忆，潜水员在水下学习词单，在水下回忆成绩比岸上回忆成绩高40%，酒精依赖者饮酒后比不饮酒时的回忆成绩好，这种情境依赖性记忆或状态依赖性记忆只出现于回忆测验中，在再认测验中没有这种现象。心境对提取也有一定的影响，抑郁者更倾向于回忆悲伤的记忆，愉快者更倾向于回忆愉快的记忆，这种现象称为心境一致性记忆。

四、记忆的组织

记忆的组织（organization）是采用某种策略把材料组织成有意义的单元（units），以便于识记和提取。在人的长时记忆系统中的信息都是有组织的，我们在学习新材料时可利用已有的组织结构对新材料进行组织，并把它纳入已有的组织中去，这样就提高了对信息的储存和提取能力。这里有11个字（院、沙、中、雅、大、医、长、学、南、二、湘），我们可以用死记硬背的方法把它记住，这样比较费劲；我们可以结合已有知识把它重新排列组成几个有意义的熟悉的词（医学院、长沙二中、湘南、大雅），比较容易记忆和回忆；我们也可以组织成更有意义的短语（长沙中南大学湘雅二医院），这样就很容易记住且不会遗忘。

组织材料的方法很多，如分析材料的内在关系，根据材料的意义进行分类；对数字串可以进行分组；或将材料与情境中某些熟悉东西相联系；或对材料进行配对；或对材料进行接龙式联想，如蝴蝶—翅膀—飞机—天空—太阳。不同的人对同一材料的组织方式是不一样的，这与个体的知识结构和生活经历有关，酒店服务员对菜单和价格有很好的记忆，棋手对棋局有很好的记忆能力。组织后的材料之所以便于记忆，可能与这样一些因素有关，如分组后减少了信息量；组织的过程也是一个深加工过程，使之保存得更加牢固；

与已有的知识发生了融合，有助于保存和提取；组织后的材料能提供更多的提取线索，便于提取。记忆的组织策略是可以通过有意识地注意和训练而不断提高的，记忆策略也可以通过教授而获得，这些在脑损害病人和老年记忆缺陷的康复训练及某些学习困难儿童的学习指导中是很有意义的。

五、记忆的遗忘

遗忘（forgetting）是指感知过、体验过或思考过的对象或现象不能通过回忆或再认等方式提取，或提取发生错误，或对提取的信息不能明确追认等。遗忘是一种正常的心理现象，一次学习获得的信息，若不经过复习或反复使用，绝大多数会被遗忘。遗忘有主动遗忘和被动遗忘，有些信息对个人生活没有意义或使个体感到痛苦，个体主动遗忘这些信息是有积极意义的，那些对个体有重要意义的、个体想记住的信息，也会出现不可控制的遗忘，对个体来说同样是一种痛苦。我们每个人都会在日常生活中体验到这样一些遗忘现象：忘记约会或亲人的生日，丢失东西，忘记亲戚朋友的名字，平时很熟悉的内容考试时就是想不起来等。虽然这个问题在日常生活中很重要，但近年来系统的研究不多，一方面是纵向研究有一定的难度，另一方面认知心理学家对这个问题不感兴趣，因为计算机不会遗忘。

Ebbinghaus 的工作是遗忘规律最早的系统研究，他自己学习 13 个无意义音节至正确无误地背诵，以后间隔 20 分钟、1 小时、8 小时、24 小时、2 天、5 天和 31 天，检测保持情况，结果发现 20 分钟间隔就遗忘了 40%，8 小时遗忘了 60%以上，31 天时大约只能保持 30%，随时间的遗忘率是非线性的关系，基本上呈对数关系，起初遗忘得很快，以后逐渐减慢。Bahrick 等（1975）考查了被试对高中同学名字和照片的记忆情况，时隔 25 年人名和照片再认（确认是否他们班的同学）保持得较好，人名匹配和照片匹配成绩轻微下降，人名自由回忆和照片线索回忆成绩较差，与时间呈对数线性关系。他的另一项研究显示，教师对离校学生的名字和照片的记忆相当差，时隔 8 年，人名再认率约 50%，照片再认率约 25%，看照片回忆人名的正确率几乎为 0。复杂技能和程序记忆的遗忘情况比较复杂，一些连续的运动技能（如开车，骑自行车）似乎很少遗忘，Fleishman 和 Parke（1962）对一组被试进行模拟飞行训练，间隔 9 个月、1 年和 2 年进行测试，他们的飞行几乎没有多少遗忘。对一些独立的技能（如打字，弹琴）似乎遗忘得很快，Baddeley 和 Longman 对一组被试进行打字训练，间隔一定时间后，发现被试的打字速度迅速下降，

McKenna 和 Glendon 对一组志愿者进行心肺复苏技术训练，在间隔 3 个月至 3 年时间，对他们的掌握程度进行测试，发现有明显的遗忘，复苏成功的可能性从 100%降至 15%。Marigold Linton（1975）连续 5 年每天记录两件日常生活事件，以后每隔一定时间随机从项目库抽取项目，回忆事件发生的日期，结果发现遗忘率与间隔时间呈线性关系，每年约遗忘 5%。

人为什么会遗忘？这个问题很重要，但这个问题目前还没有满意的答案，解释遗忘现象目前有两种假说：痕迹衰退说和信息干扰说。痕迹衰退说认为，遗忘是记忆痕迹得不到强化而逐渐减弱，以致最后完全消失，但衰退说不能解释所有事实，人的许多经验并不随岁月的流逝而消失，有些经验甚至经过几十年仍然记忆犹新。信息干扰说被大多数心理学家接受，它认为遗忘是新旧彼此干扰而产生抑制的结果，当需要回忆的材料受到其他材料的干扰而不能提取就出现了遗忘，当干扰排除后，记忆可自动恢复。干扰抑制有两种情况：前摄抑制和倒摄抑制。倒摄干扰（retroactive interference）是指后学信息对先前学的信息回忆能力的干扰作用，前摄干扰（proactive interference）是指先前学的信息对以后学习新信息能力的干扰作用。研究显示，倒摄干扰和前摄干扰的程度与靶项目和干扰项目间的相似程度有关，靶项目和干扰项目越相似，靶项目的回忆成绩越差，所以合理安排学习内容和时间，有助于提高学习效率。

记忆在人类生活中占有不可缺少的重要地位：其一，记忆是活动进行的重要保证，可以说没有记忆，就不能进行活动；其二，记忆是使人的心理活动在时间上得以持续的根本保证，是经验积累或心理发展的前提。

第四节　记忆的理论模型

一、Atkinson 和 Shiffrin 流程模型

随着研究证据的积累，到 20 世纪 60 年代，人们倾向于认为短时记忆和长时记忆是两个独立的记忆系统，提出过许多理论模型，其中影响最大、最具特征性的模型是 Atkinson 和 Shiffrin（1968）提出的流程模型（图 1.2），这个模型与早年 Broadbent 的模型有些相似，但更详细些。从这个模型可以看出，输入的信息首先在感觉缓冲区进行并行加工，加工后的信息输入短时记忆系统，通过复述部分信息可能进入长时记忆系统，长时记忆系统的信息也

要在短时记忆系统交换后才能输出，所以它是这个模型中最重要的部分，没有它信息就不能进入长时记忆系统。短时记忆系统除了储存信息外，还执行某些控制加工过程，如复述、编码、决策和提取策略。

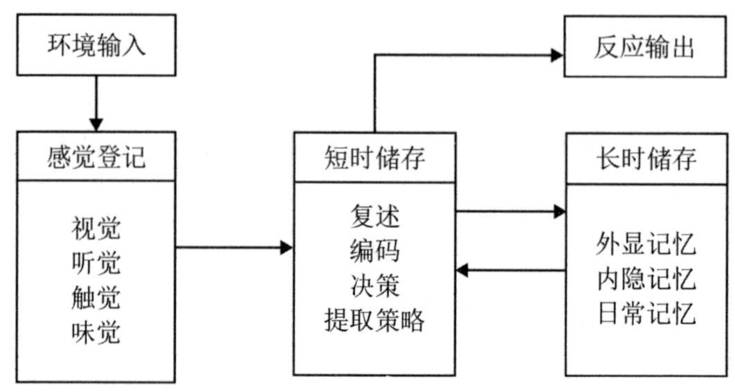

图 1. 2　Atkinson 和 Shiffrin 流程模型

复述是一个重要的控制过程，复述使信息较长时间地保持在短时记忆系统中，信息在短时记忆系统中保持得越长，输入或拷贝到长时记忆系统的可能性就越大。虽然 Atkinson 和 Shiffrin 承认语义编码的重要性，但他们的实际研究只涉及机械复述。他们的学生 Rundus（1971）用自由回忆任务做了一项研究，要被试大声复述，研究者数每个条目复述的次数，结果发现复述次数多的项目更容易回忆，只有最后几个项目例外。他们认为最后几个项目是从短时记忆中提取的，前面的项目是从长时记忆中提取的，在短时记忆中保持得越长，进入长时记忆的可能性就越大，复述的次数与以后回忆的可能性呈正相关。

虽然 Atkinson 和 Shiffrin 的模型有坚实的试验基础，但也存在许多问题。神经心理学研究发现：某些听觉记忆广度明显损害的病人，长时记忆正常，学习、推理和其他认知功能没有明显损害；Atkinson 和 Shiffrin 的模型认为项目进入长时记忆的可能是项目在短时记忆中保持时间的函数，但许多研究发现情况并非如此，有些呈现了许多次也没有被记住；Baddeley 和 Hitch（1977）发现：被试在同时操作数字广度和自由回忆任务时，数字广度任务只影响长时记忆，而不影响近因效应；Atkinson 和 Shiffrin 的模型认为短时记忆用语音编码，长时记忆用语义编码，事实上无论是短时记忆还是长时记忆都存在其他编码形式。这些现象都是 Atkinson 和 Shiffrin 的模型所无法解释的。

二、Baddeley 的工作记忆模型

针对 Atkinson 和 Shiffrin 的模型存在的问题，Baddeley 在大量研究的基础上提出一个工作记忆模型（图 1.3）。

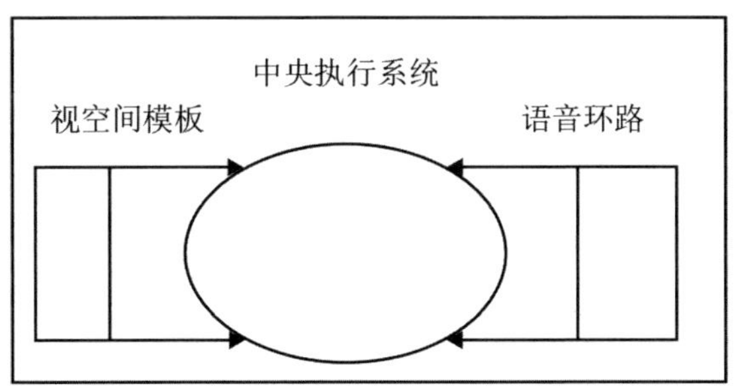

图 1.3　Baddeley 的工作记忆模型

该模型有一个中央执行系统（central executive system）和两个与记忆有关的子系统——语音环路（phonological loop）和视空间模板（visuo-spatial scratchpad），中央执行系统控制注意和调节心理资源，它管理和协调许多子系统，语音环路负责语音性信息的运作，视空间模板负责建立和处理视觉图像。

中央执行系统是工作记忆模型的核心，负责各子系统之间以及它们与长时记忆的联系，也负责注意资源的分配和策略的选择与计划。为说明执行系统的功能，Baddeley 借用了 Norman 等人的注意控制模型，该模型中有一个注意管理系统（Supervisory Attention System，SAS）与工作记忆中的中央执行系统对应，它完全运用图式的额外激活与抑制操作，并使用论点细目机制来进行选择。这种论点细目机制将图式的激活值作为唯一的选择标准来解决优先权问题，以便于在结构之间进行协调。对正在进行的动作，模型建议了两种控制方式：一种是对于常规活动，主要由现存的图式控制，通过一系列论点细目程序协调不同常规活动即可；另一种是在紧急状态下，正在执行动作的要求若超过了加工自动化的阈值，或者是操作一项新的任务，这时 SAS 就启动，负责对正在进行的程序进行修改，或者创造新的运作来解决新的问题。

语音环路有两个亚成分：语音储存库（phonological store）保存语言性信息，是一个容量有限的储存库；发音控制器（articulatory control process）控制内部语言。在语音储存库里的记忆痕迹很容易衰退，一般在 1 ~ 2 秒以后就不能提取，然而通过把记忆痕迹读到发音控制器，然后再回输到储存库，这样就可以不断地更新记忆痕迹，这个过程主要是用内部语言的无声复述来

完成的。发音控制器也能把书面材料转化为语音编码，保存到语音储存库中。由发音控制器调节的语音储存库构成的语音环路能解释语音类似效应、未注意的语言效应、词长效应和发音抑制效应，它在学习阅读、语言理解、长时语音学习和词汇获得等方面起着重要的作用。

视空间模板像语音环路一样，储存的信息有两个来源：一个是通过视知觉直接输入的；另一个是通过视觉表象生成间接输入的。未注意的图像效应在该系统存取的是视觉信息，存取的方式也与语音环路相似。这个系统用于建立和使用视觉表象记忆术，但不负责长时言语记忆中表象效应。研究者曾认为这个系统是空间的而不是视觉的，现在认为它是一个多界面的系统，包含视觉和空间两个维度，也许是两个独立的系统。来自动物和神经心理学的研究证据表明，视觉系统可能有两个独立的亚成分：一个负责模式加工和探测信息内容；另一个负责处理空间位置，把信息搬运到某个地方。

三、语义记忆模型

我们一生中学习和掌握了成千上万的词，还有各种各样的知识，如地理知识、人文知识、社会知识、自然科学知识，储存这类知识的系统称为语义记忆系统。这类知识在我们的日常生活中起着极为重要的作用，但这类知识是怎样保存在我们的大脑中的，是以何种形式保存的，保存在什么地方，又是怎样提取的等这些问题目前还不完全清楚，学者们试图用各种理论模型来解释这些现象，如类别搜寻模型（category search models）、特征比较模型（feature comparison models）和语义网络模型（semantic network models）。

（一）类别搜寻模型

在20世纪60年代，开始研究简单句的确认问题，这些研究有反应时作为主要观察指标，Landauer和Freedman的研究是这类研究的代表，他试图直接把Sternberg的工作推广到其他情境。Sternberg的研究表明判断一个条目是否呈现过所需要的时间是要求被试记忆的项目集大小线性函数。Landauer和Freedman（1968）要被试确认这样的陈述句：牧羊犬是一条狗（真性），或椅子是一条狗（假性），项目集的大小是由类别的大小来决定的，如在“牧羊犬是一条狗”和“牧羊犬是一种动物”这两个句子中，动物的内涵比狗的内涵大。根据Sternberg的观点，被试在确认“牧羊犬是一种动物”比确认“牧羊犬是一条狗”所用的时间要长。研究结果确实如此，说明在语句确认中被试采用的是序列加工模式。Landauer 和 Freedman 的模型认为，在真性句的判断中，被试采用的是自动终止模式，即一旦找到所需要的信息，就立刻做出反应；在假性句的判断中，被试采用的是序列穷尽模式。Wilkins（1971）用同样的程序研究显示被试确认常见项目比确认少见项目快，如被试确认“麻雀是一种鸟”比确认“猫头鹰是一种鸟”要快。拒绝相似类别的假性项目比拒绝不同类别的假性项目要快，如否认“马铃薯是树”比否认“步枪是树”要快。

（二）特征比较模型

一些研究显示语句判断涉及复杂的特征比较，而不是简单的类别搜寻，一些研究者提出了一些模型来解释相关性对真假句判断的影响，这些模型称为特征比较模型，其中最著名的是 Smith、Shoben 和 Ripps（1974）提出的模型。该模型认为一个概念的意义包含大量的语义特征，Smith 把这些特征分成两类：定义性特征（defining features），一类客体共同的必需的特征；典型特征（characteristic features），一类客体大多数成员具有的特征，但不是基本特征。以狗为例，它的定义性特征包括有四条腿、有一条尾巴、全身长毛等；典型特征包括被当作宠物饲养、可以牵着出去散步、会吠等。在判断“知更鸟是一种鸟”这样的句子时，特征比较模型认为，被试先比较知更鸟和鸟的特征，如果两者有大量的共同特征，那么做出“是”的反应，如果获得的共同特征不足以做出“是”的反应，那么就进入第二个缓慢反应阶段，全面考察重要的定义性特征，如符合定义性特征就做出“是”的反应，如不符合就做出“否”的反应。特征比较模型能解释典型项目比非典型项目反应快，因为典型项目能在第一阶段做出反应，非典型项目要通过两个阶段才能做出反应，也能解释相似性对“否”反应的影响，因明显不同的项目在一阶段后就能做出反应，非常相似的项目要经过两个阶段才能做出反应。

（三）语义网络模型

Quillian 在编制计算机理解课文程序的博士学位论文中，提出一个模型——可教的语言理解机（Teachable Language Comprehender，TLC），它的主要特征是一个语义记忆系统。该模型与几个世纪前 Aristotle 提出的模型有些类似，概念与可联想的特性有关，但有两个重要的差别：其一，Quillian 的模型认为只有一种联想方式，Aristotle 认为有多种不同联想方式；其二，Aristotle 的解释被作为一种逻辑模型，Quillian 提出的 TLC 被作为一种人类理解课文的心理模型。Quillian模型认为概念间的联系是一个层次排列的网络(图1.4)，网络中的每个结点(node)代表一个概念，每个结点与许多特性相联系。Quillian模型的一个重要特征是有关认知经济原理(cognitive economy)的假设，某类概念（鸟）的共同特性（能飞）储存在最高的水平，而不是把这一特性与具体的鸟相联结。判断"金丝雀会唱歌"比判断"金丝雀能飞"的时间长，判断"金丝雀有皮肤"的时间更长，因为它们涉及的水平数或结点数越来越多。

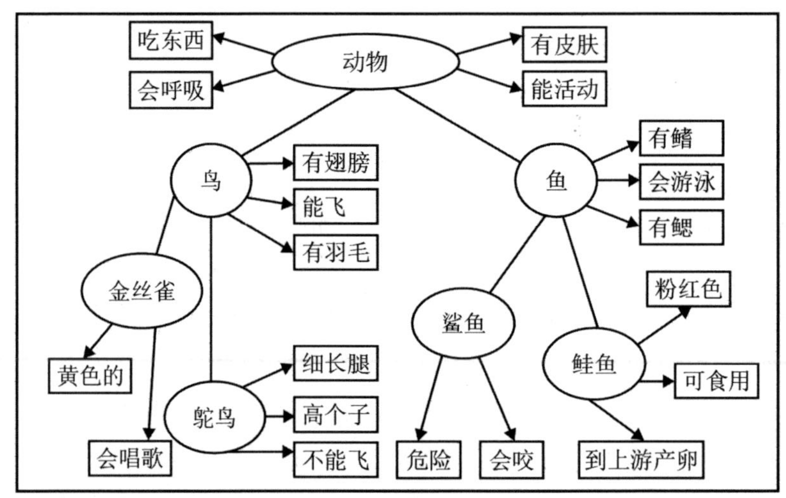

图1.4　Quillian模型的虚拟记忆结构

（四）并行分布加工模型

人脑加工信息的速度相当快，用序列加工模型很难解释，可能人脑能同时启动许多程序，对众多的信息进行同时加工，为此许多认知心理学家提出了并行分布加工模型（Parallel Distributed Processing，PDP）。该模型认为人脑中存在无数的神经网络，这些网络是由神经元和神经元间的联结构成的，负责储存和加工信息，在同一时间内许多神经网络可以同时激活，一个神经网络激活后，激活可以扩散到相连的神经网络，激活可以是兴奋性的，也可以是抑制性的。按照PDP模型，我们可以随时调用信息，也可以随时改变信息，信息不是最终产品，而是一个过程或潜在的过程，在网络中储存的不是特定的信息，而是兴奋或抑制的联结模式。当我们接受新信息时，信息所激活的神经活动可以加强或削弱网络内或网络间的联结，信息可以来自环境刺激，或来自以往的记忆，或来自认知过程，人脑能通过组合、推论或归纳创造许多新信息，所以人脑中的信息是在不断地变化的。

四、对某些记忆过程的理论解释

（一）信息的编码

Conrad（1964）的研究表明短时记忆主要以听觉语音编码，视觉呈现字母后回忆，语音相似的字母易发生混淆。短时记忆中，也有语义编码和视觉编码。长时记忆以语义编码为主，也有视觉编码和听觉语音编码。

（二）信息如何从短时记忆转到长时记忆

要使短时记忆中的信息进入长时记忆系统，必须使新信息与旧信息产生某种联系，使新信息融合到旧信息中去。在这个过程中涉及电生理、分子生物学及基因表达的改变。为使新旧信息产生融合，常采用一些记忆策略、复述、归类、视觉化等。

（三）信息提取

短时记忆信息的提取有几种理论解释：平行加工模式——一次提取短时记忆信息与目标信息比较；序列穷尽模式——将目标信息与短时记忆信息逐个比较；序列终止模式——与短时记忆信息逐个比较，找到信息即终止。长时记忆信息的提取更复杂，当接受某项指令时，长时记忆中的信息可能以类似的形式依次进入工作记忆，直到找到所需要的信息。按照平行散布加工模式，知识表征的关键结构是神经结（node）之间的联结（connections），而不是个别的神经结。一个神经结的激活可以激活一些相连的神经结，激活在网络中传布。PDP 模式可解释工作记忆的机制，工作记忆就是活动的记忆，是激活在网络中的传布。激活相连神经结的过程称为启动（priming）。引起的激活效果称为启动效应（priming effect）。也就是说，启动是激活的传布。

五、记忆机制研究

（一）记忆相关的脑结构

不同类型的学习和记忆涉及不同脑结构，目前已了解到一些脑结构对学习和记忆是重要的，但正常情况下，脑的许多系统或所有系统都不同程度地参与记忆过程。目前把记忆区分为外显记忆和内隐记忆，它们涉及的脑结构不同（图 1.5）。

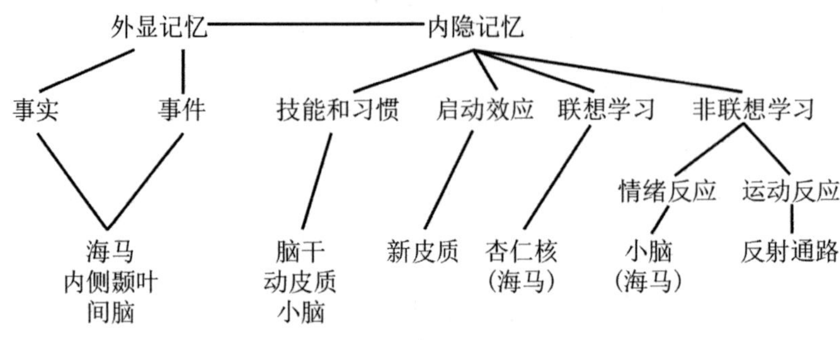

图 1.5　记忆及相关脑结构

（二）记忆相关的生理改变

目前研究发现长时程增强（Long-Term Potentiation，LTP）和长时程抑制（Long-Term Depression，LTD）与记忆贮存有关。LTP 是一种兴奋性突触后电位（EPSP），持续时间在 30 分钟以上。LTP 有三个基本特征，这些特征与长时记忆储存有关，可能是长时记忆的重要生理机制。

（1）LTP 对输入信息有特异性。单个的输入不能引起神经网络中神经元的连续的激活，但能使某些神经元处于易化状态，当相同的信息再次输入即呈现增强效应——同质突触 LTP，引起神经元的激活。

（2）LTP 是联想性的。某个神经元中弱的非 LTP 诱导的刺激与另一个传入同一群神经元的强 LTP 诱导的刺激相匹配，弱刺激输入中呈现 LTP。这一特征与经典条件反射类似。说明在 N-methyl-D-aspartate（NMDA）受体依赖系统中，LTP 是记忆的机制之一。

（3）LTP 持续时间与长时记忆一样长。LTP 与外显记忆关系密切，如联想学习。LTD 是经典条件反射在脑皮质和脑中记忆储存的重要机制，从行为主义看，LTD 与习惯化行为的形成有关，LTD 与内隐记忆的某些类型关系密切，如条件反射，非联想学习。

（三）记忆的分子生物学机制

记忆的分子生物学机制尚不清楚，近年来的研究获得了一些有意义的发现。

（1）接受训练的老鼠和环境丰富的老鼠的脑皮质中乙酰胆碱酯酶（AChE）活性水平较对照组高。脑皮质和海马区 AChE 活性水平与老鼠解决空间问题的能力显著相关。在其他哺乳动物中也发现类似现象。

（2）丰富环境和训练能增加鼠或鸡脑皮质蛋白合成、RNA 量和表达、DNA 含量，提示记忆储存有蛋白质合成参与。一些蛋白合成抑制剂能影响中期记忆和长期记忆的形成，而不影响短期记忆。

（3）ACh 抑制剂和谷氨酸受体（NMDA 和 AMPA）抑制剂干扰短期记忆的形成，CaM 激酶抑制剂干扰中期记忆，PKA 和 PKC 或 PKG 的抑制剂影响长期记忆。

（4）NMDA 受体和阿片受体（包括 μ- 阿片受体和 δ- 阿片受体）在海马依赖性记忆的形成中起重要作用，脑室内注射 AP5（选择性 NMDA 受体拮抗剂）影响记忆形成，阿片受体抗剂——Naloxone 影响空间记忆。

（5）基因敲除小鼠研究。目前涉及的基因有：fyn 基因、α-CaMK Ⅱ、PKCr、GljuRε 和 mGluR1 等，这些基因对某些记忆类型有不同程度的影响。

第二章　临床记忆评估的现状

近20多年来，认知心理学、神经心理学以及认知神经科学在记忆功能研究方面取得了突破性进展，对人类记忆的神经基础和记忆过程有了更深入的了解。记忆评估虽从理论到技术均相应地发生了深刻的变化，但比认知科学研究相对滞后10～20年。记忆评估是临床心理评估的重要内容，它在多种神经精神疾病以及儿童学习障碍的诊断、康复指导和预后估计等方面均起着重要作用。临床记忆评估的目的、内容及作用均较以往有了明显的不同，除多方面评估记忆的功能水平外，还想更深入地了解记忆过程和记忆策略的改变，如内隐记忆、工作记忆和逆行性记忆的评估，前摄干扰、编码策略、遗忘速率和学习速率的评估。这些新的记忆测量技术不仅改进了记忆功能测验的敏感性和特异性，而且还能确定记忆障碍的类型和记忆过程的缺陷。国内目前临床上使用的成套记忆量表仅有两套：龚耀先修订的韦氏记忆量表和许淑莲编制的临床记忆量表；研究和临床上使用的单项记忆测验也不多，而且多数没有国内常模；张明圆修订的简易痴呆评定量表和洪炜编制的老年认知量表，虽作为简易的智力评定工具，但其测验的主要内容是记忆方面的。本章试图对目前国外较重要的一些常用的临床记忆评估方法做简要的介绍。

第一节　成套记忆量表

一、韦氏记忆量表

韦氏记忆量表（Wechsler Memory Scales，WMS）包括1945年编制的初版（WMS）、1987年修订版（WMS-R）以及1997年的第三版（WMS-Ⅲ）。WMS是Wechsler于1945年编制的，内容包括7个分测验：常识（information）、定向（orientation）、心理控制（mental control）、数字广度（digit span）、逻辑记忆（logical memory）、视觉再生（visual reproduction）、言语配对联想（verbal paired associate）。各分测验原始分累加汇总后转换成一个综合分

数——记忆商数（Memory Quotient，MQ），以此作为被试总体记忆功能的指标。WMS 问世以后，迅速得到广泛使用，同时也引起大量批评，如非言语内容过少，没有再认和延迟程序，单一 MQ 概念则恰恰混淆了多种不同的认知和记忆结构，以及常模取样和分数换算问题。

基于上述批评，Wechsler 本人对 WMS 做了修订，于 1987 年发表了 WMS-R，包含 13 个分测验：常识与定向（information/orientation）、心理控制（mental control）、图形记忆（figural memory）、逻辑记忆Ⅰ（logical memory Ⅰ）、逻辑记忆Ⅱ（logical memory Ⅱ）、视觉配对学习Ⅰ（visual paired associate Ⅰ）、视觉配对学习Ⅱ（visual paired associate Ⅱ）、言语配对学习Ⅰ（verbal paired associate Ⅰ）、言语配对学习Ⅱ（verbal paired associate Ⅱ）、视觉再生Ⅰ（visual reproduction Ⅰ）、视觉再生Ⅱ（visual reproduction Ⅱ）、数字广度（digit span）、空间广度（visual memory span）。相对于初版，WMS-R 在以下方面做了重点改进：①增加了延时回忆程序；②增加了视空间记忆分测验；③评分系统做了重大创新，原来单一的 MQ 指数被取消，代之以基于因素分析的成分指数，包括总记忆指数（general memory）、注意 / 集中指数（attention/concentration）、言语记忆指数（verbal memory）、视觉记忆指数（visual memory）以及延迟记忆指数（delayed memory）。尽管修订者尽了极大努力，力图消除 WMS 的种种短处和不足，并尽可能地将认知神经心理学的研究成果融入测验设计之中，WMS-R 仍然遭到了不少批评，如未提供线索回忆或再认测验，增加的视觉记忆测验容易用言语编码，某些视觉记忆分测验难以排除知觉的、结构的或视觉运动因素的干扰，五因素模式未能被因素分析广泛证实。

韦氏记忆测验最新修订版是 WMS-Ⅲ，发表于 1997 年，含 17 个分测验，包括 10 个基本测验和 7 个备选测验。其中 10 个基本测验分别为：逻辑记忆Ⅰ和Ⅱ（logical memory Ⅰ，Ⅱ）、言语配对学习Ⅰ和Ⅱ（verbal paired associate Ⅰ，Ⅱ）、字母 - 数字顺序化（letter-number sequencing）、人面再认Ⅰ和Ⅱ（faces Ⅰ，Ⅱ）、家庭图片记忆Ⅰ和Ⅱ（family pictures Ⅰ，Ⅱ）、空间广度（spatial span）。7 个备选测验分别为：常识和定向（information and orientation）、词单记忆Ⅰ和Ⅱ（word lists Ⅰ，Ⅱ）、心理控制（mental control）、数字广度（digit span）、视觉再生Ⅰ和Ⅱ（visual reproduction Ⅰ，Ⅱ）。相对于 WMS-R 而言，WMS- Ⅲ在吸收临床记忆研究最新成果的基础上，在量表内容、结构以及评分系统等多个方面做了较大改变：①回忆与再认并重，便于反映提取功能。②在分测验的设计上，采用更有生态学效度的分测验，如人面再认和家庭图片记忆。③在记忆指标的设置上做了重大调整，既有反映记忆功能的指标（8个基本记忆指数，即听觉即时记忆、视觉即时记忆、即时记忆、听觉延迟记忆、视觉延迟记忆、听觉延迟再认、总体记忆以及工作记忆指数），又有反映记忆过程的指标（4个附加指数，即单次学习指数、学习速率、保持率和提取指数）。WMS-Ⅲ虽然做了一些重大的改变，但仍然存在一些不足之处：①在计算记忆指数将各分测验的重要性等量齐观，未能考虑到它们的权重系数；②总体记忆指数全部由延迟记忆分测验构成，忽视了短时记忆的重要性；③虽然设置了工作记忆指数，但却混淆短时记忆和工作记忆区别；④视觉再生测验的记分过于复杂化，可能会影响评分的一致性，同时会使记忆功能中混杂了绘画技巧因素；⑤没有包含内隐记忆和日常记忆等内容。

二、记忆评估量表

记忆评估量表（Memory Assessment Scale，MAS）由Williams编制于1991年，包括以下分测验：词单学习、故事记忆、视觉再认、视觉再生、相片人名记忆、言语广度以及视觉广度。MAS提供四个组合分：总记忆、言语记忆、视觉记忆和短时记忆，与WMS-R相似。该测验较WMS-R在设计上有一些改进，如提供了线索回忆和再认程序；词单学习测验可评估一些特殊的记忆变量，如学习策略、错误类型等；相片人名记忆更接近日常记忆功能，因而具有较好的生态学效度；常模比WMS-R更有代表性，适用年龄更广。MAS也存在一些不足之处，如视觉记忆任务混杂了视知觉和视觉运动能力；虽然MAS引入了延迟回忆程序，却未提供独立的延迟回忆组合分，但临床医师可以比较即时和延迟回忆分，获得有关信息。

三、Randt记忆测验

Randt和Brown发表于1983年的Randt记忆测验（Randt Memory Test，RMT），包括七个分测验：一般常识、词语学习、数字广度、配对联想、故事记忆、图片再认以及一项无意记忆测验。该测验设计具有以下特点：①部分测验中采用Brown-Peterson分心任务；②提供24小时延迟回忆；③在词语学习任务中采用选择性提示程序。该测验旨在对病人的记忆问题进行大体检查，无意对脑损伤的结构和功能进行定位或测查记忆功能的不同侧面。RMT

的一大长处是备有5个平行本，因而极利于跟踪调查。其不足之处在于：①测验指导语过于复杂，尤其对于记忆功能明显损害的被试者难以理解；②被试者事先被告知第二天要求延迟回忆，因此有些被试可能写下并刻意复习当天的测试材料；③图片再认分测验的材料皆是一些常见物品，易于言语编码，因而不是一项合适的视觉记忆任务；④分心任务因人而异可造成非系统误差，影响测验的性能。

四、成人记忆和信息加工成套测验

成人记忆和信息加工成套测验（the Adult Memory and Information Processing Battery，AMIPB）由Coughlan等人编制，由6个分测验组成：①故事即时和延迟回忆；②复杂图形记忆（即时再生、临摹及30分钟延迟再生）；③词语学习；④图案学习；⑤信息加工A；⑥信息加工B。该测验提供了言语材料和非言语材料的即时和延迟回忆测验，其词语学习测验能提供被试的学习曲线及对干扰刺激的敏感性。其不足之处是未提供再认程序。另外，其复杂图形的30分钟延迟再生任务对于许多神经科病人而言太难，缺乏鉴别能力。

五、记忆与学习测验

记忆与学习测验（the Test of Memory and Learning，TOMAL）由Reynolds和Bigler于1994年编制，含14个分测验，其中10个基本测验，4个附加测验。其10个基本测验分别是：故事记忆、词语选择性提示测验、物体回忆、顺背数、配对回忆、人像记忆、视觉选择性提示测验、抽象视觉记忆、视觉顺序记忆、方位记忆；4个附加测验为：字母顺背、字母倒背、数字倒背以及手势模仿（manual imitation）。该测验提供4个基本记忆指数：言语记忆指数、非言语记忆指数、总记忆指数及延迟回忆指数，另设5个附加记忆指数：学习指数、联想回忆指数、自由回忆指数、顺序回忆指数、注意/不分心指数。TOMAL的适用年龄范围为5～19岁。其编制者称，该测验不仅可用于脑外伤和中枢神经系统疾病儿童的记忆评估，而且对于诸如注意缺陷多动障碍（ADHD）、各种发育性障碍、特殊学习技能障碍以及多种残障儿童均有用。

六、学习与记忆成套测验

学习与记忆成套测验（the Learning and Memory Battery，LAMB）编制于1992年，全套测验由3个言语记忆测验（短文记忆、词语学习、词对学习）、2个视觉记忆测验（简单几何图案、复杂几何图案）以及2个数字广度测验

（数字广度、超长数字广度）组成。测验编制者试图严格以信息加工理论为指导，使测验分数真正反映出被试记忆功能的不同信息加工过程。LAMB 的每一个分测验就基本形式而言都是现存的或沿用已久的，但在 LAMB 中又都经过了大力的改进，以期具有更高的理论和实际效果。以短文记忆（paragraph memory）为例，该测验在形式上与 WMS、WMS-R 及其他多种量表中的逻辑记忆或故事记忆相似，实为一“老”测验。在 LAMB 中，这一广泛采用的测验形式在多方面得到改进：①不同于以往的故事记忆或逻辑记忆，LAMB 的短文记忆不具有明显清晰的主题。主题不明显有助于消除故事结构对于回忆的提示作用；② LAMB 的短文记忆重复二试。增加学习和回忆次数一则可以减少被试偶然分心对测验成绩的影响，二则可提供被试的学习曲线，三则可使被试者所获信息的基数增加，因而在随后的延迟回忆时可更清楚地观察记忆信息的丢失或保持情况。③测试阶段提供自由回忆、线索回忆和再认等多种程序。其有助于区别编码障碍或提取障碍所致的记忆损害。④引入延迟回忆程序，以观察记忆信息随时间而丢失的情况。

七、广泛记忆与学习评估测验

Adams 和 Sheshlow 于 1990 年编制的广泛记忆与学习评估测验（Wide Range Assessment of Memory and Learning，WRAML）由图片记忆、图案记忆、言语学习、故事记忆、视窗（finger Windows）、声音符号记忆、语句记忆、视觉学习及数字 / 字母序列等 9 个分测验组成。其中，言语学习、故事记忆、声音符号记忆、视觉学习测验提供延迟回忆程序。其主要记忆功能指标为言语记忆指数、视觉记忆指数、学习指数以及总记忆指数。该测验在分测验设置上平衡了言语材料与视觉材料，提供了延迟回忆程序，是近年来以认知神经心理学理论为指导编制的较成功的记忆测验之一。但未提供延迟记忆指数，也无足够的再认或线索回忆测验。另外，该测验虽设有工作记忆的分测验（数字 / 字母序列），却无反映工作记忆功能的特殊指标。

八、儿童记忆量表

由 Cohen 等编制于 1997 年的儿童记忆量表（the Child Memory Scale，CMS）适用于 5 ~ 16 岁儿童。其测验结构和记忆指数的设置均与 WMS- Ⅲ十分接近。主要记忆指数包括言语即时记忆、视觉即时记忆、言语延时记忆、视觉延时记忆、言语延时再认、总记忆指数以及学习指数和注意 / 集中指数等。

第二节　单项记忆测验

一、听觉言语学习测验

听觉言语学习测验（Auditory Verbal Learning Test，AVLT）最初由 Rey 编制于 1964 年，后又经多名研究者标准化，因此有多种常模资料备查。测验材料为 15 个彼此无关的词，其基本测验程序包括即时自由回忆（共 5 试）和 30 分钟的延时回忆和再认。该测验虽然简单，却可提供有关记忆过程的多种有用指标，如首因效应与近因效应、学习速度、前摄抑制与倒摄抑制等。

二、加州言语学习测验

加州言语学习测验（the California Verbal Learning Test，CVLT）是从听觉言语学习测验（AVLT）的基本结构脱胎而来的。两者主要不同的一点在于，构成 CVLT 测验材料的 16 个词分别属于 4 类（如工具类或水果类），每类 4 个词，而 AVLT 中的 15 个词则彼此无关。CVLT 的测验程序与 AVLT 基本相同，只不过除自由回忆外，尚未提供类别线索回忆程序。CVLT 力图将认知科学研究成果融入记忆的临床评估程序之中，多种记忆指标的设置，使得该测验除评估一般言语学习记忆能力外，还能反映被试记忆过程的若干侧面，如记忆策略（语义分组与序列分组）、首因效应 / 近因效应、学习曲线、错误类型、前摄抑制 / 倒摄抑制、信息随时间的保持率、不同提取形式（自由回忆、再认）的比较、再认任务中的辨别力与反应偏差等。一项因素分析研究结果显示，测验结果可归纳为学习策略、学习速率、系列位置效应、学习干扰、辨别力等 5 个结构因子。CVLT 自发表以来已被用于多种神经精神疾病人群的言语记忆能力评估，如 Alzheimer 病、Korsakoff 症状群、Parkinson 病、Huntington 氏病、精神分裂症、酒精中毒、创伤性脑损伤。

三、言语选择性提示测验

言语选择性提示测验（Verbal Selective Reminding Test，VSRT）最初由 Buschke 编制于 1973 年，但后来发展出多种版本。该测验的独特之处在于，在整个测验过程中，完整地包括全部词语的材料呈现只有一次，那就是在首次呈现材料时。在随后各次尝试中，只选择性地呈现那些在前一轮测试中未正确回忆出来的词，而前试中已正确回忆的词则不再重复呈现，故称选择性提示测验。选择性提示程序第一次尝试跨越临床记忆评估与认知科学研究之间的鸿沟，对人类记忆的信息加工过程进行操作性定义和定量评价。比如，该测验提出的长时储存（long-term storage）、长时提取（long-term retrieval）、短时提取（short-term retrieval）等概念虽然争议颇多，但仍是富于新意和启发性的。该测验现已广泛用于创伤性脑损伤和AD的记忆评估。

四、连续再认记忆

连续再认记忆（Continuous Recognition Memory，CRM）原为评价脑外伤对视觉再认记忆功能的影响而编制。测验材料为120幅生物或实物的线条画(如花、贝壳、鸟等)，分属于8个类别，每类包括6个看起来相像但又不同的类例，其中只有一个重复呈现，而其余5个均只呈现一次。被试的任务是在连续呈现的图片中，辨认出“新”的（前面未出现过的）和“旧”的（前面曾出现过的）。不少研究认为，该测验对脑外伤相当敏感。

五、Benton视觉保持测验

Benton视觉保持测验（Benton Visual Retention Test，BVRT）最初由A.Benton于1955年编制，国内有唐秋萍和龚耀先1990年的修订本，制定了C式A法的儿童和成人常模。测验材料为C、D、E三套图卡，每套有10张刺激卡，前2张卡片均只含有1个几何图形，其余8张均由3个几何图形构成:2个大的主图和1个小的辅图。测试方法有四种: A法，每一套图卡呈现10秒，随即默画（记忆保持）；B法，每一套图卡呈现5秒，随即默画（记忆保持）；C法，将每一套图卡放在被试前面，让他临摹下来（视结构能力）；D法，每一套图卡呈现10秒，间隔15秒，随后默画（隐性记忆缺陷）。

测验者可选择不同形式和不同方法，为了排除被试视知觉困难或结构能力缺陷对测验成绩可能造成的影响，Benton及其合作者设计了各种程序，如临摹、视觉辨别、视觉再认等，以期提高测验的特异性。

六、加州整体－局部学习测验

加州整体—局部学习测验（California Global-Local Learning Test，CGLT）旨在精确判定单侧脑病变所致的对整体结构或局部细节的选择性分析困难。测验材料为一些具有视觉结构层次的刺激，如由小字母或小图形构成的大字母和大图形（如许多小“J”组成的大“S”，或小“△”构成的大“□”）。这些材料可以精确区别整体知觉与细节知觉。全部材料可分为三类：①语言型（如字母）；②高频非语言型（易于命名的形状，如方形、梯形）；③低频非语言型（难以命名的不规则形状）。刺激成对呈现，左右视野各一。测验程序包括即时回忆、20 分钟延迟回忆、再认和临摹。研究发现，不同脑侧损害的病人在该测验的一些指标上表现出特征性差异：左侧损害者对局部细节的记忆受损，右侧损害者对整体结构的记忆受损。

七、Rey-Osterrieth 复杂图形测验

作为一项视空间记忆检查，Rey-Osterrieth 复杂图形测验（the Rey-Osterrieth Complex Figure Test）为许多神经心理学家所喜用。测验材料为一个由许多线条构成的复杂图形。测验程序包括临摹、即时回忆（再生）和 10 ~ 30 分钟的延迟回忆。该测验的一个优点是可以观察到被试的临摹策略与随后回忆成绩之间的关系。比如，临摹时的知觉分组（perceptual clustering）策略便可大大提高回忆的准确性和完整性。所谓知觉分组是指被试将复杂图形分割成不同的知图完形或结构单元（如大长方形、侧边的三角形、两条对角线等），而不是将其看成一堆无组织的零碎的线条。另一个优点是，该复杂图形同时包含大的结构特征与小的内部细节特征，据此可以分析单侧脑损害病人的不同信息加工策略。

八、简易视空间记忆测验

简易视空间记忆测验（Brief Visuospatial Memory Test，BVMT）由 Benedict 等人编制于 1995 年，1996 年又做了大幅度修订。初版 BVMT 施测极为简单：向被试呈现一组共 6 个图形，时间 10 秒，要求即时回忆（再生），25 分钟后再作一次延迟回忆。测验发表后，发现在临床应用上存在一些局限：①计分系统过于简单。测验的分数范围为 0 ~ 7 分。由于分数范围太小，使得该测验对记忆功能的细微改变不敏感；②由于测验材料只呈现一次，极易因被试偶然分心而影响成绩；③只有单试回忆，不能反映被试的学习情况；④无再认程序。针对上述不足，1996 年的修订版做了改进：①改变了计分系统，评分时同时考虑图形和位置的准确性，从而扩大了测验的分数范围；②即时回忆程序重复三试，以便观察学习历程；③延迟回忆后增加一项再认任务。

第三节　日常记忆评估

日常记忆是指与日常生活息息相关的一些事件和活动的记忆，这类记忆功能更能反映个体实际和有效的记忆水平，这类评估工具相对较少，盖因编制这类测验难度较大之故。在方法学上，日常记忆评估有几种途径：社会事件法、个人传记法和日常活动法。社会事件法是通过对一些曾经发生过的已成历史的大小社会事件的回忆来评定被试的远事记忆保持或衰退情况。该法的困难之一在于很难平衡公众对于同一事件的接触机会和熟悉程度，由于年龄、文化、社会阶层、兴趣、个性等多方面的不同，公众接触某一事件的个体差异是相当大的；另一难题是用作测验材料的社会事件（如某件大事或某位名人）应只在某一时间范围内引起过公众关注或媒体报道，此后应不再被人提及，可事实远非如此，一个时期的名人和新闻事件往往会在随后的年月里以不同的形式反复地出现于文献、书刊、影视等各种媒介中，这就很难控制这些事件被再接触或再学习的可能性。自传法是要求被试就个人经历进行回顾，据以了解其远事记忆状况。自传法的主要问题是，由于遗忘症病人在回顾个人经历时难免虚构，因此运用该法所得的评定结果有必要从可靠的知情人处加以核实，或在间隔一段时间后进行重复评估，从被试前后反应的一致性判断回忆是否可靠。日常活动法是用一些与日常生活息息相关的活动内容作为测验材料或由自己或知情人报告对日常活动的记忆能力和遗忘情况，主要用来评定被试的远事记忆能力。该法的可靠性受多方面因素的影响，如被试的活动兴趣和范围，活动内容对被试的意义，知情人的记忆能力等。

一、自传性记忆晤谈

自传性记忆晤谈（Autobiographical Memory Interview，AMI）由 Kopelman 等人编制，包括两个分测验：个人语义记忆晤谈表（personal semantic memory schedule）和个人事件晤谈表（autobiographical incidents schedule），分别评估自传性语义记忆和自传性情景记忆。个人语义记忆晤谈表涉及有关个人背景信息、童年期、成年早期及近期等四个方面的个人资料，如曾经上过的学校、朋友情况、住址、结婚的时间和地点等。被试的回答须从知情人处加以核对。个人事件晤谈表则采用自传性提示技术（autobiographical cueing technique）来评定被试对于人生不同阶段（童年、成年早期、近一段时期）若干个人事件的情景记忆（如事件发生的时间、地点、具体细节特征等）。

二、Boston 逆行遗忘测验

Boston 逆行遗忘测验（Boston Retrograde Amnesia Battery，BRAB）涉及对 1930 年至 1970 年社会大事和著名人物的记忆，包括 3 个成分：①名人照片测验；②言语回忆问卷；③再认问卷。被试的记忆成绩以每 10 年为单位列成图表，以观察遗忘在时间上是平坦的（对不同时期的信息表现出相同程度的遗忘）还是呈梯度的（越近的信息遗忘越严重、越长远的信息遗忘越轻）。该测验被大量用于 Korsakoff 症状群、Huntington 氏病、Alzheimer 病等多种人群的逆行遗忘调查。其近期版本已将内容刷新至 1990 年。

三、总统测验

总统测验（the Presidents Test）包括 4 个部分：①言语命名（verbal naming）　自由回忆现任及前 5 任美国总统的名字，②言语排序（verbal sequencing）——将 6 张印有总统名字的卡片按每位总统的在任年代排序；③照片命名（photo naming）—— 6 张总统照片以与言语排序中相同的顺序呈现，要求命名；④照片排序（photo sequencing）——要求将上述 6 张总统照片按任职年代来排序。4 项任务中，以言语命名最难，而照片命名最容易。研究发现，该测验对于弥漫性脑损伤患者具有较好的鉴别能力。

四、家系测验

家系测验（Family Line Test，FLT）是一个较新的远记忆测验，由日本学者 Kazui 等人编制，主要用于评估老年痴呆患者的自传性记忆。该测验包括 20 个问题，分别涉及被试生命中的三个时期：①长子（或长女）出生之前的时期，可称为个人时期，如上过的第一所学校叫什么？从事过的第一个职业是什么？配偶姓甚名谁？等等。②长孙出生之前的时期，可称为长子时期，如长子（女）叫什么名字？长子（女）出生地在哪里？小学、初中、高中、大学校名是什么？等等。③长孙出生之后的时期，可称为长孙时期，如长孙的名字？小学、初中、高中的校名是什么？该测验所选的 20 个问题涉及人生种种重大事件，其生态强度是比较高的。同时，由于这些问题由近及远分布于生命中的不同阶段，因而可以方便地显示遗忘的时间梯度特征。

五、Rivermead 行为记忆测验

Rivermead 行为记忆测验（the Rivermead Behavioural Memory Test, RBMT）包括 12 项与日常生活有关的记忆任务：①人名记忆：给被试看一张照片并告以姓名，延迟一段时间后要求回忆其姓名；②物品藏匿地点记忆：测验开始时，测验者向被试索要一件小用品（如梳子之类），并当被试的面将其藏在测验室某处，测验结束时，提示被试索回该物并回忆其藏匿之处，这是一项无意记忆任务；③记住一项约定：测验者事先与被试约定，听到闹钟响时（设定在 20 分钟后）向测验者提一个特定的问题；④图片再认：二选一延迟再认，材料为 10 幅常见物品的线条画；⑤短文即时回忆：一段来自报纸的短文，主试读完后，被试立即回忆；⑥短文延迟回忆：上述短文的 20 分钟延迟回忆；⑦人面再认：二选一再认，目标刺激为 5 张人像照片；⑧路线即时记忆：主试在测验室示范一条经过几处特定地点的路线，要求被试立即重蹈该路线；⑨路线延迟记忆：上述任务 20 分钟后重复；⑩送信：在路线记忆任务中，主试事先在某处放一封信，要求被试路经该处时带上此信并将其携带至另一指定处；⑪定向：包括 9 个关于时间、地点定向的问题；⑫日期：要求精确说出当天日期，这是从前述定向任务单独出来的一个项目。上述 12 个项目全部完成约需要 25 分钟。该测验准备 4 个平行本，其内容具有高度的表面效度，且为大多数被试乐于接受。

六、记忆评估诊所成套测验

记忆评估诊所成套测验（Memory Assessment Clinic Battery，MACB）是一个以人—机对话方式进行的计算机辅助测验程序，由以下分测验组成：①姓名—人面配对学习；②人面匹配；③人面再认；④电话号码记忆；⑤购物清单记忆；⑥姓—名配对学习；⑦新闻记忆；⑧注意分配测验；⑨物品存放地点记忆。该测验表面效度和生态效度高，计算机辅助测验可保证实施程序的标准化及计分的快速准确。该测验已有多种文字的翻译版本。

七、记忆症状检查表

记忆症状检查表（Memory Checklist）由 19 个项目构成，涉及 3 个方面的记忆症状。①忘事：是不是昨天或几天前告诉他的事情便忘了，或必须提醒才想得起来？②交谈：跟人聊天时是不是老记不住人家说过的一些细节内

容？③行为：单独外出是否迷路？有研究认为，该测验在反映病人日常记忆功能方面不失为一个有效的工具。

八、记忆评估诊所自评量表

记忆评估诊所自评量表（Memory Assessment Clinical Self-Rating Scale，MAC-S）共含 49 个项目，包括两个分量表：能力量表和症状发生率量表。能力量表含 21 个项目，用于评价当事人的记忆能力，症状发生率量表含 24 个项目，旨在评定当事人记忆问题的发生频率。另有 4 个项目用于记忆状况的总体评价。

第四节 内隐记忆的评估

内隐记忆测量还停留在实验室阶段，没有直接用于临床。内隐记忆测验是测量对先前获得信息的提取能力，目前实验室所用的测验方法很多，方法之间有很大的差异，其中研究最多的是启动效应。Roediger 和 McDermott 分析了当时常用的 13 种内隐启动效应测验，提出启动效应测验应该满足两个条件：第一阶段（学习阶段），被试要接触相关的信息；第二阶段，要在强调迅速反应和无意识提取的指导语下测验被试在第一阶段获得的经验的迁移；据此他们把内隐记忆测验分为两种类型：概念驱动型和知觉驱动型。概念驱动型启动效应测验是指在测验阶段提供的线索与学习阶段目标在概念基础上相关，而不是在知觉特征上相似。知觉驱动型启动效应测验的显著特点是测验线索与目标项目具有某些知觉相似性。例如，被试在学习阶段的目标词是 Cologne（科隆，德国的城市名），在知觉驱动型启动效应测验中，被试将看到词干（Co　 ）或残词（C　ge），并被告知用在脑海中出现的第一词填空；在概念驱动型启动效应测验中，给被试的是一般性问题（如德国哪座城市因产香水而著名？），要求被试回答尽可能快和准确。目前常用的内隐记忆测验列表见表 2.1。

表 2.1 十二内隐记忆测验

测验名称	举例	作者
知觉型测验（perceptual tests）		
（1）字词辨认	呈现 35 毫秒	Jacoby，Dallas（1981）
（2）词干填充	ele_______，黄	Graf，Squire，Mandler（1984）
（3）残字补全	e_e_h__ __t	Roediger 等（1992）
（4）残字命名	e_e_h__ __t	Hashtroudi 等（1988）
（5）乱母构词	lepanthe	Srinivas，Roediger（1990）
（6）词汇判断	Word，wrord，piref，pond	Duchek，Neely（1989）
非言语性测验（non-verbal）		
（7）残图命名	命名残缺不全的图	Srinivas（1993）
（8）物体判断	物体 / 非物体辨认	Kroll，Potter（1984）
（9）可能物 / 不可能物判断	判断可能物或不可能物	Schacter，Cooper Delaney（1990）
概念型测验（conceptual tests）		
（10）字词联想	Tusk	Shimamura，Squire（1984）
（11）范例产生	animals	Srinivas，Roediger（1990）
（12）回答常识问题	在进攻罗马的战斗中，Hannibal 用什么动物帮助自己越过 Alps 山?	Blaxton（1989）

内隐记忆测验之所以没有用于临床，是因为有几个问题没有解决。第一，意识污染问题，理论上内隐记忆测验是测量无意识的学习和记忆能力，但在测验中是通过指导语来控制意识水平的，如在学习阶段不是要被试记忆项目内容，而是要他做其他认知操作，如喜恶判断、判断有无生命、字的偏旁等；在测验阶段，不要被试有意地去回忆，而是报告脑海里第一个出现的内容，而且要尽可能地快。研究者假设被试会按省力原则遵从这些指导语，事实上很多被试并不采用省力原则，而是有意或无意地讨好研究者，试图回忆先前

接触过的内容，另外在做第二个内隐记忆测验时，被试还有意识地去记忆学习内容，这些都使测验结果被意识污染。

第二，对脑损害的敏感性问题，许多研究表明脑损害病人的外显记忆可能受到不同程度的损害，而内隐记忆却保持完好，研究者据此认为外显记忆和内隐记忆涉及的脑结构不同。我们知道启动效应是以脑内已有的信息为基础的，学习的目的是使脑内原有的信息激活，如果严重脑损害使脑内原有的信息丧失，学习阶段的刺激还能激活吗？内隐又如何保持完好呢？这不能不使人们怀疑内隐记忆测验的敏感性问题。

第三，内隐激活的特异性问题，理论上目标刺激能激活脑内对应的信息，但实际上一个目标刺激可能激活脑内相关的信息，所以被试在测验阶段首先想到的可能不是目标信息，而是其他相关信息，而那些有严重脑损害病人或低文化被试脑内原有信息有限，目标刺激不能激活更多的信息，在测验时首先想到的只能是目标信息，试问这两者谁的记忆更好呢？我们在研究中也发现高文化、记忆力好的被试，内隐记忆成绩反而比低文化、记忆力差的被试差，这不能不使人们怀疑内隐记忆测验的特异性问题。

第四，回忆、再认和内隐提取的关系问题，从三者要求的意识水平来看，回忆对意识水平的要求最高，再认次之，内隐提取对意识水平的要求最低。照此推论，在学习条件和提取线索相同的情况下，应该是内隐提取的成绩最好，再认次之，线索回忆最差，而实际情况并非如此。总体而言，再认成绩最好，内隐提取次之，线索回忆最差，个别高文化的被试内隐提取成绩比线索回忆还差。

第三章　多维记忆评估量表的理论构思

20 世纪 60 年代，认知心理学的飞速发展对记忆的概念和评估方法产生了较大影响，人们在编制记忆测验时，不仅想反映不同记忆系统的量的特征，而且还试图反映记忆过程的特点。记忆的测量学研究不仅对深入研究记忆的分子生物和心理机制有意义，在临床上更有实用价值。记忆功能损害是一种最常见的认知症状和神经心理缺陷，在一些脑损害疾病中，记忆困难是最早出现的、最常见的、最突出的症状，在增龄过程中最容易观察到的心理变化也是记忆改变，而且不同原因造成的记忆改变有其不同的特点。这些都使记忆评估在临床上具有实际意义，有助于疾病的诊断、疗效评估和康复指导。目前国外常用成套记忆量表有韦氏记忆量表（WMS、WMS-R 和 WMS-Ⅲ）、记忆评估量表（MAS）和 Randt 记忆测验（RMT）等，这些量表在涵盖的内容和生态效度方面均有不尽如人意之处，未含有内隐记忆和日常记忆等内容。国内广泛使用的两套记忆测验——中国修订的韦氏记忆量表和临床记忆量表，其常模标准都是 20 世纪 80 年代初建立的，标准有点过时了，美国的韦氏记忆量表已经发展到了第三版，故有必要对原有的测验重新标准化，或用新的测验替代。基于这些原因，我们从 1998 年开始着手编制一个新的记忆量表，在此想谈谈测验编制过程中的一些设想，并报告新编记忆测验的结构。

第一节　多重记忆系统及测量问题

目前已倾向认为人脑中存在多个记忆系统，分别负责不同的记忆功能，Squire（1986，1993）提出过一个多重记忆系统模型（Multiple-Memory-Systems Model，MMSM），如图 3.1 所示。因此，人们可以从不同的维度对记忆系统进行分类，但最多见的是两分法，如短时记忆—长时记忆，顺行性记忆—逆行性记忆、陈述性记忆—非陈述性记忆（程序记忆）、外显性记忆—内隐性记忆等。事实上，人类记忆系统是相当复杂的，这种简单的两分法能否反映记忆的本质存在着异议。这里不讨论这些理论问题，仅考虑编制一个临床实用的记忆测验应包括哪些内容及这些内容分别测量哪些记忆功能。

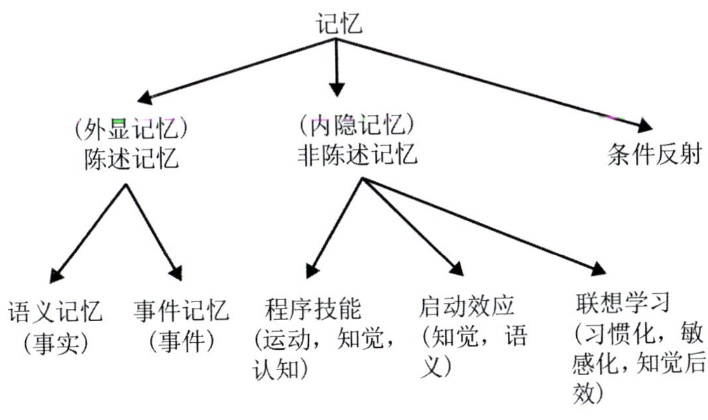

图 3.1　多重记忆系统模型

有些研究发现，内隐记忆、外显记忆和日常记忆在儿童早期发展和增龄过程存在分离现象，内隐记忆发展较早，很快达到顶峰，以后基本不随年龄的增长而改变；外显记忆发展迟些，约在 20 岁达到顶峰，以后随着年龄的增长有下降的趋势；日常记忆和自传记忆发展最迟，呈持续发展，到老年也较少衰退。临床观察和研究也发现，脑损害对这三类记忆有不同的影响，常出现分离现象，外显记忆最容易受到损害。考虑到这三类记忆的临床意义不同，我们编制的记忆测验试图包括这三个方面。

按信息保持时间的长短，心理学上分瞬时记忆、短时记忆和长时记忆，临床上分即刻、近事和远事记忆。瞬时记忆一般在实验室中测验，目前尚没有一套测验试图测验瞬时记忆，多数测验只测到心理学上的长时记忆或临床上的即刻记忆。WMS-R 和 WMS-Ⅲ把 30 分钟后的回忆或再认称为延迟记忆，以区别于心理学上的长时记忆和临床上的远事记忆。有些研究者把记忆分为短时记忆（信息保持不超过 1 分钟）、中时记忆（识记和提取的时间间隔为 1 ~ 30 分钟）和长时记忆（信息保持时间在 30 分钟以上），而且发现这三者的生理和生物学基础有明显差别。按这一分类系统，新编记忆测验中的三个记忆广度（数字广度、汉词广度和空间广度）属于短时记忆，再认、回忆和联想学习测验属于中时记忆，而延迟回忆、内隐记忆和日常记忆测验则属于长时记忆。

第二节　分测验的设置和条目选择

我们在确定外显记忆、内隐记忆和日常记忆三个维度后，接着就需要选择一些分测验分别对每个维度进行测量。外显记忆的测量技术比较成熟，在人类记忆中也比较重要，选择的测验相对较多。内隐记忆还停留在实验室阶段，尚没有一个成套的记忆测验包含内隐记忆，再者许多研究提示内隐记忆不受脑损害的影响，到底有多大临床意义也有疑问，我们只是做点尝试，故只设置两个分测验。多数成套测验虽然没有包括日常记忆，但国外有一些单独的日常记忆测评问卷，我们在编制记忆量表时也试图把它包括进来。本量表所选择的分测验涉及听觉和视觉两个通道，因为它们是人类获取信息的主要通道。另外，我们尽可能不用那些受文化程度影响较大的测验，如故事回忆。

一、外显记忆

外显记忆包括记忆广度、自由回忆、再认记忆和联想学习四种形式，共12个分测验，每种形式各三个分测验。按识记时的编码特性来看，一类是纯语音编码，材料为汉词，听通道呈现；另一类是图像编码，很难用内部语言编码，材料为人面像、几何图形或无意义符号，视通道呈现；还有一类虽然刺激是视通道呈现的非语言材料，但也可以用内部语言进行编码。

（一）记忆广度

记忆广度（memory span）包括三个分测验：数字广度（digit span）、汉词广度（word span）和空间广度（spatial span）。前两者均分为顺背和倒背两部分，项目是由数字或汉词串构成，其形式和原理与韦氏记忆量表中的数字广度相似，但记分方式做了改变，每个项目第一次尝试成功记1分，第二次尝试成功记0.5分，主要测量听觉言语短时记忆。空间广度的原理和Corsi木块相似，我们采用的是动物棋局，共9个项目。识记卡是按一定顺序摆放的动物棋局（2 ~ 10个棋子），测试时让被试在空白棋盘摆放棋局，位置和顺序第一次尝试正确各记1分，第二次尝试正确各记0.5分，主要测验视觉空间短时记忆。

（二）自由回忆

自由回忆（free recall）包括三个分测验：汉词回忆（word recall）、图画回忆（picture recall）和图形再生（figure reproduction）。汉词回忆由24个常用的具体双字词（8类）构成，小学一年级学生能认识，听觉即时呈现。图画回忆有24幅常见的实物照片（6类），视觉即时呈现，经100人预试结果显示，图画命名一致性95.58±8.13，四级（0，1，2，3）评分的熟悉程度为2.78±0.167。这两个分测验除了测量回忆量外，还可分析被试的识记策略和错误类型。图形再生为8张简单或复杂的几何图形，每张图有4个记分要素，视觉即时呈现，测验的鉴别能力和评分客观性较WMS-Ⅲ的图形再生好。

（三）再认记忆

再认记忆（recognition）包括三个分测验：汉词再认（word recognition）、图画再认（picture recognition）和人面再认（face recognition）。汉词再认的学习卡由30个简单的双字词构成，小学一年级学生能认识，再认卡由10个目标词、10个相关词和10个无关词构成，听觉即时呈现。图画再认的学习卡由30幅黑白线条图构成，经100人预试图画命名一致性为96.66±6.90，四级（0，1，2，3）评分的熟悉程度为2.816±0.197，再认卡由10个目标图、10个相关图和10个无关图构成，视觉同时呈现。人面再认的学习卡为24张人面黑白相片，再认卡由12张目标相片、6张相关相片（同一人不同时期的相片）和10张无关相片组成。以往再认测验中最大的问题是难度上不去，无关刺激的干扰作用不大，这次我们除了增加学习卡上的刺激项目数以外，再认卡上增加了一类相关刺激，难度有所提高。

（四）联想学习

联想学习（associate learning）由三个分测验组成：汉词配对（word matching）、图画配对（picture-symbol matching）和人—名配对（face-name matching）。汉词配对由14对汉词组成，有三次尝试学习，听觉即时呈现，这些汉词本身没有内在联系，经100人预试，除了一个词对的联想值为0.02外，其余的词对的联想值均为0.00，与韦氏记忆量表中的词对不同。图画配对（12对）和人—名配对（10对）也有三次尝试学习，视觉即时呈现，其联想值均为0.00。因为这些材料间本身没有内在联系，测试结果不受文化和已有知识的影响，主要测量被试的学习潜能。这三个联想学习分测验均在30分钟后再做一次回忆，测量信息长时保持能力。

二、内隐记忆

内隐记忆测量在试验研究中用得较多，在标准化的测验中尚没有包含这一内容。内隐记忆包括启动效应、习惯化、条件反射和技能学习等形式，其中启动效应研究最多，测量方法也较成熟。本量表也只包含了启动效应的测量，编制了两个分测验，自由组词（word stem completion）测量语义启动效应，残图命名（degraded picture naming）测量知觉启动效应，各有 30 个条目。经 100 人预试，未经启动的基础组词率为 4.53±6.16，未经启动的残图命名率为 9.47±7.75，符合内隐性测试的基本要求。启动效应是经启动程序激活脑内已有的信息，使其作业水平提高，提取是无意识的，所以启动效应测量的主要是长时记忆。

三、日常记忆

我们在这个维度编制了三个方面内容：定向能力、时事与常识和日常生活中的一些遗忘现象。时事与常识涉及一些重要的历史事件和人物，评分是客观的；定向能力主要包括与自身有关的时间、地点和人物，多数条目须经知情人核实，评分也比较客观；日常生活中的一些遗忘现象主要依赖被试的主观报告，必要时可以询问知情人。这里收集的条目都是临床医师访谈中常问的问题，具有较好的临床实证效果，把这些问题量化、定式化便于不同病人的比较。

第三节　测验结果的量化问题

现在几乎所有的标准化测验的结果均用标准分（Z）及变换形式来表达，采用这种表达方式的一个基本假设是所测量的心理特质在人群中呈正态分布，事实上很多心理特质并不呈正态分布，有些心理特质在理论上呈正态分布，但测验所测得的数据不呈正态分布。由此就引出了一些实际问题：上、下限问题，就标准分而言，分测验粗分为 0，而标准分可以达到 5 分，或者粗分为满分，标准分只能达到 12 分；同一分测验得分在不同年龄组的标准差不一致，转换成标准分以后，在标准分两端相邻组的分数发生错位；记忆商数难以换算到 40 以下，即各分测验粗分为 0，记忆商数也在 40 以上，对中、重度记忆缺陷没有鉴别能力。Wechsler 用离差智商前，Stanford-Binet 量表用的是比率智商，之所以被离差智商所取代，是因为心理年龄不随生理年龄等速增长，但有一点是可取的，即上、下限不受限制。我们拟用比率分来表达新编记忆量表的分测验结果，总记忆商和其他指数分还是正态转换，这是为了便于结果解释和临床诊断习惯。在计算分测验的比率分时不用心理年龄与生理年龄的比值，而是用被试实际得分除以相应年龄段的均数，再乘加权系数，具体计算公式如下：

分测验比率分 $=10\times(X-3\text{SD})/(\overline{X}-3\text{SD})$，这里的 X 为被试的分测验粗分，$\overline{X}$ 为相应年龄段的均数，SD 为相应年龄段分测验粗分的标准差。

这样就克服了 Z 转换和比率转换各自的不足，为了不与以往标准分混淆，我们称之为比率分，在人们没有完全接受比率分之前，我们在手册中给出比率分和标准分的两套常模，以便人们解释测验结果。

第四节　多维记忆量表的结构

本量表共有 17 个分测验，分两个部分——基本测验（12 个分测验）和备选测验（5 个分测验）。基本测验是计算总记忆商和指数分均必备的测验，一般临床应用也只做基本测验。备选测验是供研究者选用，或供特殊人群选用，如图画回忆代替汉词回忆；有听力障碍可用人面再认，人—名配对代替汉词再认和汉词配对等，有手运动障碍者可用图画回忆代替图形再生，汉词广度代替空间广度等。各分测验的条目数和主要功能列于表 3.1。

表 3.1　基本测验和备选测验

基本测验	备选测验
1. 自由组词：30 个条目，测验语义启动效应	
2. 残图命名：30 个条目，测验知觉启动效应	
3. 汉词配对：14 个条目，测验言语学习能力	人—名配对：10 个条目，测验非言语学习能力
4. 图符配对：12 个条目，测验非言语学习能力	
5. 数字广度：20 个条目，测验听觉记忆广度	汉词广度：20 个条目，测验言语记忆广度
6. 空间广度：10 个条目，测验视觉记忆广度	

续表

基本测验	备选测验
7. 汉词再认：30 个条目，测验听觉再认能力	人面再认：30 个条目，测非言语记忆能力
8. 图画再认：30 个条目，测验视觉再认能力	
9. 汉词回忆：24 个条目，测验言语记忆能力	图画回忆：24 个条目，测非言语记忆能力
10. 图形再生：8 个条目，测验非言语记忆能力	
11. 经历定向：10 个条目，测验自传性记忆	生活记忆：10 个条目，测量遗忘现象
12. 时事常识：10 个条目，测验语义性长时记忆	

我们把总记忆功能（总记忆商）分成三个成分——外显记忆、内隐记忆和日常记忆，外显记忆进一步分成 5 个亚成分，最底层为分测验，测量各种特殊的记忆功能，如图 3.2 所示。同时我们也根据 12 个基本测验计算一些基本指数和附加指数，见表 3.2。听觉记忆包括数字广度、汉词回忆、汉词再认、汉词配对和自由组词5个分测验；视觉记忆包括空间广度、图形再生、图画再认、图符配对和残图命名 5 个分测验；短时记忆包括数字广度、空间广度和图形再生；中时记忆包括汉词回忆、汉词再认、图画再认、汉词配对和图符配对；长时记忆包括汉词配对延迟、图符配对延迟、自由组词、残图命名、定向能力和时事常识。

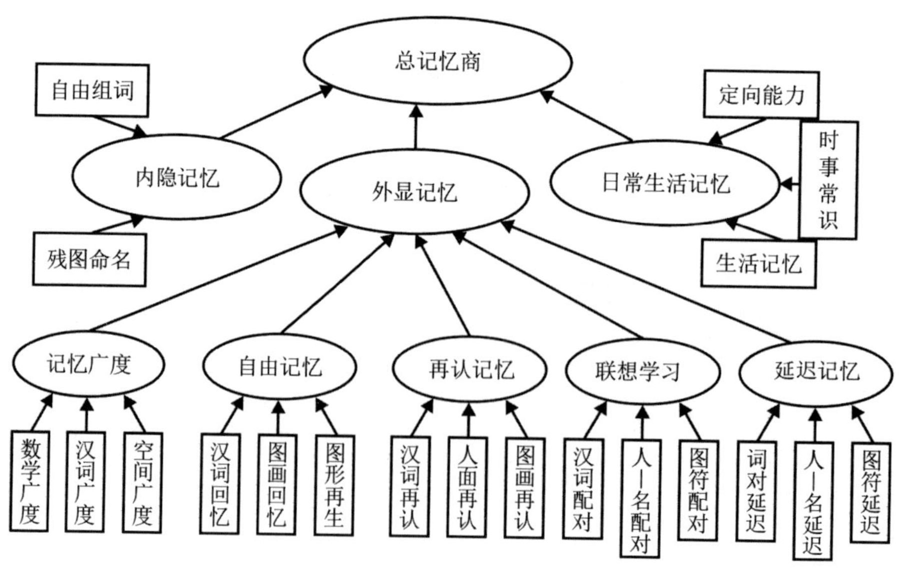

图 3.2　MMAS 的内容和结构

表 3.2　基本指数和附加指数

基本指数	附加指数
记忆广度：数字广度 + 空间广度	短时记忆：数字广度 + 空间广度 + 图形再生
自由回忆：汉词回忆 + 图形再生	中时记忆：汉词回忆 + 汉词再认 + 图画再认 + 汉词配对 + 图符配对
再认记忆：汉词再认 + 图画再认	长时记忆：词对延迟 + 图符延迟 + 自由组词 + 残图命名 + 经历定向 + 时事常识
联想学习：汉词配对 + 图符配对	视觉记忆：空间广度 + 图形再生 + 图画再认 + 图符配对 + 图符延迟 + 残图命名
延迟记忆：词对延迟 + 图符延迟	听觉记忆：数字广度 + 汉词回忆 + 汉词再认 + 汉词配对 + 词对延迟 + 自由组词
外显记忆：记忆广度 + 自由回忆 + 再认记忆 + 联想学习 + 延迟记忆	提取指数：100 × [1−[（汉词再认 − 汉词回忆）+（图画再认 − 图画回忆）] ÷ [（汉词再认 + 图画再认）]
内隐记忆：自由组词 + 残图命名	离散指数：$SI=100\sum\|X_i-M\|/\sum X_i$
日常记忆：经历定向 + 时事常识	保持率：100 ×（词对延迟 + 图符延迟）÷（词对 3 试 + 图符 3 试 +1）
总记忆商：记忆广度 + 自由回忆 + 再认记忆 + 联想学习 + 延迟记忆 + 内隐记忆 + 日常记忆	学习速率：100 ×（2 × 联想学习第 1 试成绩 + 第 3 试成绩 − 第 1 试成绩）÷（26+ 第 3 试成绩）

第四章　标准化样本及常模

常模参照测验是以标准化样本作为比较的依据，这就要求获得足够数量、具有代表性的样本。根据使用范围不同，有全国常模和地区常模。全国常模要求根据全国人口学资料，在全国范围内取样，需要的人力和财力很大，一般的研究机构难以完成，需要大的财团支持和全国协作才能完成。地区常模相对容易建立，适用范围有限，但有些测验结果受地区影响较小，某一地区的常模也可在其他地区使用。世界上最有名的韦氏量表的最初版本也只有地区常模，像 WMS 和 WMS-R 只取了某些年龄段的样本，但并未影响它在全国以及其他通用语言为英语的国家使用。我们编制的 MMAS 因种种原因未能在全国取样，只建立了地区常模，希望在全国使用一段时间，获得更多的经验和效度资料，在修订时再建立全国常模。

第一节　标准化样本

一、取样计划

计划在湖南省按分层比例原则，在 5 ~ 76 岁以上人群中取样 1000 人。分层变量包括年龄、性别、教育和职业等，年龄在儿童分 2 岁一组，在成人和老人分 5 岁一组，共计 20 组，每组计划取样 50 人；性别男女对等；教育按受教育年限分为小于或等于 3 年、4 ~ 6 年、7 ~ 9 年、10 ~ 12 年和大于 12 年 5 个层次，计划在每个年龄组中，教育年限小于或等于 3 年和大于 12 年分别取 5 人，4 ~ 6 年取 10 人，7 ~ 9 年和 10 ~ 12 年取 15 人；被试的职业基本上是随机的，尽可能包括不同职业人群，如科教文卫、行政人员、工人、农民、学生等。儿童多为在校学生，教育和职业比例参考父母的教育和职业。

二、样本入组标准

研究对象的入组条件为：①年龄在 5 岁以上；②经详细询问病史，排除有明显的神经精神疾病，可能影响测验结果的躯体疾病，无药物滥用史；③视力、听力粗测正常；④无明显的记忆问题；⑤自愿参加研究、无报酬，测试过程中合作者；⑥懂得汉语，能与测验者进行交流。

三、实际取样情况

取样在湖南省长沙市、郴州市、资兴市、安化县、湘潭市、醴陵市、沅江市，广西柳州市进行，共获得有效样本 947 人，一般资料列于表 4.1。除 5 ~ 6 岁组和 76 岁以上组例数偏少外，其他各组均在 50 人左右，因有些年龄组间差异不大，成人合并成 10 岁一组，共计 16 组。总体男女比例相等（男性 473 例、女性 474 例），但各年龄组的性别比例不完全相等，不过差异不大。总体教育程度为小学占 19.42%，初中占 28.09%，高中占 33.90%，大专或大学以上占 18.59%，儿童是按父母的教育年限统计的，各年龄组的教育年限分布不完全一致。职业分布较广，包括了一些常见的职业门类，若按技术人员、干部或公务员、体力劳动者和其他来划分，各组的职业比例不一致。由于九年制义务教育的普及，小于或等于 3 年的低文化被试收集有一定困难，多数是在农村收集的。从上述资料看来，虽与人口普查资料有一定差距，但基本上能反映我国人口的现状，样本有一定的代表性。至于地区问题还没有研究肯定记忆有明显的地区差异，这一点与智力测验不一样，而且我们的测验材料也尽量避免了教育的影响。MMAS 虽只有地区常模，也适合全国其他地区使用。测验只是一把尺子，目的是用于比较个体差异，从这一点来讲，全国常模和地区常模是共同的。另外，没有代表性的全国常模不一定比有代表性的地区常模可靠。

表 4.1 被试的性别、教育和职业分布情况

年龄组	性别			教育年限					职业			
	男	女	总体	≤ 3 年	4 ~ 6 年	7 ~ 9 年	10 ~ 12 年	＞ 12 年	技术员	公务员	劳动者	其他
5 ~ 6 岁	12	12	24	0/0	4/3	9/5	7/8	4/8	6	5	9	4
7 ~ 8 岁	26	25	51	3/2	7/6	11/9	20/20	10/14	14	8	20	9
9 ~ 10 岁	24	27	51	2/1	8/5	10/8	21/20	10/17	15	10	18	8
11 ~ 12 岁	26	23	49	2/1	7/4	12/12	16/17	12/15	8	12	19	10

续表

年龄组	性别			教育年限					职业			
	男	女	总体	≤ 3 年	4 ~ 6 年	7 ~ 9 年	10 ~ 12 年	＞ 12 年	技术员	公务员	劳动者	其他
13 ~ 14 岁	24	26	50	1/1	6/4	14/16	19/15	10/14	13	6	24	7
15 ~ 16 岁	28	26	54	2/1	6/5	11/16	24/15	11/17	14	17	14	9
17 ~ 18 岁	38	42	80	3	3	14	46	14	15	6	6	53
21 ~ 25 岁	34	33	67	7	5	18	21	16	12	7	9	39
26 ~ 35 岁	49	47	96	2	20	31	21	22	13	9	53	21
36 ~ 45 岁	48	51	99	9	18	35	29	8	18	3	54	24
46 ~ 55 岁	46	50	96	5	18	30	28	15	17	18	54	7
56 ~ 60 岁	24	26	50	3	7	15	15	10	13	18	15	4
61 ~ 65 岁	25	25	50	5	5	15	15	10	16	19	14	1
66 ~ 70 岁	26	24	50	4	6	15	15	10	14	26	7	3
71 ~ 75 岁	26	24	50	5	4	16	16	9	23	21	4	2
＞ 75 岁	17	13	30	3	4	10	8	5	6	13	8	3
合计	473	474	947	56	128	266	321	176	217	198	328	204

注：斜线上方为父亲的教育，下方为母亲的教育，合计时只算了父亲的教育，职业只统计了父亲的职业。

四、各年龄组的测验结果

表 4.2 呈现了各年龄组各分测验的粗分，在 16 岁以前，各分测验成绩呈逐渐上升趋势，尤其是 12 岁以前上升幅度较大；20 岁以后各分测验成绩呈缓慢下降趋势，55 岁后下降速度加快，75 岁后急剧下降。各分测验随着年龄变化的速度不一样，记忆广度测验、联想学习测验和自由回忆测验的变化幅度较大；再认测验的变化幅度较小；内隐记忆在儿童早期上升较快，以后变化

较小，到老年呈缓慢下降；日常记忆在儿童有缓慢上升，12 岁以后至老年均没有明显的变化。由此看来，测验结果能反映年龄的变化趋势，同时也说明了样本具有一定代表性。多数测验成绩年龄组间差异有显著性，少数测验成绩在某些年龄段差异无显著性。

表 4.2 各年龄组的测验结果（粗分）

年龄组（岁）	数字广度	汉词广度	空间广度	汉词配对	图符配对	人—名配对	汉词再认	图画再认	人面再认	自由组词
5 ~ 6	9.73	5.98	5.50	11.88	10.54	2.00	16.13	23.88	7.50	3.75
7 ~ 8	10.35	6.31	6.48	18.78	15.41	3.49	17.49	24.85	10.83	7.45
9 ~ 10	12.47	7.29	8.19	27.22	19.76	7.66	18.77	26.41	12.50	11.35
11 ~ 12	13.42	8.56	9.25	31.22	24.14	8.30	19.29	26.71	14.99	12.98
13 ~ 14	14.00	9.18	9.44	33.10	25.60	11.41	20.49	26.58	16.38	12.78
15 ~ 16	14.39	9.66	9.61	33.78	26.07	11.43	20.69	26.56	15.68	12.17
17 ~ 20	14.13	9.34	9.38	31.85	25.50	11.23	19.51	26.07	15.29	12.08
21 ~ 25	13.78	8.84	9.12	28.69	23.82	9.97	18.67	25.84	15.04	12.34
26 ~ 35	13.56	8.40	8.32	25.56	21.22	8.97	17.99	25.43	14.78	12.47
36 ~ 45	12.81	8.23	7.23	24.11	17.04	6.34	17.33	25.16	14.64	11.76
46 ~ 55	12.31	7.83	6.70	22.04	13.88	4.97	16.54	25.03	14.54	10.97
56 ~ 60	11.97	7.31	6.48	20.30	11.86	4.05	16.08	24.72	13.64	10.00
61 ~ 65	11.05	7.18	6.05	19.26	10.52	3.10	15.58	24.34	13.03	9.42
66 ~ 70	10.31	7.04	5.74	18.04	9.46	2.72	15.20	23.86	12.76	9.063
71 ~ 75	9.20	6.85	5.24	16.16	7.02	1.56	14.49	22.19	11.09	8.44
≥ 76	8.50	6.12	4.73	9.57	4.13	0.98	13.00	20.20	9.40	7.83
总样本	11.71	7.68	7.23	23.61	17.36	6.40	17.25	24.42	13.66	10.47

表 4.2 （续）各年龄组的测验结果（粗分）

年龄组（岁）	汉词回忆	图画回忆	图形再生	词对延迟	图符延迟	人一名延迟	经历定向	时事常识	生活记忆	残图命名
5 ~ 6	4.42	7.83	12.98	4.54	4.67	1.00	13.38	2.00	26.25	5.13
7 ~ 8	4.82	8.82	16.97	7.29	6.45	1.72	15.63	2.52	26.35	7.73
9 ~ 10	6.25	11.49	22.54	10.37	8.67	3.78	18.63	4.71	27.22	9.69
11 ~ 12	7.31	13.76	24.85	11.73	10.37	3.96	19.45	6.53	27.96	11.20
13 ~ 14	8.80	14.30	25.12	11.90	10.56	5.22	19.40	7.23	27.82	11.70
15 ~ 16	8.89	14.65	25.30	11.76	10.43	5.13	19.63	7.59	27.30	11.02
17 ~ 20	7.84	14.06	24.45	11.44	9.88	5.11	19.84	7.43	27.15	10.66
21 ~ 25	6.91	13.96	22.56	10.64	9.30	4.57	19.75	6.99	26.96	9.85
26 ~ 35	6.42	13.23	21.25	9.86	8.46	3.90	19.75	6.97	26.71	8.84
36 ~ 45	5.97	12.70	20.72	8.03	7.76	3.13	19.59	6.79	26.56	7.60
46 ~ 55	5.86	12.19	19.68	7.37	6.42	2.73	19.86	6.70	26.39	6.93
56 ~ 60	5.48	11.70	19.17	6.70	5.40	2.14	19.60	6.61	25.98	6.40
61 ~ 65	5.32	11.26	18.37	6.24	4.62	1.76	19.36	6.13	25.44	6.28
66 ~ 70	5.04	10.42	17.51	5.56	3.58	1.23	19.38	5.95	25.28	6.20
71 ~ 75	4.46	9.02	16.29	4.52	2.76	1.00	19.32	5.44	25.34	6.04
76 ≥ 76	2.87	6.93	14.47	3.07	1.68	0.50	17.53	5.08	23.30	5.13
总样本	6.11	11.76	20.14	8.35	7.17	2.84	18.74	5.77	26.18	8.28

第二节　分测验粗分的转换

各分测验粗分是不等值的，而且分布形态也不一样，无法做简单的加减运算，所以必须转换成等值的量化系统。在心理测验中最常采用的是 Z 转换，把分测验成绩转换成均数为 10、标准差为 3 的量表分。这种转换的依据是认为人群中各种心理能力均呈正态分布，实测分数不呈正态分布是由抽样误差和测验本身限制引起的，转换后使各分测验具有相同的单位（标准差），这样不同年龄和不同分测验的分数具有可比性。这种转换也有一些不足之处，如不同年龄组的标准差波动较大时，年龄组间的分数可能发生错位，标准差过大时，量表分的上下限受到限制。我们对分测验粗分采用两种转换方式：Z 转换和比率转换。Z 转换的计算公式为：量表分 =10+3（X−M）÷SD，这里的 X 为被试的实际得分，M 为各年龄组的均数，我们根据年龄发展规律对各年龄的均数做了平滑化处理，SD 为各年龄组的标准差，除 5 ~ 6 岁和 70 岁以上组外，MMAS 在计算时用各年龄的平均标准差。比率转换分的计算公式为：

$$标化分 =10\times（X-3SD）\div（M-3SD） \qquad (4\text{-}1)$$

这里的 X 为被试的实际得分，M 为各年龄组的均数，SD 为各年龄组的标准差，除 5 ~ 6 岁和 70 岁以上组外，MMAS 在计算时用各年龄的平均标准差。所有的转换都编制成表，供使用者备查。

表 A.1 ~ 表 A.17 基本分测验粗分等值量表分转换（Z 转换表）

表 B.1 ~ 表 B.17 基本分测验粗分等值量表分转换（比率转换表）

表 C.1 ~ 表 C.17 附加分测验粗分等值转换

第三节　指数分的转换

MMAS 有 9 个基本功能指数和 5 个附加功能指数，我们也采用两套转换系统：量表分的 Z 转换和比率分的正态转换。量表分的 Z 转换是先将各指数所包含的分测验的量表分相加得各指数的总量表分，计算各指数量表分的均数和标准差，再把它转换成均数为 100、标准差为 15 的指数分。指数分的计算公式为：

$$指数分=100+15（X-M）\div SD \quad （4-2）$$

这里的 X 为被试各指数的总量表分，M 为各年龄组各指数量表分的均数，SD 为各年龄组各指数量表分的标准差。各指数分的 Z 转换见表 D.1 ~ 表 D.8 指数分等值转换（Z 转换）。

将比率分转换成指数分时也采用正态转换，因分测验的比率分不一定呈正态分布，采用正态转换后，两套转换系统所得的指数分具有同等的意义。指数分的计算公式为：

$$指数分=100+15（X-M）\div SD \quad （4-3）$$

这里的 X 为被试各指数的总比率分，M 为各年龄组各指数比率分的均数，SD 为各年龄组各指数比率分的标准差。各指数分的比率转换见表 E.1 ~ 表 E.8 指数分等值转换（比率转换）。

第四节　记忆过程指数的百分位常模

MMAS 设有提取指数、学习速率、保持率等 3 个反映记忆过程的指数和 1 个反映记忆功能平衡性的离散指数。这些指数分都不呈正态分布，也不是反映记忆功能水平的指标，所以不把它们转换成标准分或比率分，只提供百分位常模。WMS-Ⅲ中也有一些类似的指数，他们计算了这些指数的量表分，我觉得在结果解释中没有多大的意义，也不合理。我们按三个年龄段计算 4 个指数分的百分位，因为按 16 个年龄组计算，样本数偏少，结果不稳定。各指数的百分位常模见表 F.1 ~ 表 F.4，表中某些数字是用插入法获得的估计值。

离散指数的计算公式为：

$$SI=100\sum_{i=1}^{n}|X_i-M|\div\sum_{i=1}^{n}X_i \quad （4-4）$$

式中，X_i 为被试分测验量表分，M 为被试的平均量表分，100 为加权系数使小数变成整数。

学习速率的计算公式：

$$学习速率=100\times[2X1+（X3-X1）]\div（26+X3） \quad （4-5）$$

式中，X1 为汉词配对和图符配对第一次尝试的成绩，X3 为汉词配对和图符配对第三次尝试的成绩。

保持率的计算公式：

保持率 =100×（词对延迟 + 图符延迟）÷（词对 3 试 + 图符 3 试）（4-6）

提取指数的计算公式：

提取指数 =100×[1-（汉词再认 − 汉词回忆 + 图画再认 − 图画回忆）]÷（汉词再认 + 图画再认）（4-7）

第五节　指数差异分的百分位常模

MMAS 有 9 个基本记忆功能指数和 5 个附加记忆功能指数，外显记忆、内隐记忆和日常记忆的分离，工作记忆、自由回忆、线索回忆和再认间的差异，短时记忆、中时记忆和长时记忆间的差异，及视觉记忆和听觉记忆间的差异等在临床中具有特别重要的意义。分析这些差异可以了解记忆的强点和弱点，也有助于记忆损害的早期诊断。这里根据常模资料计算出不同记忆功能间差异的百分位常模（表 G.1 ~表 G.3），供结果解释时参考，因为在解释差异分的意义时需要考虑差异分在正常人群中发生率。

第六节　分测验差异分的百分位常模

MMAS 有 20 个分测验，可组成 7 个维度，分别测量 7 个不同领域的记忆功能，每一功能内部有两个以上分测验，所测量的记忆功能也不同，如听觉记忆和视觉记忆。但总体平衡性差或某一领域记忆有问题时，则需进一步分析同一功能内部分测验的平衡性，如果差异有显著性，且在正常人群中罕见，则有解释意义。这里根据常模资料计算出同一记忆功能内部分测验间差异的百分位常模（表 G.4 ~表 G.9），供结果解释时参考。

第七节　MMAS 简式及常模

完成 MMAS 14 个基本测验需要 60 分钟，在实际应用中，如果不需要了解记忆结构的特点，只需了解被试的一般记忆水平，可以用简式；对 8 岁以下儿童和 70 岁以上老人，完成 14 个基本测验可能有困难，也可用简式。MMAS 简式由 7 个基本分测验组成，分别为数字广度、图画再认、残图命名、图符配对、图形再生、图符延迟和时事常识。这些受文化的影响相对较小，实施也比较容易。根据常模资料计算了 MMAS 简式记忆商数常模（表 E.9 ~ 表 E.10）。

第五章　MMAS 的信度研究

测验的信度指测验结果的精确性、一致性和稳定性，即测验结果的可靠程度。一个可靠的测验应有下列特征：用同一测验反复测量同一个体所得到分数的误差应该很小；用同类测验（记忆测验的不同版本）测量同一个体所得结果非常接近；在不同时间和地点，由不同的人用同一测验测量同一个体所得结果非常一致。测验信度的高低主要与测验本身的性能有关，包括测验条目的难易程度、实施方法和记分方法的客观性，测试者熟练程度、被试本身的变异、测验分数的全距，测验条目的多少也影响测验的信度系数。度量测验信度的常用指标有稳定系数、分半系数、Cronbach α 系数和概化系数、标准测量误、可信区间和分数差异的显著性。

第一节　重测信度

重测信度是指用同一个量表对同一组被试施测两次所得结果的一致性，又称为跨时间稳定性系数，其大小等于同一组被试在两次测验上所得分数的皮尔逊积差相关系数。当信度值较大时，说明前后两次测量的结果比较一致，测量工具比较稳定，被试的心理特质受其状态和环境变化的影响较小，测量结果有较好的跨时间稳定性。重测样本 59 人（男 30 人，女 29 人），其中儿童 20 人、成人 19 人、老年人 20 人。两次测试的间隔时间为 12 ~ 90 天，平均间隔为 20 天。

分测验的总重测相关系数（r_{12}）除人面再认（0.376）外，其余各分测验的相关系数均在 0.53（0.529 ~ 0.935）以上。按三个年龄段计算的重测相关，儿童的重测信度最好，各分测验的重测相关系数均在 0.58 以上，成人组汉词再认、人面再认和人名延迟的重测相关相对较低，其余分测验的重测相关系数在 0.48 以上，老年组图画回忆、图画再认和人面再认的重测信度相对较低，其他分测验的重测相关系数也在 0.47 以上。总体而言，MMAS 多数分测验具有较好的跨时间稳定性，三个再认分测验因含有猜测成分，重测信度相对低些，韦氏记忆量表中国修订版（Wechsler Memory Scale-Revised Chinese version，WMS-RC）和 WMS- Ⅲ等测验也有类似的问题，经历定向在成人组，绝大多数人均得满分，变异很小，重测相关系数较低，但两次条目得分的一致率在 0.98 以上，说明它还是一个有较高信度的分测验，尤其对有明显记忆损害的病人有用（见表 5.1）。

表 5.1 MMAS 分测验的重测稳定性分析

分测验	分测验成绩		重测相关			
	第一次测试 n=59	第二次测试 n=59	总体 n=59	儿童 n=20	成人 n=19	老年人 n=20
自由组词	9.92±4.75	15.62±4.21	0.725	0.786	0.806	0.512
残图命名	10.56±3.84	13.60±3.56	0.718	0.612	0.729	0.532
数字广度	10.33±2.25	10.81±2.50*	0.895	0.945	0.844	0.893
汉词广度	10.02±2.26	10.74±2.76*	0.841	0.931	0.691	0.665
空间广度	10.72±3.16	12.01±3.29	0.800	0.807	0.794	0.492
汉词回忆	11.16±4.88	11.59±4.36*	0.586	0.660	0.486	0.474
图画回忆	10.64±2.68	11.62±3.26	0.703	0.840	0.668	0.363
图形再生	10.41±2.35	11.26±2.07	0.758	0.818	0.542	0.799
汉词再认	10.57±2.62	10.31±3.24*	0.529	0.600	0.398	0.484
图画再认	10.40±1.29	10.56±1.41*	0.539	0.619	0.719	0.266
人面再认	10.11±2.64	11.09±2.80	0.376	0.577	0.113	0.135
汉词配对	10.45±4.49	13.41±4.08	0.826	0.897	0.768	0.599
图符配对	11.02±5.07	14.67±4.71	0.816	0.895	0.552	0.757
人一名配对	10.19±6.72	15.19±6.02	0.834	0.884	0.689	0.899
定向能力	10.00±1.14	10.30±0.67*	0.637	0.638	0.981	0.561
时事常识	10.93±4.37	11.74±4.76	0.935	0.966	0.897	0.780
生活记忆	10.21±0.83	10.20±0.81*	0.788	0.841	0.591	0.835
词对延迟	10.48±4.36	13.00±3.53	0.845	0.894	0.798	0.645
图符延迟	11.43±4.94	13.22±3.90	0.870	0.839	0.763	0.793
人一名延迟	9.87±7.30	14.10±5.94	0.549	0.783	0.272	0.675

注：* 表示两次测试成绩差异不显著。

各基本指数和附加指数的总重测相关比较理想，再认记忆相对低些，其余指数的重测相关系数均在 0.71（0.714 ~ 0.947）以上；儿童组的重测相关系数最大，除再认记忆（0.656）外，其他指数的重测信度系数在 0.74（0.742 ~ 0.978）以上，成人组的重测信度为 0.555 ~ 0.953，老年组的重测信度略低些，为 0.483 ~ 0.892（见表 5.2）。这些指标较 WMS-R 和 WMS-Ⅲ略高，表明该量表具有较好的时间稳定性。两次测试的分测验成绩和组合分除个别指标差异无显著性外，第二次测试成绩显著高于第一次测试成绩。

表 5.2　MMAS 指数分的重测稳定性分析

基本指数	平均指数分		重测相关			
	第一次测试	第二次测试	总体	儿童	成人	老年人
记忆广度	101.76 ± 21.36	107.77 ± 25.31	0.915	0.910	0.953	0.892
联想学习	107.35 ± 44.68	140.39 ± 39.29	0.850	0.904	0.645	0.682
自由回忆	109.03 ± 31.60	116.05 ± 32.66	0.714	0.769	0.566	0.829
再认记忆	104.86 ± 15.83	104.37 ± 19.71*	0.609	0.656	0.555	0.508
内隐记忆	102.41 ± 35.68	146.13 ± 28.66	0.775	0.742	0.748	0.615
日常记忆	104.60 ± 25.92	110.23 ± 25.64	0.937	0.956	0.750	0.878
延迟记忆	109.55 ± 42.72	131.14 ± 33.83	0.874	0.910	0.800	0.515
外显记忆	106.28 ± 26.86	119.58 ± 24.65	0.912	0.959	0.794	0.747
总记忆商	105.49 ± 23.89	122.04 ± 22.26	0.947	0.978	0.860	0.796
附加指数						
短时记忆	104.88 22.09	113.61 22.91	0.905	0.909	0.895	0.765
中时记忆	107.20 28.54	121.09 27.42	0.848	0.916	0.678	0.587
长时记忆	105.52 26.22	129.17 22.86	0.921	0.956	0.820	0.720
听觉记忆	104.86 27.87	124.59 27.56	0.895	0.964	0.849	0.483
视觉记忆	107.95 26.81	126.15 25.33	0.920	0.925	0.830	0.830

注：* 表示两次测试成绩差异不显著。

第二节　信度系数

信度系数是衡量一个量表本身质量高低的重要指标，它所关心的是测验条目取样带来误差的大小，反映测量的结果与真分数的接近程度，目前计算测验误差主要根据信度系数。考查测验条目取样的主要信度指标有分半系数、Cronbach α 系数和概化系数，我们根据总样本（N=947）和三个年龄段（儿童 279 人、成人 438 人、老年人 230 人）分别计算了这些指标。

一、分半信度

分半信度是将测验条目分成对等的两半，考查被试在这两半上的所得分数的一致性程度，以相关系数来表示，反映内容取样误差大小的量数，通常在只施测一次或没有复本的情况下使用。因为只施测一次测验，这种信度就不包括测验的时间误差。分半信度的大小等于被试在两半测验上所得成绩的皮尔逊积差相关系数，被试在两半测验上得分的相关系数只是半个测验的信度，所以必须用 Spearman-Brown 公式校正，因为在其他条件相等的情况下，测验越长，测验就越可靠。由于分半方法不同，所得的分半信度系数有一定出入，按条目得分排序，再按奇偶分半，所得系数往往高估测验的信度；若随机分半常低估测验的信度。本研究中按记录单上固有的顺序采用奇偶分半法，将各测验条目分为对等的两半，计算两半之间的相关，并用 Spearman-Brown 公式校正（见表 5.3）。

表 5.3　MMAS 分测验和指数分的分半信度系数

分测验分半信度				
分测验	儿童	成人	老人	总体
自由组词	0.780	0.808	0.729	0.786
残图命名	0.677	0.599	0.708	0.682
数字广度	0.924	0.909	0.901	0.919
汉词广度	0.898	0.831	0.722	0.851
空间广度	0.843	0.868	0.710	0.861
汉词回忆	0.563	0.653	0.540	0.631

续表

分测验分半信度				
分测验	儿童	成人	老人	总体
图画回忆	0.654	0.641	0.546	0.644
图形再生	0.791	0.772	0.728	0.779
汉词再认	0.479	0.591	0.370	0.521
图画再认	0.604	0.712	0.705	0.692
人面再认	0.524	0.442	0.306	0.416
汉词配对	0.943	0.929	0.905	0.940
图符配对	0.919	0.935	0.910	0.945
人—名配对	0.945	0.924	0.863	0.938
定向能力	0.823	0.208	0.568	0.697
时事常识	0.872	0.806	0.764	0.808
生活记忆	0.673	0.557	0.394	0.579
词对延迟	0.853	0.825	0.739	0.851
图符延迟	0.811	0.856	0.779	0.869
人—名延迟	0.830	0.849	0.723	0.855
记忆广度	0.938	0.935	0.889	0.938
联想学习	0.964	0.961	0.943	0.969
再认记忆	0.668	0.728	0.461	0.690
自由回忆	0.862	0.840	0.735	0.848
内隐记忆	0.817	0.779	0.735	0.794
延迟记忆	0.900	0.910	0.846	0.920
日常记忆	0.903	0.788	0.783	0.844
外显记忆	0.974	0.974	0.942	0.976
总记忆商	0.979	0.976	0.948	0.978
短时记忆	0.937	0.926	0.850	0.929
中时记忆	0.950	0.947	0.903	0.952

续表

分测验分半信度				
分测验	儿童	成人	老人	总体
长时记忆	0.948	0.906	0.880	0.930
听觉记忆	0.948	0.933	0.897	0.944
视觉记忆	0.956	0.966	0.929	0.965

总样除汉词再认（0.521）、人面再认（0.416）和生活记忆（0.579）三个分测验的分半系数低于 0.60 外，其余各分测验的分半系数均在 0.63 以上，表明测验的总体分半信度是满意的。三组样本各分测验的分半系数（经 Spearman-Brown 公式校正）均在 0.30 以上，其中儿童组各分测验的分半系数信度较高（0.479 ~ 0.945），老年组相对低些（0.306 ~ 0.910），成人组经历定向的分半信度低（0.208），是因为所有被试几乎得满分，变异太小。就分测验而言，3 个记忆广度测验（0.710 ~ 0.924）和 3 个联想学习测验（0.863 ~ 0.945）的分半信度较高，3 个再认的分半信度（0.306 ~ 0.712）相对低些，绝大多数分测验的分半信度在 0.60 以上，这在心理测量学上是可以接受的。

指数分是由两个或两个以上分测验组合而成，条目数增加了，理论上分半信度也会提高，我们还是按照简单分半法来计算，即将指数分所包含的条目按奇偶法分成两半，计算两半得分的相关。总样本除再认记忆（0.69）外，其他指数分的分半信度均在 0.8 以上（0.794 ~ 0.978）；儿童组除再认记忆（0.668）外，其他指数分的分半信度在 0.817 ~ 0.979；成人组各指数分的分半信度在 0.728 ~ 0.976；老年组除再认记忆（0.461）外，其他指数分的分半信度也在 0.735 ~ 0.948。总体而言，各指数分的分半信度是高的，符合心理测量学的要求。

WMS- Ⅲ在计算分半信度时，将分测验条目先按难度排序再分半，我们没有按难度排序，可能会低估测验的信度。记忆测验与智力测验不同，像回忆和再认等分测验的条目，在理论上没有难度的区别，而且每个条目也不相互独立，被试在条目得分上的差异，可能与刺激材料的呈现顺序有关。

二、Cronbach α 系数

Cronbach α 系数是指测验内部所有项目间的一致性程度，即一个测验所测内容或特质的相同程度，也称为内部一致性系数。当一个测验的 Cronbach α 系数较高时，说明测验主要测的是某一单个心理特质，实测结果就是该特质水平的反映。如果一个测验 Cronbach α 系数低，则说明测验结果可能是几种心理特质的综合反映。测验的分半信度是内部一致性系数的一种粗略的估计方法，但由于分半方法有多种，所得结果不太稳定。较精确而简便的方法是计算 Cronbach α 系数和 Kuder-Richardson 信度系数，前者用于有多重记分项目的测验，后者用于项目按对错或有无等二分法记分的测验，它们考虑到各种分半的可能性，可以说是各种分半法所得信度系数的平均值，故比分半信度稳定可靠。MMAS 的分测验有多重记分的，也有 0，1 记分的，我们统一采用计算 Cronbach α 系数来评价各分测验内部条目的一致性和各指数分所包含条目的一致性（见表 5.4）。

表 5.4 MMAS 分测验和指数分的内部一致性系数

分测验的 Cronbach α 系数				
分测验	儿童	成人	老人	总体
自由组词	0.791	0.775	0.697	0.766
残图命名	0.627	0.579	0.634	0.650
数字广度	0.827	0.814	0.785	0.827
汉词广度	0.788	0.732	0.591	0.744
空间广度	0.819	0.828	0.698	0.826
汉词回忆	0.584	0.610	0.439	0.600
图画回忆	0.619	0.627	0.590	0.633
图形再生	0.895	0.853	0.776	0.866
汉词再认	0.418	0.493	0.295	0.472
图画再认	0.555	0.672	0.585	0.639
人面再认	0.506	0.396	0.246	0.423

续表

分测验的 Cronbach α 系数				
分测验	儿童	成人	老人	总体
汉词配对	0.943	0.928	0.884	0.936
图符配对	0.911	0.931	0.888	0.939
人一名配对	0.901	0.913	0.829	0.915
定向能力	0.726	0.173	0.590	0.591
时事常识	0.825	0.785	0.740	0.778
生活记忆	0.775	0.655	0.595	0.693
词对延迟	0.839	0.812	0.729	0.839
图符延迟	0.840	0.858	0.798	0.881
人一名延迟	0.814	0.836	0.742	0.847
指数分的 Cronbach α 系数				
指数分	儿童	成人	老人	平均
记忆广度	0.890	0.884	0.826	0.889
联想学习	0.959	0.957	0.924	0.963
再认记忆	0.608	0.703	0.545	0.675
自由回忆	0.802	0.786	0.692	0.796
内隐记忆	0.805	0.759	0.697	0.776
延迟记忆	0.905	0.897	0.842	0.917
日常记忆	0.867	0.748	0.760	0.799
外显记忆	0.966	0.965	0.939	0.969
总记忆商	0.972	0.965	0.942	0.970
短时记忆	0.886	0.885	0.817	0.887
中时记忆	0.947	0.946	0.906	0.951

续表

分测验的 Cronbach α 系数				
分测验	儿童	成人	老人	总体
长时记忆	0.932	0.886	0.849	0.908
听觉记忆	0.942	0.923	0.877	0.935
视觉记忆	0.941	0.944	0.912	0.950

总样本除汉词再认（0.472）和人面再认（0.423）两个分测验的 Cronbach α 系数低于 0.5 外，其余各分测验的 Cronbach α 系数（0.591 ~ 0.939）均在 0.6 以上，表明分测验内部条目有较好的一致性。三组样本各分测验的 Cronbach α 系数（除成人组定向能力和老年组人面再认外）均在 0.3 以上，其中儿童组各分测验的 Cronbach α 系数较高（0.418 ~ 0.943），老年组相对低些（0.246 ~ 0.888），成人组定向能力信度低（0.173），其他分测验的 Cronbach α 系数为 0.396 ~ 0.931。就分测验而言，3 个记忆广度测验和 3 个联想学习测验 Cronbach α 系数较高，3 个再认的 Cronbach α 系数相对低些，绝大多数分测验的分半信度在 0.60 以上，达到心理测量学可以接受的水平。

指数分的信度系数较分测验高，除再认记忆（0.675）外，总样本其他指数分的 Cronbach α 系数均在 0.8 以上（0.776 ~ 0.970）；儿童组除再认记忆（0.608）外，其他指数分的 Cronbach α 系数为 0.802 ~ 0.972；成人组各指数分的 Cronbach α 系数为 0.703 ~ 0.965；老年组除再认记忆（0.545）外，其他指数分的 Cronbach α 系数为 0.692 ~ 0.942。

三、概化系数

概化系数又称 G 系数，是概化理论中关于信度的一个指标。概化理论是从深入分析测验误差的来源、结构出发，应用方差分量分析辅助测验研究，所创建的从宏观上研究测验性质的新理论。原始分数的方差是测验分数的总变异，经典测验理论将原始分数方差分解为真分数方差和误差方差两部分，以真分数方差占总分方差之比作为测验的信度，以信度的高低来评价测验的质量。在经典测验理论中测验误差是一个笼统的概念，误差方差也是一个总量，而对测验误差由哪些因素造成，各种原因所形成的误差方差在误差总方差中占多大的比例均未做出明确的揭示。而概化理论认为：测量误差是采用一种测量方法测量必然产生的，是任何测量者无法避免的，在不同的测验情境关系下，测量误差的结构不同，误差量也不同。测验情境关系是由一个测量目标和若干个测量侧面构成。除测量目标方差（被试间分数的方差）外，其余的都是误差方差，这些误差的来源都称为测量的侧面。概化理论的统计分析分为两个阶段，第一个阶段称为 G 研究，目的是要定量估计观察领域中测量目标的方差以及各个测量侧面所产生的测量误差方差。采用的是方差分量分析法，第一步将数据总方差分解为三类方差：测量目标主效应方差；测量侧面主效应方差；各种交互效应方差。第二步是根据样本的方差估计各种效应的预期均方，测量目标的主效应预期均方是描述被试的个体差异，测量侧面效应和交互效应预期均方是描述误差。第二个阶段称为 D 研究，目的是利用 G 研究的结果数据，进一步给出测验精度的综合指标，即概化系数（G 系数），G 系数是评价测验稳定性的最佳指标。MMAS 编制者采用了概化理论中的被试 $\delta\times$ 项目设计的 ANOVA 公式计算方差分量估计，然后计算 G 系数 E_ρ^2。常模参照性测验的 G 系数 E_ρ^2 的计算公式为：

$$E_\rho^2=\delta^2(p)/[\delta^2(p)+\delta^2(\delta)] \quad (5\text{-}1)$$

MMAS 各分测验概化系数的总体趋势与分半信度和 Cronbach α 系数相同，再认测验的概化系数相对较低（0.245 ~ 0.760），其他分测验的概化系数为 0.548 ~ 0.955；成人组相对高些，老年组相对低些，儿童组居中（见表 5.5）。

表 5.5　MMAS 分测验的概化系数

分测验	儿童	成人	老人	平均
自由组词	0.792	0.825	0.703	0.773
残图命名	0.627	0.700	0.633	0.653
数字广度	0.806	0.843	0.782	0.810
汉词广度	0.772	0.794	0.613	0.726
空间广度	0.790	0.850	0.708	0.783
汉词回忆	0.620	0.721	0.469	0.603
图画回忆	0.612	0.786	0.597	0.665
图形再生	0.887	0.940	0.777	0.868

续表

分测验	儿童	成人	老人	平均
汉词再认	0.408	0.655	0.304	0.456
图画再认	0.532	0.760	0.582	0.625
人面再认	0.506	0.626	0.245	0.459
汉词配对	0.955	0.935	0.915	0.935
图符配对	0.938	0.937	0.927	0.934
人一名配对	0.919	0.921	0.829	0.900
定向能力	0.660	0.548	0.590	0.599
时事常识	0.817	0.829	0.740	0.813
生活记忆	0.674	0.747	0.595	0.672

从 MMAS 的重测稳定性、分半信度、Cronbach α 系数和概化系数的分析结果来看，分测验和指数分的信度是满意的。重测信度除定向能力、人面再认和生活记忆外，其余分测验和指数分的重测相关均在 0.5 以上，多数分测验的相关值在 0.7 以上，指数分的相关值多数在 0.8 以上，较 WMS-R 和 WMS- Ⅲ略高，表明该量表具有较好的时间稳定性。分半信度、Cronbach α 系数和概化系数的基本趋势相同，3 个记忆广度测验和 3 个联想学习测验的信度最高，2 个内隐记忆测验、3 个自由回忆测验和日常记忆中的时事常识和生活记忆的信度也比较高，与 WMS- Ⅲ的有关数值接近或更高，说明分测验所包含的条目的性质较一致、条目的抽样误差小、测验结果可靠性高。再认测验的信度略低些是可以理解的，因为再认测验作答含有猜测成分，影响测验的信度，其他记忆量表也有类似问题。定向能力在成人组的信度系数很低，并不表明该分测验没有信度，因为在儿童和老年组有较高信度，在成人组之所以低，是因为条目难度对成人来说太低，所有被试几乎得满分，变异太小，故相关低，但对有记忆损害者是有用的。

第三节　标准测量误和可信区间

一、标准测量误

标准测量误（Standard Error of Measurement，SE_m）是反映测验结果可靠性的另一指标，而它又是根据信度系数计算出来的，多数测验的标准测量误是根据分半信度系数计算的。这种估计可能低估测验的真实误差，其一，没有考虑到每个条目或各种分半方法对测验结果可靠性的影响，若用 Cronbach α 系数或概化系数来估计可能更准确些，但多数测验编制者没有这样做，其原因之一可能是想使自己编制的测验看起来更完美些；其二，根据分半信度计算的标准测量误差只反映了测验内容所致的误差，但没有考虑到测验情境、间隔时间和不同主试等方面变异所致的误差，副本重测信度虽然考虑到测验内容和间隔时间两方面的误差，但多数测验没有平行的副本，至于其他来源误差目前还没有一个恰当的综合指数来反映。MMAS 没有平行本，无法获得副本重测信度，虽然我们计算了 Cronbach α 系数和概化系数，但我们还是按传统的方法来计算标准测量误（见表 5.6）。

表 5.6　MMAS 各分测验的标准测量误

分测验	儿童	成人	老人	平均
自由组词	1.41	1.31	1.56	1.43
残图命名	1.70	1.90	1.62	1.74
数字广度	0.83	0.90	0.94	0.89
汉词广度	0.96	1.23	1.58	1.26
空间广度	1.19	1.09	1.62	1.30
汉词回忆	1.98	1.77	2.03	1.93
图画回忆	1.76	1.80	2.02	1.86
图形再生	1.37	1.43	1.56	1.46
汉词再认	2.17	1.92	2.38	2.16

续表

分测验	儿童	成人	老人	平均
图画再认	1.89	1.61	1.63	1.71
人面再认	2.07	2.24	2.50	2.27
汉词配对	0.72	0.80	0.92	0.81
图符配对	0.85	0.76	0.90	0.84
人一名配对	0.70	0.83	1.11	0.88
定向能力	1.26	0.76	0.97	1.00
时事常识	1.07	1.32	1.46	1.28
生活记忆	1.72	2.00	2.34	2.02
词对延迟	1.15	1.25	1.53	1.31
图符延迟	1.30	1.14	1.41	1.28
人一名延迟	1.24	1.17	1.58	1.33

标准测量误主要用来估计分测验分或指数分的可信区间及分测验或指数分之间差异的显著性。标准测量误差的计算公式为：

$$SE_m=SD\sqrt{1-r_{xx}} \qquad (5\text{-}2)$$

这里的 r_{xx} 是分测验或指数分的分半信度系数，SD 为标准差，在传统的 Z 转换系统中，分测验的标准差为 3，指数分的标准差为 15，在比率转换系统中，各分测验和指数分的标准差也分别接近 3 和 15。从这个公式可以看出，分测验或指数分的信度越高，误差越小，在信度不变时，SD 越大，SE_m 值越大，因此分测验的误差值比指数分小，但并不意味着分测验分比指数分更准确。

从表 5.6 可以看出，各分测验正态转换分的标准测量误为 0.76 ~ 0.25，多数分测验的误差值在 2.0 以下。比率转换分的误差趋势与正态转换分相似，不另外计算。由此看来，MMAS 各分测验的误差不大，测验结果比较可靠。表 5.7 呈现了 MMAS 各指数分的标准测量误。在正态转换系统中，再认记忆（7.82 ~ 11.01）、内隐记忆（6.42 ~ 7.72）和日常记忆（4.67 ~ 6.99）的标准误略偏大，其他指数分的标准测量误均在 6.0 以内，外显记忆和总记忆商相当可靠，标准测量误基本上在 3.5 以下，说明各指数分的可靠性较高。比率转换系统的指数分也是按正态分布原理转换的，标准测量误与 Z 转换分相同。

表 5.7　MMAS 各指数分的标准测量误

指数分	儿童	成人	老人	平均
记忆广度	3.73	3.82	5.00	4.19
联想学习	2.85	2.96	3.58	3.13
再认记忆	8.64	7.82	11.01	9.16
自由回忆	5.57	6.00	7.72	6.43
内隐记忆	6.42	7.05	7.72	7.06
延迟记忆	4.74	4.50	5.89	5.04
日常记忆	4.67	6.91	6.99	6.19
外显记忆	2.42	2.42	3.61	2.82
总记忆商	2.17	2.32	3.42	2.64
短时记忆	3.76	4.08	5.81	4.55
中时记忆	3.35	3.45	4.67	3.83
长时记忆	3.42	4.60	5.20	4.41
听觉记忆	3.42	3.88	4.81	4.04
视觉记忆	3.15	2.77	4.00	3.30

二、可信区间

测验直接获得的分数称为观测分（Observed Scores，X_O），它是能力真分（True Scores，X_T）的预计值。从理论上讲，被试的能力真分是不变的，具有跨时间和情境稳定性，而观测分的稳定性是相对的，在不同时间和情境有轻微的变化，这就是测量误差。观测分与真分不是点对点的关系，而是区间对点的关系，所以在报告测验结果时要给出观测分的可信区间（90%或95%的可信区间），那么真分就有 90%或 95%的可能性落在这个可信区间内。

可信区间（Confidence Intervals，CI）是表达测验结果准确性的另一种方式，在测验结果解释中是非常有用的，同时也提醒测验者和被试测验直接获得的观测分存在着一定量的误差，不同主试、不同时间、不同测验或不同情境获得的观测分不一致是可以理解的。在报告测验结果时，我们通常报告 90%或95%的可信区间，也可以报告 80%或其他的可信区间，只要清楚说明就可以了。

估计测验分数的可信区间有三种方法：简单估计法、预计误差估计法和预计真分估计法。简单估计法比较简便，具体做法是将观测分加减 1.65（P=0.1）或 1.96（P=0.05）个标准测量误，即 $X_O \pm 1.65SE_m$ 或 $X_O \pm 1.96SE_m$。例如，某 65 岁的被试，他在 MMAS 上获得 Z 转换的总记忆商为 110，那么 90%的可信区间为：$110 \pm 1.65 \times 3.42 = 104 \sim 116$，即他的真分有 90%的可能性落在 104 ～ 116 之间。

预计误差估计法也比较简单，但需要计算另一个统计指标：预计标准误（SE_e）。预计标准误的计算公式为：

$$SE_m = SD\sqrt{1-r_{xx}}\ (r_{xx}) \qquad (5\text{-}3)$$

这里的 SD 是指数分的标准差，r_{xx} 是指数分的各年龄组的平均分半系数或总样本的分半系数，表 5.3 中已列出了各指数的总体分半系数。还是以上述被试为例说明计算过程，预计标准误（SE_e）$=15\sqrt{1-0.978} \times 0.978 = 2.18$，90%的可信区间为 $110 \pm 1.65 \times 2.18 = 106.4 \sim 113.6$。预计误差估计法与简单估计法基本相同，将观测分加减 1.65（P=0.1）或 1.96（P=0.05）个预计标准误，即 $X_O \pm 1.65SE_e$ 或 $X_O \pm 1.96SE_e$。各指数分的预计标准误列于表 5.7，各指数分 90%的可信区间在表 D 和表 E 指数分等值转换表中列出，供使用者备查。

预计真分估计法略微复杂一点，它需要计算另外两个统计指标：预计真分（X_{Te}）和预计标准误（SE_e）。预计真分的计算公式为：

$$X_{Te} = 100 + r_{xx}(X_O - 100) \qquad (5\text{-}4)$$

这里的 r_{xx} 是指数分的各年龄组的平均分半系数或总样本的分半系数，表 5.3 中已列出了各指数的总体分半系数，X_O 是记忆指数的观测分。预计标准误的计算方法同上。还是以上述被试为例说明计算过程，预计真分（X_{Te}）$=100+0.978 \times (110-100) = 109.78$，预计标准误（$SE_e$）$=15\sqrt{1-0.978} \times 0.978 = 2.18$，90%的可信区间为 $109.78 \pm 1.65 \times 2.18 = 106 \sim 113$。预计真分估计法结果与简单估计结果有一点差异，因计算略复杂些，在高分或低分端，有些指数的观察分落在 90%的可信区间之外，可能引起误解，故手册不列出。

MMAS 各指数分的预计标准测量误见表 5.8。

表 5.8 MMAS 各指数分的预计标准测量误

指数分	儿童	成人	老人	平均
记忆广度	3.50	3.58	4.44	3.84
联想学习	2.74	2.85	3.38	2.99
再认记忆	5.77	5.70	5.08	5.52
自由回忆	4.80	5.04	5.68	5.17
内隐记忆	5.24	5.49	5.68	5.47
延迟记忆	4.27	4.09	4.98	4.45
日常记忆	4.22	5.44	5.47	5.04
外显记忆	2.36	2.36	3.40	2.70
总记忆商	2.13	2.27	3.24	2.55
短时记忆	3.53	3.78	4.94	4.08
中时记忆	3.19	3.27	4.22	3.56
长时记忆	3.24	4.17	4.57	3.99
听觉记忆	3.24	3.62	4.32	3.73
视觉记忆	3.01	2.67	3.71	3.13

第四节　分测验和指数分间差异的显著性

在解释测验结果时，了解被试自身各分测验分数差异的显著性和各指数分间差异的显著性具有重要的意义：其一，可以了解被试记忆的强点和弱点，对学习指导和职业咨询有意义；其二，可以提示早期记忆损害的可能性，对脑损害的早期诊断有意义。这里涉及两个问题：第一，差异多大才有统计学意义；第二，这种差异在正常人群中的发生率是多少，因为在正常人群中不同能力间也存在统计学上显著的差异，且正常人群中并不少见或罕见，所以没有病理性意义。这里我们讨论三个问题：MMAS 各分测验总体的平衡性、不同记忆功能间的平衡性和同一记忆功能内部分测验间的平衡性。

一、MMAS 总体平衡性

目前，测验编制者较少提供这方面的资料，在 WMS-Ⅲ用最高分测验得分减去最低分测验得分作为反映总体平衡性的指标，但它没有考虑到各分测验的信息。我们曾在学习障碍儿童的神经心理研究中提出过一个反映神经心理功能平衡性的指标，能鉴别学习障碍和正常儿童，我想这个指数也适用于 MMAS 总体平衡性的分析，它综合考虑了各分测验的信息。我们称这个指数为离散指数（Scatter Index，SI），具体的计算公式为：

$$\mathrm{SI}=100\sum_{i=1}^{n}|\mathrm{X}_i-\mathrm{M}|\div\sum_{i=1}^{n}\mathrm{X}_i \qquad (5\text{-}5)$$

式中 X_i 为被试基本分测验的量表分，M 为被试基本分测验的平均量表分，100 为加权系数使小数变成整数，SI 分值越大，离散程度就越明显，当人到一定程度时提示有脑损害的可能性。常模样本 SI 的最小值为 6.53，最大值为 78.61，平均值为 21.75 ± 10.18，95％的可信区间为 21.10 ～ 22.40，把常模样本中各 SI 值发生的概率列于附表 F.4，供解释时参考。一般当 SI ≥ 43 时，在正常人群中的发生率小于或等于 5％（$P < 0.05$），当 SI ≥ 35 时，在正常人群中的发生率小于或等于 1％（$P < 0.1$），在这种情况下就有解释意义，儿童、成人和老人的离散程度不一样，详见附表 F.4。

二、各指数分间差异的显著性

MMAS 有 9 个基本记忆功能指数和 5 个附加记忆功能指数，外显记忆、内隐记忆和日常记忆的分离，工作记忆、自由回忆、线索回忆和再认间的差异，短时记忆、中时记忆和长时记忆间的差异，及视觉记忆和听觉记忆间的差异等在临床中具有特别重要的意义。分析这些差异可以了解记忆的强点和弱点，也有助于记忆损害的早期诊断。这里根据常模资料计算出不同记忆功能间差异的显著性水平（表 G.1 ～表 G.3）和在正常人群中的发生概率（表 H.1 ～表 H.2），供结果解释时参考。具体计算方法为：

$$\text{差异分}=Zp\sqrt{\mathrm{SE}_{Ma}^2+\mathrm{SE}_{Mb}^2} \qquad (5\text{-}6)$$

式中，Zp 为差异到达显著性水平相应的 Z 值，通常取 1.65（P=0.1）和 1.96（P=0.05），SE_{Ma} 和 SE_{Mb} 分别为两个指数分的标准测量误。

三、分测验间差异的显著性

MMAS 有 14 个基本分测验和 6 个备选分测验，这些分测验分别测量记忆功能的不同方面。不同的个体可能有不同的记忆强点和弱点，脑损害可能影响某些记忆功能，而另一些记忆功能却相对保持完好，所以分测验间差异分析也具有实际意义。这种分析包括两个方面：某个分测验与所有分测验平均量表分的比较，分测验间的相互比较。这里根据常模资料计算出分测验间差异（附表G.4 ~ 表G.6）和分测验与平均量表分间差异的显著性水平（表G.7 ~ 附表G.9）和在正常人群中的发生概率（表H.3 ~表H.5），供结果解释时参考。具体计算方法为：

$$\text{差异分（分测验间相互比较）}=Zp\sqrt{\mathrm{SE}_{Ma}^{2}+\mathrm{SE}_{Mb}^{2}} \qquad (5\text{-}7)$$

式中，Zp 为差异到达显著性水平相应的 Z 值，通常取 1.65（P=0.1）和 1.96（P=0.05），SE_{Ma} 和 SE_{Mb} 分别为两个分测验的标准测量误。

$$\text{差异分（与平均量表分比较）}=Zp\sqrt{\sum \mathrm{SE}_{Mi}^{2}/K^{2}+\left[(K-2)/K\right]\mathrm{SE}_{Ma}^{2}} \qquad (5\text{-}8)$$

式中，Zp 为差异到达显著性水平相应的 Z 值，通常取 1.65（P=0.1）和 1.96（P=0.05），SE_{Mi} 为 MMAS 各分测验的标准测量误，SE_{Ma} 为待比较的分测验的标准测量误，K 为计算平均量表分的分测验总数。

第六章　MMAS 的效度研究

效度是指一个测验或量表实际能测出其所要测的心理特质的程度。效度的检验包括内容效度、构想效度、效标效度和实证效度。效度是比测验信度更重要的心理测量学指标，效度资料是一个不断研究积累的过程，测验编制者不可能提供所有的信度资料，需要测验使用者在使用过程中不断地积累资料，所以这里只提供基本的效度资料。

第一节　内容效度

内容效度（content validity）是指一个测验实际测量的内容与所要测量内容之间的吻合程度。其主要是一个逻辑分析过程，一般在条目筛选、量表编制的过程中完成，本测验主要是依据多重记忆系统理论编制的，首先确定了三个维度：外显记忆、内隐记忆和日常记忆，然后设置一些分测验分别对各个维度进行测量。除内隐记忆的分测验外，其他分测验都是记忆测验的常用形式，分测验内容是根据中国人的文化背景选择的，有言语的、非言语的、非言语材料但可以言语编码的，内隐记忆分测验是采用目前内隐记忆研究中广泛应用的方法：词干填充和残图命名。在测验编制过程中反复做了预试实验，所用条目是被试都熟悉的或都不熟悉的，尽可能做到文化公平，图画的熟悉程度和命名的一致性也是比较满意的。由此看来，MMAS 的内容效度是可以接受的。

第二节　构想效度

构想效度是表示测验能够测量到理论上的构想或特质的程度，估计方法有：①内部一致性：这种方法的基本特征是，效标是在自身测验上的总分，本质是对各分测验或各项目的同质性的度量。②因素分析：因素分析是确定心理特质的一种方法，本质是分析行为资料相互关系的一种精确的统计技术。通过因素分析，可将描述每个变量或类型的数目，从最初的测验数减少到几个因素或共同特质，用几个因素来解释各分测验之间的彼此相关。根据每个因素在各分测验的负荷大小，来表示每个测验的特性。这里是计算各记忆成分所属的分测验之间的相关，各分测验与所属记忆成分的相关，内隐记忆、外显记忆、日常记忆之间的相关以及它们与总记忆商的相关，通过因素分析，来考察量表构想效度，具体见表 6.1 ～表 6.16。

表 6.1　分测验之间的相关（5 ～ 16 岁，N=279）

	数字广度	空间广度	汉词配对	图符配对	汉词再认	图画再认	汉词回忆	图形再生	自由组词	残图命名	词对延迟	图符延迟	经历定向	常识记忆	汉词广度	人一名配对	人面再认	图画回忆	人一名延迟	生活记忆
数字广度		.349	.436	.387	.251	.272	.337	.347	.060	.367	.378	.360	.203	.389	.664	.364	.238	.305	.375	.162
空间广度	.360		.370	.371	.194	.311	.265	.386	.025	.314	.308	.305	.111	.213	.415	.246	.182	.198	.237	.203
汉词配对	.441	.382		.580	.461	.331	.462	.397	.292	.300	.833	.543	.291	.426	.477	.476	.310	.367	.449	.220
图符配对	.396	.382	.582		.349	.321	.400	.486	.195	.358	.533	.846	.229	.322	.393	.509	.248	.376	.511	.160
汉词再认	.253	.207	.461	.349		.312	.343	.254	.108	.223	.385	.329	.169	.319	.284	.340	.232	.308	.287	.090
图画再认	.266	.316	.322	.316	.293		.276	.348	.105	.373	.338	.283	.258	.285	.280	.277	.318	.277	.259	.253
汉词回忆	.334	.280	.479	.407	.336	.286		.255	.119	.217	.360	.354	.228	.305	.391	.385	.193	.385	.357	.143
图形再生	.349	.397	.394	.485	.253	.331	.271		.174	.355	.423	.477	.227	.393	.333	.333	.248	.208	.364	.139
自由组词	.058	.025	.295	.198	.104	.118	.152	.176		.179	.249	.211	.213	.204	.060	.228	.269	.098	.159	.130
残图命名	.312	.278	.254	.302	.191	.280	.178	.301	.130		.279	.301	.163	.208	.306	.256	.315	.155	.275	.102
词对延迟	.378	.317	.833	.532	.381	.343	.392	.421	.256	.228		.528	.373	.459	.414	.454	.287	.366	.456	.225
图符延迟	.370	.315	.545	.847	.329	.285	.369	.473	.220	.251	.523		.276	.352	.341	.491	.232	.347	.473	.222
经历定向	.202	.116	.290	.223	.169	.250	.273	.225	.216	.133	.365	.272		.430	.192	.250	.247	.166	.231	.224
常识记忆	.391	.236	.420	.319	.315	.270	.317	.396	.197	.185	.440	.348	.389		.387	.394	.193	.282	.353	.229
汉词广度	.665	.426	.479	.393	.284	.268	.388	.332	.061	.260	.410	.343	.190	.400		.393	.238	.350	.407	.184
人一名配对	.365	.254	.480	.503	.340	.245	.377	.330	.207	.347	.436	.484	.233	.377	.392		.209	.310	.867	.112
人面再认	.225	.187	.322	.251	.237	.346	.188	.256	.293	.264	.307	.236	.250	.186	.225	.206		.280	.202	.161
图画回忆	.314	.209	.370	.380	.315	.289	.403	.211	.107	.124	.380	.358	.168	.286	.354	.321	.266		.348	.145
人一名延迟	.378	.252	.444	.504	.285	.216	.345	.352	.110	.286	.427	.446	.201	.328	.412	.845	.188	.345		.097
生活记忆	.164	.198	.215	.155	.089	.272	.160	.134	.131	.070	.228	.215	.228	.223	.181	.104	.145	.145	.088	

注：左下三角为比率转换分的相关系数，右上三角为正态转换分的相关系数。

表 6.2　分测验之间的相关（17 ～ 55 岁，*N*=438）

	数字广度	空间广度	汉词配对	图符配对	汉词再认	图画再认	汉词回忆	图形再生	自由组词	残图命名	词对延迟	图符延迟	经历定向	常识记忆	汉词广度	人一名配对	人面再认	图画回忆	人一名延迟	生活记忆
数字广度		.525	.455	.433	.286	.429	.309	.560	.173	.269	.425	.435	.248	.585	.664	.441	.280	.276	.411	.105
空间广度	.516		.344	.434	.241	.437	.292	.556	.120	.227	.330	.458	.231	.497	.485	.455	.208	.253	.406	.135
汉词配对	.476	.342		.632	.361	.365	.423	.458	.159	.313	.844	.596	.153	.456	.448	.554	.257	.378	.508	.127
图符配对	.415	.409	.616		.406	.406	.438	.542	.128	.311	.570	.886	.164	.463	.384	.653	.392	.423	.594	.110
汉词再认	.296	.247	.368	.399		.342	.314	.346	.077	.194	.301	.374	.097	.306	.228	.374	.202	.262	.281	.072
图画再认	.457	.435	.386	.390	.359		.290	.496	.131	.308	.318	.424	.192	.445	.364	.399	.255	.287	.387	.048
汉词回忆	.332	.292	.440	.431	.321	.311		.343	.201	.189	.322	.397	.116	.365	.266	.388	.193	.412	.391	.111
图形再生	.583	.543	.477	.509	.358	.532	.368		.109	.283	.451	.559	.272	.549	.487	.479	.358	.394	.439	.158
自由组词	.171	.111	.163	.120	.074	.130	.206	.109		.207	.193	.136	.145	.176	.178	.151	.090	.107	.106	.071
残图命名	.238	.219	.286	.290	.192	.279	.168	.247	.194		.246	.303	.122	.239	.213	.253	.198	.199	.315	.010
词对延迟	.420	.348	.821	.557	.310	.335	.325	.444	.188	.251		.591	.182	.449	.407	.479	.213	.280	.467	.165
图符延迟	.444	.436	.606	.886	.364	.416	.408	.551	.133	.277	.579		.199	.489	.362	.663	.386	.358	.620	.140
经历定向	.265	.264	.151	.137	.135	.256	.116	.282	.136	.152	.228	.153		.245	.204	.201	.118	.212	.118	.101
常识记忆	.606	.496	.477	.456	.320	.478	.386	.565	.175	.218	.452	.499	.290		.488	.493	.262	.274	.486	.132
汉词广度	.676	.490	.462	.365	.245	.392	.278	.513	.177	.199	.414	.361	.241	.505		.460	.233	.246	.413	.117
人一名配对	.451	.430	.564	.642	.363	.396	.399	.469	.130	.225	.473	.671	.157	.498	.449		.359	.367	.819	.091
人面再认	.267	.212	.252	.385	.188	.237	.184	.343	.093	.194	.215	.382	.118	.262	.228	.349		.273	.342	.119
图画回忆	.316	.258	.401	.408	.279	.326	.424	.420	.105	.181	.289	.372	.220	.313	.274	.374	.262		.301	.114
人一名延迟	.438	.413	.542	.586	.279	.398	.414	.474	.134	.290	.470	.642	.124	.508	.425	.835	.337	.341		.099
生活记忆	.153	.150	.150	.122	.116	.126	.136	.215	.074	.002	.162	.148	.153	.171	.153	.078	.118	.159	.108	

注：左下三角为比率转换分的相关系数，右上三角为正态转换分的相关系数。

表 6.3　分测验之间的相关（56 ～ 91 岁，*N*=230）

	数字广度	空间广度	汉词配对	图符配对	汉词再认	图画再认	汉词回忆	图形再生	自由组词	残图命名	词对延迟	图符延迟	经历定向	常识记忆	汉词广度	人一名配对	人面再认	图画回忆	人一名延迟	生活记忆
数字广度		.392	.340	.310	.212	.229	.203	.378	.071	.273	.320	.340	.250	.502	.622	.410	.245	.252	.284	.234
空间广度	.427		.241	.278	.050	.203	.179	.409	.006	.158	.209	.299	.197	.343	.306	.283	.062	.155	.285	.181
汉词配对	.336	.238		.476	.254	.406	.342	.386	.155	.329	.796	.495	.248	.286	.299	.427	.111	.411	.374	.115
图符配对	.314	.279	.454		.229	.369	.395	.495	.031	.361	.419	.835	.154	.379	.293	.495	.182	.378	.479	.093
汉词再认	.224	.066	.258	.235		.108	.190	.166	.008	.179	.229	.180	.206	.251	.228	.188	.081	.176	.183	.186
图画再认	.254	.218	.403	.366	.108		.178	.370	.109	.200	.341	.311	.235	.292	.257	.280	.101	.219	.265	.110
汉词回忆	.200	.195	.338	.401	.184	.167		.275	.014	.113	.307	.360	.193	.292	.121	.433	.178	.410	.377	.117
图形再生	.386	.418	.374	.505	.178	.378	.266		.086	.314	.366	.467	.303	.377	.330	.360	.186	.313	.333	.118
自由组词	.073	.011	.163	.024	-.002	.113	.005	.101		.015	.250	.008	.071	.045	.051	.098	.066	.022	.158	.107
残图命名	.254	.161	.314	.336	.182	.188	.114	.306	.028		.302	.312	.304	.235	.261	.220	.130	.348	.195	.017
词对延迟	.349	.234	.766	.409	.217	.357	.304	.367	.258	.301		.478	.198	.186	.230	.366	.176	.382	.380	.107
图符延迟	.365	.316	.458	.833	.197	.313	.356	.473	-.011	.300	.457		.126	.369	.234	.469	.235	.390	.489	.087
经历定向	.224	.187	.259	.134	.185	.214	.181	.285	.065	.272	.173	.119		.365	.293	.167	.126	.254	.074	.243
常识记忆	.565	.377	.287	.373	.258	.315	.283	.385	-.032	.213	.234	.387	.331		.390	.388	.115	.212	.316	.262
汉词广度	.597	.311	.292	.292	.234	.251	.121	.334	.053	.250	.227	.247	.287	.384		.257	.176	.152	.173	.183
人一名配对	.418	.271	.396	.458	.224	.293	.455	.368	.071	.204	.364	.439	.148	.422	.277		.276	.321	.759	.165
人面再认	.211	.065	.070	.167	.079	.091	.179	.183	.071	.110	.143	.226	.136	.099	.171	.246		.238	.254	.099
图画回忆	.269	.161	.397	.364	.181	.240	.381	.320	-.003	.352	.377	.357	.259	.231	.146	.322	.232		.255	.102
人一名延迟	.318	.292	.341	.455	.193	.251	.380	.331	.123	.153	.381	.486	.026	.346	.176	.723	.214	.228		.149
生活记忆	.279	.213	.136	.090	.187	.130	.092	.132	.117	-.022	.124	.091	.205	.300	.177	.167	.090	.125	.155	

注：左下三角为比率转换分的相关系数，右上三角为正态转换分的相关系数。

表 6.4　分测验之间的相关（总样本，N=947）

	数字广度	空间广度	汉词配对	图符配对	汉词再认	图画再认	汉词回忆	图形再生	自由组词	残图命名	词对延迟	图符延迟	经历定向	常识记忆	汉词广度	人一名配对	人面再认	图画回忆	人一名延迟	生活记忆
数字广度		.451	.425	.381	.260	.343	.296	.464	.117	.296	.387	.394	.212	.515	.654	.413	.261	.277	.376	.153
空间广度	.500		.330	.372	.192	.361	.264	.488	.072	.230	.298	.392	.155	.401	.434	.375	.173	.219	.344	.159
汉词配对	.426	.333		.567	.368	.364	.419	.427	.197	.312	.828	.559	.219	.410	.429	.507	.240	.381	.466	.147
图符配对	.364	.362	.561		.337	.374	.407	.507	.114	.336	.512	.853	.168	.404	.353	.569	.296	.397	.530	.115
汉词再认	.289	.221	.373	.341		.282	.299	.285	.068	.198	.306	.320	.142	.296	.244	.326	.185	.253	.265	.105
图画再认	.420	.402	.375	.361	.303		.262	.434	.119	.294	.328	.368	.205	.375	.318	.346	.234	.268	.330	.110
汉词回忆	.308	.277	.431	.411	.303	.278		.305	.139	.178	.327	.377	.171	.333	.280	.394	.190	.402	.378	.119
图形再生	.517	.513	.434	.489	.310	.485	.326		.122	.307	.424	.520	.236	.474	.414	.420	.294	.331	.400	.142
自由组词	.165	.105	.206	.113	.084	.159	.156	.158		.150	.221	.125	.150	.131	.117	.159	.134	.073	.131	.095
残图命名	.249	.215	.278	.299	.188	.245	.157	.269	.134		.269	.303	.171	.229	.247	.244	.210	.228	.275	.024
词对延迟	.406	.328	.803	.502	.312	.360	.340	.430	.240	.259		.548	.245	.386	.370	.446	.222	.326	.443	.162
图符延迟	.409	.392	.558	.858	.324	.373	.388	.520	.134	.270	.533		.192	.431	.329	.583	.316	.363	.556	.143
经历定向	.302	.232	.228	.152	.178	.283	.204	.291	.188	.158	.274	.192		.313	.201	.193	.161	.184	.147	.174
常识记忆	.587	.453	.415	.398	.319	.440	.346	.517	.166	.199	.401	.447	.359		.438	.447	.212	.260	.418	.188
汉词广度	.681	.473	.434	.343	.273	.372	.292	.461	.152	.220	.380	.341	.274	.485		.403	.223	.252	.373	.148
人一名配对	.406	.352	.504	.560	.327	.334	.405	.409	.140	.249	.432	.575	.176	.445	.393		.305	.343	.818	.113
人面再认	.224	.165	.225	.289	.174	.215	.182	.273	.142	.190	.214	.304	.160	.191	.206	.285		.266	.287	.123
图画回忆	.332	.250	.395	.388	.276	.321	.410	.368	.100	.211	.347	.372	.226	.311	.290	.350	.251		.301	.118
人一名延迟	.382	.348	.477	.518	.265	.320	.380	.411	.124	.245	.419	.557	.143	.421	.387	.799	.263	.315		.107
生活记忆	.203	.186	.165	.119	.134	.171	.135	.185	.111	.016	.174	.152	.195	.228	.176	.110	.116	.155	.106	

注：左下三角为比率转换分的相关系数，右上三角为正态转换分的相关系数。

表 6.5　MMAS 基本记忆指数间的相关（总体，N=947）

	记忆广度	联想学习	再认记忆	自由回忆	内隐记忆	延迟记忆	日常记忆	外显记忆	总记忆商
记忆广度		.500	.430	.543	.276	.494	.499	.710	.705
联想学习	.485		.509	.614	.354	.885	.441	.900	.865
再认记忆	.477	.507		.494	.281	.472	.415	.709	.693
自由回忆	.577	.614	.525		.301	.580	.484	.798	.780
内隐记忆	.274	.324	.270	.298		.340	.277	.388	.557
延迟记忆	.454	.880	.444	.564	.315		.460	.881	.850
日常记忆	.477	.444	.405	.490	.266	.460		.565	.667
外显记忆	.738	.889	.711	.808	.372	.850	.557		.973
总记忆商	.739	.848	.700	.792	.540	.813	.646	.974	

表 6.6　MMAS 基本记忆指数间的相关（5 ～ 16 岁，N=279）

	记忆广度	联想学习	再认记忆	自由回忆	内隐记忆	延迟记忆	日常记忆	外显记忆	总记忆商
记忆广度		.537	.386	.508	.295	.472	.329	.699	.667
联想学习	.547		.510	.617	.417	.886	.417	.909	.872
再认记忆	.387	.513		.475	.318	.468	.371	.701	.681
自由回忆	.514	.622	.468		.312	.576	.420	.796	.769
内隐记忆	.260	.391	.275	.329		.384	.302	.443	.610
延迟记忆	.481	.886	.476	.593	.362		.483	.874	.851
日常记忆	.333	.415	.371	.447	.292	.483		.508	.647
外显记忆	.715	.913	.684	.797	.407	.880	.512		.965
总记忆商	.676	.875	.661	.776	.591	.856	.644	.964	

注：左下三角为比率转换分的相关系数，右上三角为正态转换分的相关系数。

表 6.7　MMAS 基本记忆指数间的相关（17 ～ 55 岁，N=438）

	记忆广度	联想学习	再认记忆	自由回忆	内隐记忆	延迟记忆	日常记忆	外显记忆	总记忆商
记忆广度		.527	.496	.594	.288	.533	.624	.747	.752
联想学习	.523		.519	.627	.322	.900	.497	.896	.863
再认记忆	.500	.521		.538	.282	.493	.462	.733	.717
自由回忆	.616	.626	.564		.306	.595	.556	.815	.801
内隐记忆	.261	.289	.248	.276		.314	.287	.369	.533
延迟记忆	.522	.895	.467	.577	.294		.526	.885	.856
日常记忆	.625	.503	.451	.560	.276	.526		.644	.717
外显记忆	.758	.898	.722	.819	.334	.870	.645		.978
总记忆商	.761	.864	.710	.807	.498	.843	.714	.978	

表 6.8　MMAS 基本记忆指数间的相关（56 ～ 91 岁，N=230）

	记忆广度	联想学习	再认记忆	自由回忆	内隐记忆	延迟记忆	日常记忆	外显记忆	总记忆商
记忆广度		.408	.291	.435	.225	.414	.502	.614	.624
联想学习	.407		.493	.596	.357	.859	.393	.912	.874
再认记忆	.310	.494		.386	.238	.420	.405	.654	.643
自由回忆	.445	.605	.385		.235	.549	.450	.756	.733
内隐记忆	.208	.331	.225	.229		.353	.228	.373	.549
延迟记忆	.389	.848	.410	.549	.332		.329	.881	.839
日常记忆	.484	.394	.406	.444	.211	.329		.517	.628
外显记忆	.643	.905	.639	.757	.357	.863	.506		.969
总记忆商	.651	.867	.632	.735	.529	.822	.609	.972	

注：左下三角为比率转换分的相关系数，右上三角为正态转换分的相关系数。

表 6.9　MMAS 附加记忆指数间的相关（总体，*N*=947）

	短时记忆	中时记忆	长时记忆	听觉记忆	视觉记忆	提取指数	保持率	学习速率	离散指数
短时记忆		.621	.630	.626	.794	.093	.266	.406	-.392
中时记忆	.564		.747	.865	.836	.177	.319	.622	-.494
长时记忆	.567	.751		.824	.818	.151	.449	.552	-.521
听觉记忆	.538	.862	.853		.673	.217	.388	.578	-.480
视觉记忆	.783	.837	.807	.689		.098	.362	.563	-.494
提取指数	.022	.166	.108	.161	.088		224	.404	-.262
保持率	.182	.314	.409	.358	.332	.224		.597	-.534
学习速率	.285	.625	.490	.527	.539	.404	.597		-.690
离散指数	-.361	-.514	-.507	-.484	-.493	-.262	-.534	-.690	

表 6.10　MMAS 附加记忆指数间的相关（5 ～ 16 岁，*N*=279）

	短时记忆	中时记忆	长时记忆	听觉记忆	视觉记忆	提取指数	保持率	学习速率	离散指数
短时记忆		.613	.583	.620	.799	.150	.253	.427	-.372
中时记忆	.539		.720	.893	.798	.237	.303	.619	-.508
长时记忆	.469	.722		.810	.774	.182	.428	.536	-.540
听觉记忆	.479	.894	.822		.666	.268	.340	.593	-.503
视觉记忆	.776	.784	.761	.659		.132	.360	.554	-.489
提取指数	.092	.244	.223	.262	.183		.342	.597	-.508
保持率	.200	.306	.477	.350	.398	.342		.577	-.567
学习速率	.365	.628	.597	.594	.617	.597	.577		-.751
离散指数	-.321	-.515	-.562	-.515	-.509	-.508	-.567	-.751	

注：左下三角为比率转换分的相关系数，右上三角为正态转换分的相关系数。

表 6.11　MMAS 附加记忆指数间的相关（17 ～ 55 岁，*N*=438）

	短时记忆	中时记忆	长时记忆	听觉记忆	视觉记忆	提取指数	保持率	学习速率	离散指数
短时记忆		.656	.667	.655	.823	.043	.384	.484	-.449
中时记忆	.594		.766	.880	.852	.126	.413	.719	-.509
长时记忆	.592	.769		.844	.845	.106	.585	.665	-.548
听觉记忆	.559	.873	.863		.715	.181	.488	.685	-.492
视觉记忆	.805	.861	.827	.723		.035	.480	.655	-.542
提取指数	.054	.158	.110	.182	.073		.075	.260	-.103
保持率	.375	.449	.612	.518	.509	.075		.551	-.495
学习速率	.460	.797	.689	.735	.713	.260	.551		-.636
离散指数	-.491	-.562	-.574	-.538	-.580	-.103	-.495	-.636	

表 6.12　MMAS 附加记忆指数间的相关（56 ～ 91 岁，N=230）

	短时记忆	中时记忆	长时记忆	听觉记忆	视觉记忆	提取指数	保持率	学习速率	离散指数
短时记忆		.541	.604	.558	.718	.174	.222	.448	-.380
中时记忆	.460		.738	.792	.842	.239	.335	.781	-.544
长时记忆	.496	.735		.798	.819	.239	.482	.660	-.549
听觉记忆	.423	.795	.835		.594	.262	.477	.673	-.537
视觉记忆	.697	.828	.795	.598		.213	.340	.704	-.493
提取指数	.157	.247	.231	.246	.216		.263	.359	-.251
保持率	.171	.333	.494	.479	.332	.263		.470	-.441
学习速率	.384	.780	.644	.656	.692	.359	.470		-.639
离散指数	-.352	-.556	-.573	-.560	-.504	-.251	-.441	-.639	

注：左下三角为比率转换分的相关系数，右上三角为正态转换分的相关系数。

表 6.13　分测验与指数分的相关（5 ～ 16 岁，N=279）

	记忆广度	联想学习	再认记忆	自由回忆	内隐记忆	延迟记忆	日常记忆	外显记忆	总记忆商	短时记忆	中时记忆	长时记忆	听觉记忆	视觉记忆
数字广度	.784	.454	.325	.394	.266	.415	.395	.558	.557	.667	.474	.456	.511	.486
空间广度	.845	.386	.297	.418	.195	.325	.196	.522	.476	.751	.420	.308	.352	.573
汉词配对	.459	.883	.494	.560	.406	.813	.477	.833	.811	.521	.817	.726	.869	.606
图符配对	.446	.887	.406	.520	.360	.806	.376	.803	.759	.530	.765	.663	.594	.850
汉词再认	.276	.444	.895	.372	.209	.404	.337	.562	.536	.317	.641	.402	.572	.393
图画再认	.368	.372	.700	.375	.304	.373	.326	.512	.518	.402	.532	.428	.404	.551
汉词回忆	.395	.499	.390	.886	.238	.450	.382	.668	.631	.408	.764	.453	.692	.448
图形再生	.419	.489	.336	.696	.338	.507	.365	.623	.617	.810	.478	.518	.466	.684
自由组词	.084	.322	.150	.234	.842	.305	.257	.295	.466	.175	.286	.622	.577	.266
残图命名	.397	.355	.344	.308	.689	.322	.223	.417	.515	.426	.379	.546	.356	.645
词对延迟	.403	.805	.453	.530	.373	.879	.528	.803	.791	.505	.738	.759	.817	.599
图符延迟	.388	.803	.387	.493	.334	.880	.394	.778	.738	.486	.702	.691	.576	.815
经历定向	.227	.351	.274	.344	.276	.396	.662	.407	.496	.266	.395	.553	.427	.333
常识记忆	.345	.458	.393	.439	.282	.495	.973	.536	.653	.418	.504	.717	.538	.426
汉词广度	.623	.457	.344	.443	.224	.426	.376	.553	.539	.559	.507	.433	.503	.465
人一名配对	.313	.472	.351	.362	.338	.474	.421	.500	.535	.331	.490	.524	.480	.461
人面再认	.243	.329	.340	.272	.403	.307	.231	.368	.414	.297	.359	.409	.394	.372
图画回忆	.315	.446	.376	.410	.200	.450	.327	.503	.487	.322	.512	.414	.477	.399
人一名延迟	.321	.469	.303	.388	.303	.469	.419	.498	.525	.361	.476	.506	.456	.467
生活记忆	.232	.227	.196	.198	.155	.276	.254	.279	.294	.219	.252	.289	.254	.256

表 6.14　分测验与指数分的相关（17～55 岁，N=438）

	记忆广度	联想学习	再认记忆	自由回忆	内隐记忆	延迟记忆	日常记忆	外显记忆	总记忆商	短时记忆	中时记忆	长时记忆	听觉记忆	视觉记忆
数字广度	.809	.479	.434	.494	.275	.473	.607	.638	.658	.778	.521	.570	.581	.585
空间广度	.924	.437	.409	.495	.209	.444	.521	.634	.628	.856	.488	.496	.444	.677
汉词配对	.440	.877	.423	.510	.284	.795	.471	.788	.760	.486	.774	.698	.804	.619
图符配对	.483	.914	.492	.551	.255	.828	.484	.840	.797	.545	.821	.706	.623	.857
汉词再认	.308	.424	.872	.394	.168	.377	.324	.553	.526	.355	.636	.379	.540	.443
图画再认	.507	.428	.772	.441	.275	.421	.472	.598	.607	.557	.591	.500	.452	.643
汉词回忆	.349	.456	.354	.889	.247	.393	.380	.610	.596	.374	.723	.442	.684	.432
图形再生	.635	.536	.498	.723	.235	.556	.586	.718	.711	.862	.580	.588	.524	.748
自由组词	.158	.149	.129	.207	.828	.173	.190	.202	.367	.154	.199	.538	.526	.180
残图命名	.271	.337	.292	.256	.713	.299	.234	.358	.473	.298	.346	.564	.339	.553
词对延迟	.418	.781	.370	.446	.275	.876	.459	.753	.729	.472	.671	.732	.775	.587
图符延迟	.500	.830	.476	.540	.251	.903	.513	.834	.796	.568	.757	.752	.603	.864
经历定向	.216	.148	.144	.174	.126	.177	.282	.207	.234	.242	.162	.242	.185	.210
常识记忆	.621	.529	.463	.554	.261	.540	.992	.659	.729	.663	.583	.722	.573	.620
汉词广度	.627	.446	.354	.424	.246	.418	.511	.546	.565	.625	.460	.497	.504	.499
人—名配对	.508	.664	.462	.497	.235	.637	.513	.693	.680	.542	.655	.606	.571	.664
人面再认	.284	.358	.275	.313	.187	.343	.298	.391	.397	.352	.355	.362	.296	.422
图画回忆	.310	.423	.319	.474	.192	.355	.310	.469	.461	.378	.479	.374	.422	.430
人—名延迟	.472	.642	.404	.479	.285	.652	.494	.669	.669	.506	.621	.631	.556	.662
生活记忆	.149	.149	.070	.174	.060	.190	.145	.186	.183	.170	.153	.174	.180	.153

表 6.15　分测验与指数分的相关（56～91 岁，N=230）

	记忆广度	联想学习	再认记忆	自由回忆	内隐记忆	延迟记忆	日常记忆	外显记忆	总记忆商	短时记忆	中时记忆	长时记忆	听觉记忆	视觉记忆
数字广度	.780	.380	.306	.343	.257	.378	.512	.516	.550	.715	.400	.484	.480	.447
空间广度	.881	.290	.169	.332	.125	.271	.341	.437	.434	.793	.295	.315	.257	.468
汉词配对	.328	.795	.417	.444	.339	.716	.314	.756	.740	.401	.747	.680	.826	.541
图符配对	.342	.901	.383	.521	.283	.747	.361	.819	.787	.458	.819	.688	.496	.883
汉词再认	.152	.286	.845	.222	.131	.257	.279	.394	.391	.185	.483	.292	.446	.252
图画再认	.286	.448	.641	.340	.232	.396	.335	.519	.524	.393	.531	.438	.387	.519
汉词回忆	.232	.436	.243	.885	.093	.379	.301	.563	.527	.286	.672	.360	.577	.376
图形再生	.470	.500	.356	.685	.300	.488	.414	.635	.644	.799	.511	.545	.438	.670
自由组词	.049	.110	.060	.062	.669	.180	-.010	.136	.250	.083	.093	.390	.448	.070
残图命名	.248	.383	.252	.234	.748	.349	.259	.392	.514	.318	.355	.602	.311	.583
词对延迟	.290	.661	.365	.404	.410	.822	.228	.728	.720	.377	.627	.754	.846	.508
图符延迟	.352	.793	.343	.482	.254	.883	.319	.820	.776	.457	.724	.752	.505	.867
经历定向	.278	.253	.351	.318	.277	.248	.518	.347	.414	.363	.323	.410	.343	.321
常识记忆	.485	.385	.365	.405	.151	.306	.988	.467	.550	.513	.447	.520	.356	.440
汉词广度	.517	.344	.323	.253	.233	.258	.426	.400	.437	.510	.354	.374	.350	.377
人—名配对	.368	.502	.314	.519	.196	.446	.366	.561	.555	.418	.563	.463	.504	.470
人面再认	.164	.144	.111	.230	.133	.203	.126	.219	.227	.197	.186	.218	.192	.209
图画回忆	.251	.459	.295	.476	.248	.452	.256	.518	.515	.331	.514	.459	.458	.464
人—名延迟	.361	.462	.278	.416	.241	.473	.337	.528	.533	.397	.490	.491	.449	.484
生活记忆	.267	.146	.232	.170	.061	.148	.302	.220	.235	.259	.199	.200	.233	.149

表 6.16　分测验与指数分的相关（总样本，N=947）

	记忆广度	联想学习	再认记忆	自由回忆	内隐记忆	延迟记忆	日常记忆	外显记忆	总记忆商	短时记忆	中时记忆	长时记忆	听觉记忆	视觉记忆
数字广度	.792	.441	.377	.432	.268	.424	.520	.585	.605	.735	.477	.518	.536	.520
空间广度	.900	.381	.332	.439	.184	.362	.394	.558	.546	.823	.422	.406	.375	.595
汉词配对	.409	.850	.434	.502	.329	.765	.427	.787	.765	.466	.775	.699	.825	.589
图符配对	.423	.902	.433	.525	.281	.791	.404	.820	.778	.504	.802	.685	.566	.863
汉词再认	.262	.384	.869	.346	.168	.337	.314	.510	.492	.305	.595	.359	.523	.374
图画再认	.429	.420	.727	.401	.269	.398	.397	.559	.566	.490	.561	.465	.422	.587
汉词回忆	.329	.456	.335	.887	.207	.393	.360	.608	.586	.359	.718	.422	.659	.416
图形再生	.549	.511	.428	.707	.276	.514	.482	.673	.671	.834	.538	.558	.488	.706
自由组词	.116	.176	.118	.181	.794	.198	.168	.205	.361	.142	.193	.520	.520	.166
残图命名	.285	.357	.287	.258	.712	.322	.233	.380	.493	.324	.354	.571	.332	.579
词对延迟	.369	.740	.378	.444	.335	.854	.396	.749	.732	.440	.665	.740	.798	.559
图符延迟	.420	.806	.404	.496	.261	.891	.402	.809	.764	.502	.723	.728	.550	.852
经历定向	.205	.229	.216	.253	.206	.241	.485	.286	.348	.244	.268	.380	.300	.250
常识记忆	.523	.464	.423	.490	.241	.445	.983	575	663	.569	.526	.666	.511	.518
汉词广度	.597	.414	.344	.392	.237	.361	.450	.507	.525	.581	.444	.447	.467	.451
人一名配对	.422	.566	.392	.466	.248	.531	.442	.607	.607	.456	.587	.542	.527	.555
人画再认	.241	.283	.248	.281	.230	.283	.236	.335	.354	.298	.308	.333	.294	.343
图画回忆	.293	.439	.323	.458	.209	.405	.296	.490	.482	.352	.496	.408	.444	.434
人一名延迟	.405	.545	.344	.435	.275	.548	.423	.587	.593	.439	.547	.557	.497	.563
生活记忆	.197	.164	.141	.177	.082	.189	.213	.215	.222	.202	.188	.208	.212	.171

一、分测验间或指数分间的相关

表 6.1 ~ 表 6.12 结果显示，除自由组词和生活记忆外，各分测验间的相关（0.15 ~ 0.85）均有显著性（P＜0.01）；测量同一功能的分测验间相关高（0.26 ~ 0.55），测量不同功能的分测验间相关低些。说明所有分测验都测到了一些共同的东西——记忆，但又不完全一致，它们各自测到了记忆的不同侧面的功能。

二、分测验与指数分的相关

表 6.13 ~ 表 6.16 结果显示，各分测验与功能指数分均有显著相关（0.12 ~ 0.91，P＜0.01），提取指数只与需要主动提取的分测验呈显著相关（0.14 ~ 0.63），各分测验与相对应的组合分相关高（0.72 ~ 0.91），与其他组合分相关低些。说明不同记忆指数的设置是合理的，测验了不同的记忆功能。

三、构想效度的相关分析

根据理论构想所做的相关分析结果如图 6.1 所示：各成分所属的分测验间有一定的相关，各分测验与所属的记忆成分有较高的相关；下级成分与上级成分有较高的相关（0.56 ~ 0.97）；内隐记忆、外显记忆和日常记忆之间有中等相关（0.28 ~ 0.57），它们与总记忆商的相关分别为 0.56、0.97 和 0.67。这些结果表明记忆包含多个独立又相关成分，与多重记忆系统理论相符。外显记忆有多种形式，我们选择了四种形式，每种形式设置三个分测验，分析结果显示四种形式的组合分与外显记忆呈高相关（0.709 ~ 0.943），每种形式包含的分测验间低中度相关，与组合分高相关，表明记忆是多层次多成分的结构。

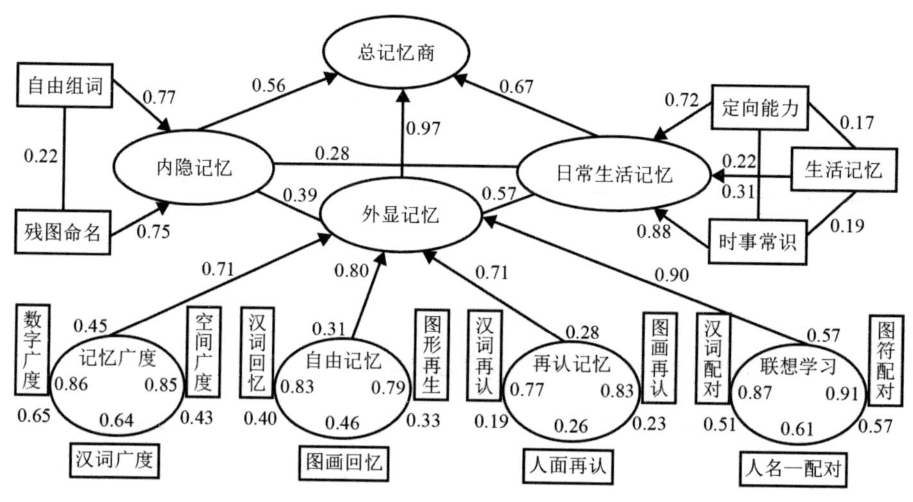

图 6.1　MMAS 构想效度

四、因素分析

对总样本 14 个分测验的量表分方差极大斜交旋转获得初始特征根大于 0.85 的因子有四个，累计贡献率为 60.88%，第一因子为学习记忆因子，第二因子为工作记忆因子，包括短时工作记忆和长时工作记忆，第三因子为内隐记忆因子，第四因子为远事记忆因子。各因子的负荷的分测验和负荷量列于表 6.17，负荷在 0.3 以下的未列出。用同样的方法 7 个独立的基本指数做了因素分析，以三因子解决比较合理，累计贡献率为 76.64%，第一因子为外显记忆，第二因子为内隐记忆，第三因子为学习记忆，因子负荷模式见表 6.18，负荷在 0.3 以下的未列出。因素分析结果与编制的理论构思基本一致，但不完全相同（见

表 6.17、表 6.18）

表 6.17　MMAS 基本分测验的因素模式矩阵

分测验	因子 1	因子 2	因子 3	因子 4
汉词配对	0.829			
词对延迟	0.789			
图符配对	0.692			
图符延迟	0.675			
汉词回忆	0.602			
汉词再认	0.592			
空间广度		0.822		
图形再生		0.69		
数字广度		0.688		
图画再认		0.598		
常识记忆		0.594		0.331
残图命名		0.455	0.436	
自由组词			0.835	
经历定向				0.718
贡献率（%）	38.88	7.99	7.67	6.34

表 6.18　基本记忆指数的因素模式矩阵

记忆指数	因子 1	因子 2	因子 3
日常记忆	0.908		
记忆广度	0.782		
再认记忆	0.496		
自由回忆	0.484		-0.429
内隐记忆		0.998	
联想学习			-0.947
延迟记忆			-0.94
贡献率（%）	54.7	11.48	10.45

验证性因素能否证实编制者的构想有待于进一步研究。以往人们对 WMS 和 WMS-R 做过探索性因素分析，提出过 8 种因素模型，因子数少则 1 个、多则 5 个，看来记忆的因子结构不像智力稳定，用探索性因素分析难以达到一致的结论。WMS-Ⅲ未用探索性因素分析，只用了验证性因素分析，结果显示 16 ~ 29 岁组符合 4 因素模式、30 ~ 64 岁组和 65 ~ 89 岁组符合 5 因素模式，不过这里暗示人们一个问题——他们无法用探索性因素分析提取构想的因子。

第三节　效标效度

可通过计算新编量表与某一已知的能有效测量相同特质的经典量表（效标）之间的相关来考查新编量表的效度，若两者相关较高，则说明新测验有较高的效度。本研究采用 WMS-RC 为效标，效标效度样本 60 人（男 28 人、女 32 人），其中儿童 20 人、成人 20 人、老年人 20 人。分别用 MMAS 与 WMS-RC 对 60 名被试进行测评，计算两个测验的所有分测验之间的相关。

WMS-RC 分甲乙两式。儿童和老年人用的是 WMS-RC 甲式，成人用的是 WMS-RC 乙式。包含 7 个分测验：个人经历、数字顺序关系、逻辑（理解）记忆、顺背和倒背数目、视觉再生、触觉记忆和联想学习等。其中长时记忆包括 3 个分测验：个人经历、时间空间记忆（定向）、数字顺序关系。中时记忆包括 6 个分测验：视觉再认、图片回忆、视觉再生、联想学习、触摸测验、理解记忆。短时记忆包括顺背和倒背数目。

MMAS 与 WMS-RC 的相关分析结果（见表 6.19）显示：MMAS 的 4 个组合分与 WMS-RC 记忆商有较好的相关（0.400 ~ 0.745）；MMAS 的 3 个广度测验、3 个回忆测验、3 个联想测验和 2 个日常记忆测验分别与 WMS-RC 的数字广度（0.530 ~ 0.673）、图画回忆（0.451 ~ 0.548）、联想记忆（0.468 ~ 0.567）和经历定向（0.536，0.544）显著相关；除图画再认、人面再认和生活记忆外，其余各分测验与 WMS-RC 的记忆商显著相关（0.359 ~ 0.676）。

表 6.19　MMAS 与 WMS-RC 的相关

	经历定向	1 ~ 100	100 ~ 1	累加	图片回忆	再认	图形再生	联想记忆	触觉记忆	理解记忆	数字广度	MQ
自由组词	0.070*	0.181*	0.072*	0.334	0.273	0.151*	0.197*	0.224*	0.148*	0.171*	0.344	0.359
残图命名	0.025*	0.280	0.449	0.236*	0.267	0.100*	0.515	0.509	0.333	0.256	0.521	0.574
数字广度	0.282	0.427	0.350	0.466	0.417	0.254	0.341	0.358	0.300	0.304	0.673	0.676
汉词广度	0.339	0.390	0.273	0.400	0.428	0.143*	0.362	0.381	0.319	0.170*	0.629	0.597
空间广度	0.097*	0.337	0.268	0.292	0.265	0.196*	0.490	0.433	0.329	0.121*	0.530	0.520
汉词回忆	0.106*	0.226*	0.317	0.308	0.451	0.074*	0.356	0.368	0.338	0.288	0.507	0.555
图画回忆	0.374	0.334	0.141*	0.229*	0.548	0.214*	0.256	0.324	0.236*	0.166*	0.447	0.499
图形再生	0.201*	0.391	0.267	0.411	0.491	0.179*	0.498	0.358	0.604	0.191*	0.522	0.609
汉词再认	0.079*	0.122*	0.126*	0.244*	0.344	0.343	0.342	0.260	0.319	0.322	0.300	0.437
图画再认	0.194*	0.201*	0.116*	0.110*	0.227*	0.013*	0.250*	0.265	0.179*	0.005*	0.195*	0.213*
人面再认	0.124*	0.005*	0.262	0.116*	0.334	0.187*	0.129*	0.370	0.255*	0.213*	0.218*	0.221*
汉词配对	0.152*	0.291	0.336	0.295	0.465	0.234*	0.365	0.541	0.439	0.342	0.391	0.609
图符配对	0.054*	0.319	0.428	0.285	0.478	0.198*	0.512	0.567	0.520	0.042*	0.490	0.574
人一名配对	0.194*	0.303	0.430	0.376	0.364	0.205*	0.327	0.468	0.596	0.051*	0.415	0.492
定向能力	0.544	0.113*	0.017*	0.257	0.236*	0.148*	0.012*	0.008*	0.313	0.444	0.251*	0.361
时事常识	0.536	0.231*	0.187*	0.281	0.329	0.148*	0.015*	0.103*	0.150*	0.171*	0.343	0.375
生活记忆	0.107*	0.042*	0.435	0.005*	0.023*	0.210*	0.164*	0.352	0.129*	0.128*	0.152*	0.170*
内隐记忆	0.028*	0.282	0.298	0.353	0.331	0.156*	0.418	0.432	0.279	0.256	0.518	0.558
外显记忆	0.131*	0.393	0.411	0.362	0.545	0.257	0.565	0.612	0.520	0.228*	0.586	0.707
日常记忆	0.570	0.229*	0.167*	0.298	0.337	0.159*	0.012*	0.095*	0.189*	0.227*	0.352	0.400
总记忆商	0.199*	0.406	0.418	0.410	0.554	0.261	0.544	0.599	0.500	0.272	0.634	0.745

注：$*P > 0.01$。

要证实一个新编的记忆量表是否真正有效确实是一个难题，不得已而用以往的记忆量表做效标来考查其效度，高相关暗示两者一样有效或无效，低相关不能说明新编量表无效。本书以 WMS-RC 为效标，结果发现 MMAS 多数分测验与 WMS-RC 有关测验呈显著相关，相关系数在 0.5 左右，WMS-RC 的记忆商与 MMAS 的总记忆商（0.745）和外显记忆（0.707）呈高相关、与内隐记忆（0.558）和日常记忆（0.400）也有中度相关，若 WMS-RC 是有效的记忆测量，那么 MMAS 的效度也就可以肯定了。

第四节　实证效度

实证效度是指一个测验对处于特定情境中的个体的行为进行估计的有效性，主要重视的是那些与测验独立的效标行为，而不太注重测验的内容和结构。本研究通过比较 MMAS 各项分测验标化分在不同年龄组差异的显著性，计算记忆总分、各分测验成绩与年龄及教育程度的相关，观察 MMAS 各项分测验成绩随着年龄变化的趋势以及与被试受教育程度的关系，来考查该量表的实证效度。

从分测验成绩和指数分与年龄的关系来看，在儿童组两者呈显著的正相关（0.214 ~ 0.759）；在成人和老人组，除个别分测验外，多数分测验分和指数分与年龄呈显著负相关（-0.198 ~ -0.595），尤其是记忆广度和联想学习测验在成人组这种关系更突出（-0.431 ~ -0.595）。测验成绩与教育年限在儿童和成人有较高的正相关（0.119 ~ 0.764），在老年组的相关低些（0.156 ~ 0.423）。分测验和指数分的鉴别能力（分测验和指数分与总记忆商的相关），除生活记忆外都有较高的区分效度，在儿童、成人和老人的区分度值的范围分别为 0.289 ~ 0.971、0.164 ~ 0.967 和 0.278 ~ 0.942，结果详见表 6.20。以往许多研究证实在儿童记忆是随年龄增长的——记忆与年龄呈正相关，到一定年龄后记忆随年龄减退——记忆与年龄呈负相关。本研究发现：在儿童组，各分测验和指数分与年龄呈显著正相关；在成人组和老人组，分测验和指数分与年龄呈显著负相关，这可作为 MMAS 效度的证据。教育与记忆的关系复杂些，其一记忆好智力高者可望接受更多的教育，其二教育可改善人们的记忆策略、提高记忆成绩，由此看来，记忆应与教育呈正相关。

表 6.20　测验成绩与年龄和教育的相关及分测验和组合分的鉴别能力

	年龄			教育			鉴别能力		
	儿童	成人	老年人	儿童	成人	老年人	儿童	成人	老年人
自由组词	0.471	−0.119*	−0.198	0.401	0.202	0.204	0.642	0.329	0.300
残图命名	0.499	−0.478	−0.108	0.442	0.206	0.156	0.714	0.617	0.510
数字广度	0.559	−0.505	−0.303	0.531	0.560	0.291	0.728	0.695	0.604
汉词广度	0.639	−0.431	−0.283	0.644	0.468	0.238	0.775	0.647	0.572
空间广度	0.579	−0.502	−0.315	0.541	0.444	0.247	0.747	0.666	0.579
汉词回忆	0.497	−0.318	−0.366	0.493	0.416	0.249	0.740	0.680	0.617
图画回忆	0.640	−0.248	−0.384	0.593	0.291	0.229	0.725	0.562	0.558
图形再生	0.660	−0.443	−0.380	0.589	0.583	0.322	0.823	0.725	0.709
汉词再认	0.311	−0.248	−0.295	0.278	0.313	0.106*	0.541	0.547	0.438
图画再认	0.214	−0.235	−0.343	0.211	0.470	0.138	0.484	0.521	0.598
人面再认	0.512	−0.124*	−0.292	0.457	0.331	0.041*	0.628	0.380	0.332
汉词配对	0.637	−0.481	−0.387	0.585	0.445	0.132	0.889	0.803	0.751
图符配对	0.603	−0.595	−0.365	0.578	0.491	0.336	0.847	0.841	0.753
人一名配对	0.592	−0.519	−0.328	0.554	0.482	0.174	0.762	0.758	0.594
定向能力	0.594	−0.071*	−0.399	0.539	0.263	0.194	0.707	0.164	0.559
时事常识	0.750	−0.345	−0.011*	0.690	0.621	0.422	0.846	0.709	0.596
生活记忆	0.170*	−0.053	−0.157*	0.201	0.119*	0.224	0.289	0.137*	0.278
内隐记忆	0.581	−0.338	−0.211	0.504	0.268	0.045*	0.810	0.631	0.544
外显记忆	0.693	−0.586	−0.511	0.661	0.654	0.334	0.971	0.967	0.942
日常记忆	0.759	−0.329	−0.082	0.697	0.623	0.423	0.867	0.707	0.648
总记忆商	0.741	−0.590	−0.458	0.690	0.671	0.328			

注：$*P > 0.01$。

本书研究发现，不同年龄组的记忆成绩均与教育年限呈正相关，与上述推断相符。最后，各分测验成绩和指数分均与总记忆商呈正相关，说明各分测验和组合分都有较好的区分效度。

第五节　测验的偏差分析

测验的偏差（test item bias）分析与教育心理学研究的实践工作密切相关。Osterlind 将无偏差（unbiased）的测验定义为：该测验对于来源于同一人群且具有相同能力的受试通过该测验的可能性是一样的，而不受他们亚团体的背景差异的影响。也就是说，如果一个测验直接从效标行为中取样，或它测量本质的、必要的技能，那么它的效度有可能在不同团体中保持不变。测验项目偏差可以来源于测验外部或测验本身。外部的偏差（external bias）是测验的分数体现了与测验中的自变量相关的程度。对于整个测验而非分测验项目而言，考虑更多的是外部偏差，与外部偏差有关的问题是整个测验的结构效度和预期效度。这在测验的效度分析中会进行检验。本文所指的测验偏差分析是内部偏差（internal bias）分析，内部偏差主要涉及的是分测验本身的测量学成分，其目的是回答这样一个问题：已标准化的测验能否对取自同一人群的不同的亚团体表现出同样的方式，即该测验对不同的亚团体是否公平。进行测验偏差分析的统计学方法较多，本书中主要采用了单因素方差分析（one-way anova）和事后分析（post hoc）的方法。在比较各分测验对不同性别、不同教育程度受试是否公平时，以记忆总标划分为效标，比较各组不同性别、不同教育程度被试在各分测验中成绩有无差异，即有无偏差。此分析只用了成人样本。

一、性别偏差分析

我们以记忆总分标划分为效标分数，按 10 分为一个等级，将被试分为 7 个能力组：≤ 75 分为 1 组、75 ~ 85 分为 2 组、85 ~ 95 分为 3 组、95 ~ 105 分为 4 组、105 ~ 115 分为 5 组、115 ~ 125 分为 6 组、≥ 125 分为 7 组，比较每组男女在各分测验中成绩有无差异，如图 6.2 ~图 6.7 所示。第 1 组在人—名配对、图符延迟分测验中男女成绩差异有显著性，男性高于女性；第 2 组在人面再认分测验中男女成绩差异有显著性，男性高于女性；第 3

组在数字广度分测验中男女成绩差异有显著性，男性高于女性；第 4 组在自由组词分测验中男性成绩高于女性，词对延迟分测验中女性成绩高于男性，均有显著性差异；第 5 组在残图命名、词对延迟分测验中男性成绩高于女性，人面再认分测验女性成绩高于男性，有显著性差异。第 6 组在人名配对、记忆广度、词对延迟、时事常识分测验中男性成绩高于女性，有显著性差异。第 7 组在时事常识分测验中男性成绩高于女性，有显著性差异。总的看来，各组男性、女性在大多数分测验中成绩无显著性差异。

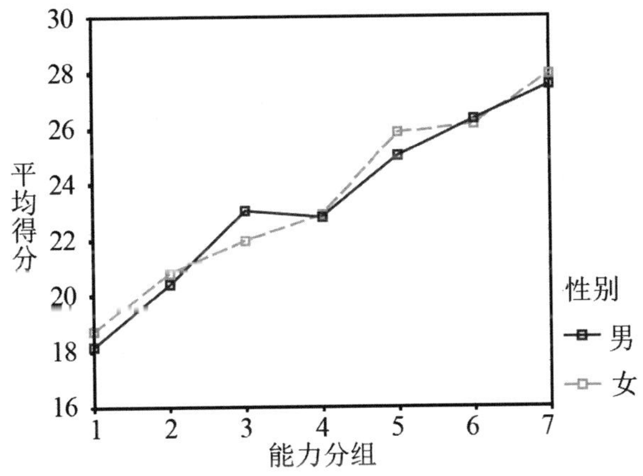

图 6.2　图画再认的性别偏差分析

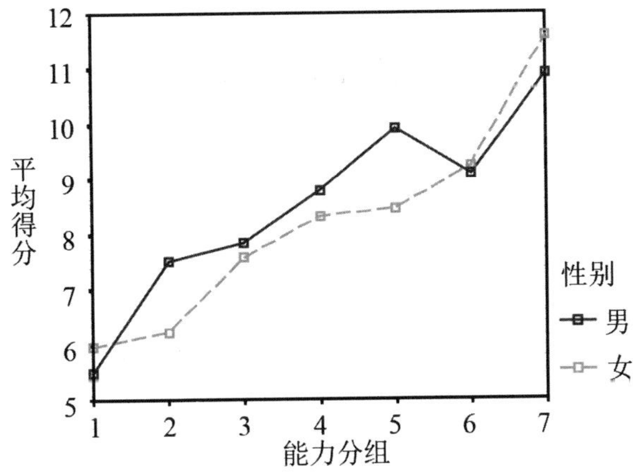

图 6.3　残图命名的性别偏差分析

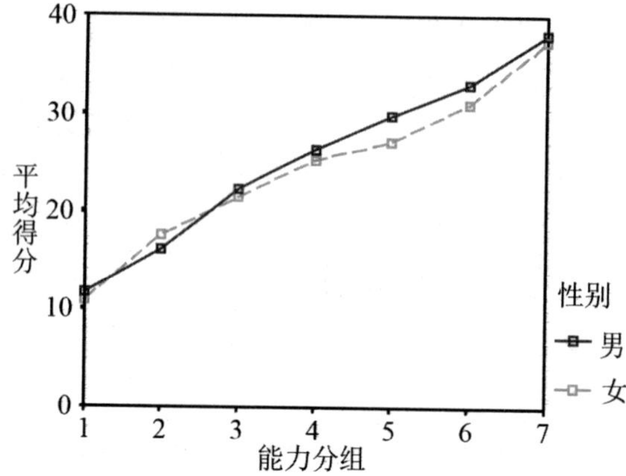

图 6.4　汉词配对的性别偏差分析

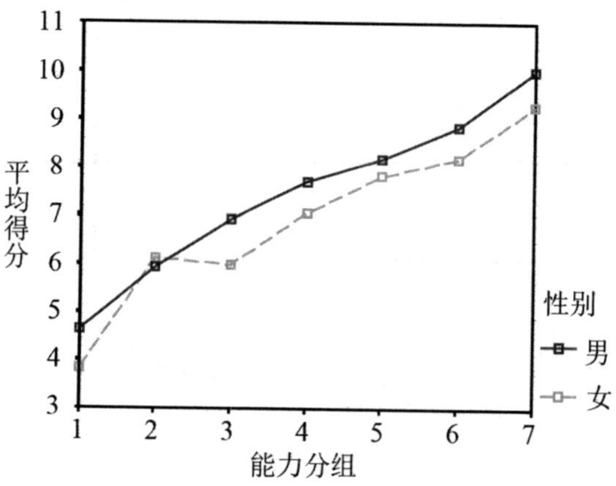

图 6.5　空间广度的性别偏差分析

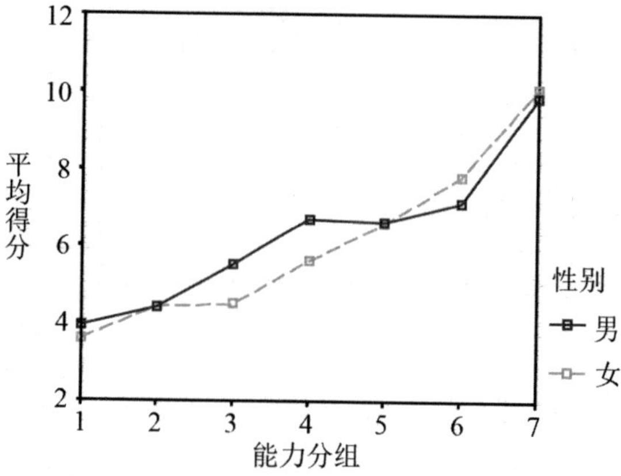

图 6.6　汉词回忆的性别偏差分析

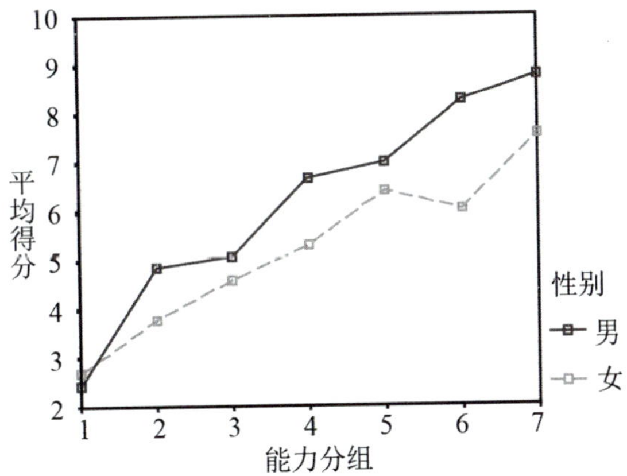

图 6.7　时事常识的性别偏差分析

二、教育偏差分析

将教育程度分为低教育组（≤9 年）和高教育组（>9 年），也按记忆总标化分将被试分成 7 个能力组，比较每组不同教育程度的被试在各

分测验中成绩有无差异，如图 6.8～图 6.13 所示。第 1 组中高、低文化两组被试各分测验成绩均无显著性差异；第 2 组中人面再认分测验高文化组成绩高于低文化组，差异有显著性，其余分测验成绩均无显著差异；第 3 组中高文化组在人一名配对、数字广度、图形再生、时事常识分测验中的成绩高于低文化组，差异有显著性，其余分测验成绩无显著差异；第 4 组中高文化组在空间广度、时事常识分测验中成绩高于低文化组，差异有显著性，其余分测验成绩无显著差异；第 5 组中高文化组在图画再认、数字广度、图形再生、时事常识分测验中成绩高于低文化组，其余分测验成绩无显著差异。第 6 组中高文化组在图画再认、数字广度、图形再生分测验中成绩高于低文化组，其余分测验成绩无显著差异。第 7 组中在自由组词分测验低文化组的成绩高于高文化组，汉词再认、图形再生分测验高文化组成绩高于低文化组，差异有显著性，其余分测验成绩在高、低文化组中无显著差异。总的来看，各组中高文化组和低文化组被试在大多数分测验中成绩无显著性差异。

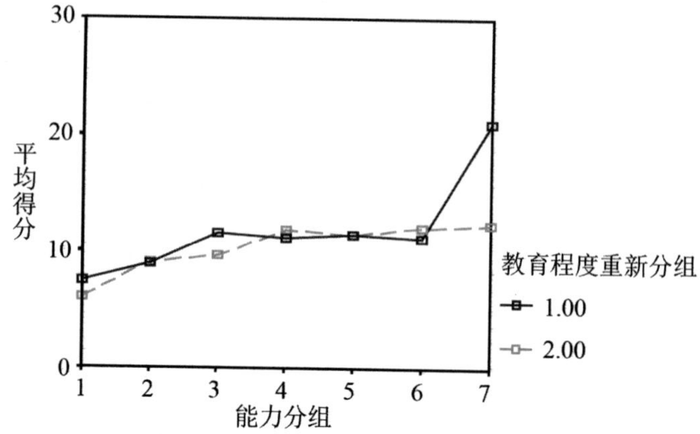

图 6.8　自由组词的教育偏差分析

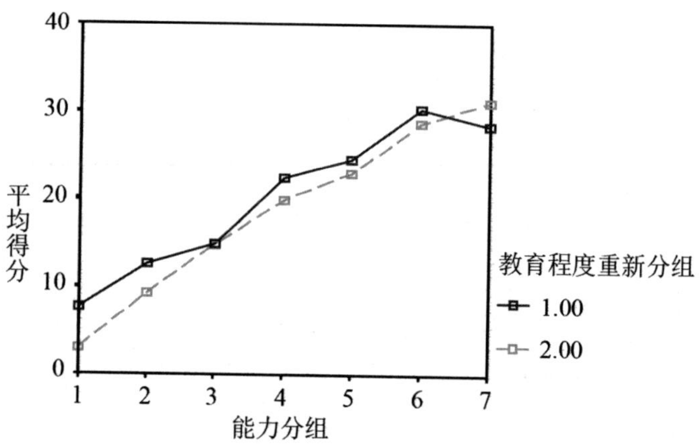

图 6.9　图符配对的教育偏差分析

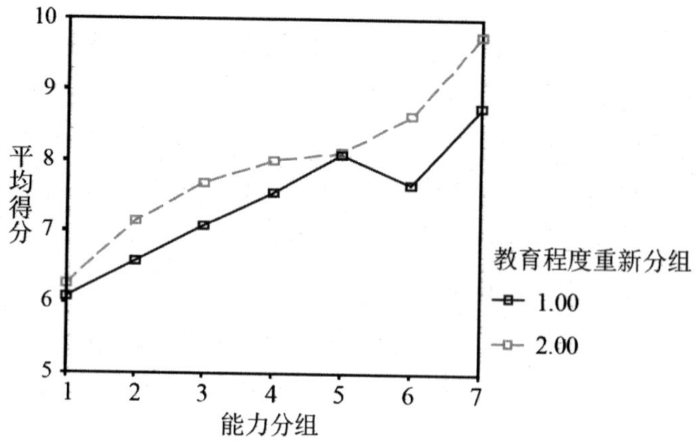

图 6.10　汉词广度的教育偏差分析

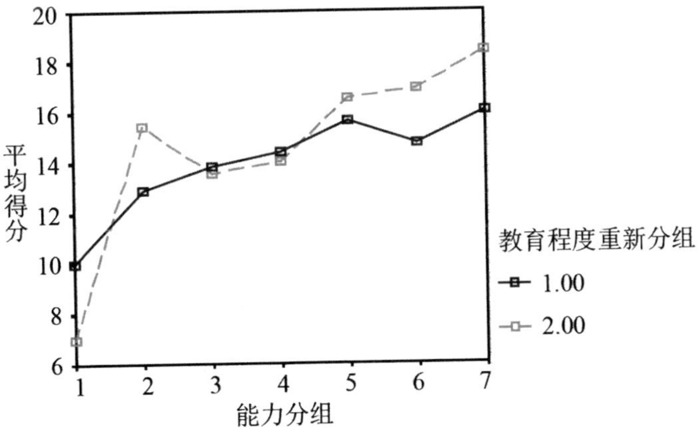

图 6.11　人面再认的教育偏差分析

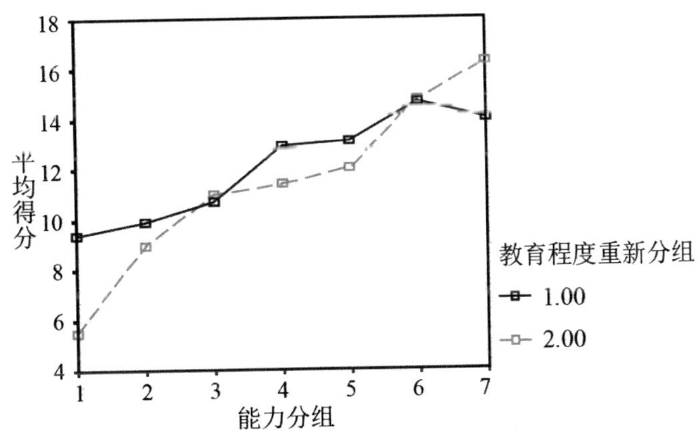

图 6.12　图画回忆的教育偏差分析

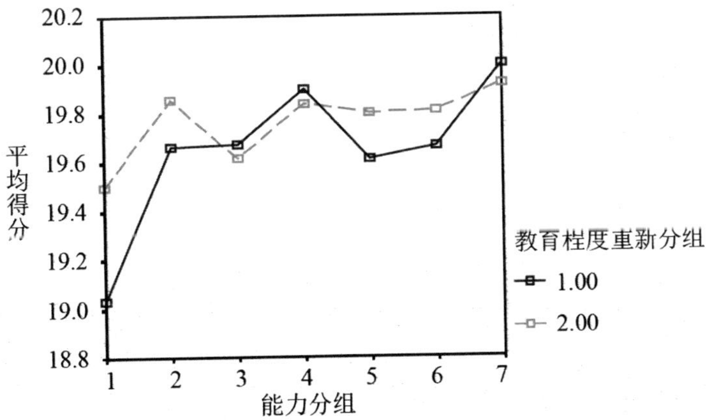

图 6.13　经历定向的教育偏差分析

魏孝琴等用 WMS-RC 在成人的记忆研究中则发现，女性记图和顺背数成绩高于男性，其余各项无差异。而顺背数更多的是机械记忆成分。Basso 等在研究 WMS-Ⅲ各分测验成绩性别差异结果显示：女性在词语配对学习成绩上明显优于男性，而在人面再认成绩上无显著差异。这些与本研究结果有不符合之处。因为 MMAS 的联想学习较 WMS-Ⅲ难度要大，更需要运用策略记忆而非机械记忆。

同样，每组不同教育程度的被试在大多数分测验中也没有表现出明显的差异，仅在明显受教育程度影响的分测验（时事常识）以及记忆策略可以明显提高记忆成绩的分测验（联想学习、记忆广度、视觉再生）中才表现出差异。总的来看，MMAS 的大多数分测验对不同性别、不同教育程度的被试是公平的。

第七章　MMAS 测试的一般考虑

本章讨论 MMAS 测试的一般问题，如测验的适用范围，实施的顺序，如何取得被试的合作，如何记录被试的反应，如何回答被试的提问等，建议在使用本测验之前，要仔细阅读本章，掌握测验的一般原则。

第一节　MMAS 的适用范围和主要用途

MMAS 是一套个别测验，用于评估个体的学习和记忆能力，适用年龄范围为 6 ～ 90 岁，最佳适用范围为 9 ～ 75 岁，因为测验材料、指导语对这个年龄阶段最合适。常模样本是懂汉语普通话汉族和其他少数民族的正常人，涵盖年龄范围为 6 ～ 90 岁，包括不同文化程度、不同职业的人群，城市人口占多数，也有部分农村人口，样本主要来源于湖南省的几个市、县，部分样本来源于广西的某些县、市。虽然样本不是全国性的，但地域不是影响记忆的主要变量，对影响记忆的主要变量（教育、职业、性别）做了适当的控制，样本具有一定的代表性，可以在全国使用，待取得一定的经验和财力允许时再制定全国常模。有些言语性的测验材料，对不懂汉语的少数民族一般是不适用的，除非主试懂得待测民族的语言，能把测验内容和指导语翻译成少数民族语言。对聋、盲或手残疾者不能按标准程序实施，但可以选择其中的一些分测验来预计被试的记忆功能。

MMAS 测查的内容比以往的记忆测验更广，包含了内隐记忆和日常记忆，可以为临床评估和研究提供更多的信息。作为临床评估工具，MMAS 提供测量不同记忆功能的分测验和多个指数分，能为临床专家提供多方面的信息，结合其他临床资料可对被试的记忆水平和记忆过程做出诊断、评价治疗效果和指导康复计划的制订，常见的用途如下。

（1）记忆损害的诊断和鉴别诊断。

（2）痴呆和退行性疾病的早期识别。

（3）记忆功能和记忆过程损害的定量与定性分析。

（4）了解正常人记忆功能的强点和弱点，了解脑损害病人哪些功能受到损害、哪些功能尚保存。

（5）评价通道特异性功能的变化情况，如听觉记忆与视觉记忆。

（6）评价治疗（药物治疗、手术治疗和认知康复训练）的有效性和效应的大小。

（7）监测疾病的发展和判断疾病的预后。

记忆是反映脑功能损害的敏感指标，MMAS 作为新的记忆量表还有许多研究要做，如不同疾病记忆损害的特点，不同部位脑损害影响哪些记忆功能等，这些信息能为 MMAS 的临床应用提供科学依据。下列一些领域有待于进一步研究。

（1）不同脑结构损害对记忆功能的影响，额叶损害、颞叶损害、皮层下损害、小脑损害等。

（2）不同疾病记忆损害的特点，如 Alzheimer 氏病、Parkinson 氏病、精神分裂症、慢性酒精中毒等。

（3）增龄性记忆功能和记忆过程的改变，内隐记忆、外显记忆和日常记忆的分离，再认和回忆的分离等。

（4）治疗对记忆的改善作用和不良影响，如药物治疗、电休克治疗、手术和定向破坏治疗等。

（5）环境改变、应激、疲劳，或睡眠对记忆的影响。

第二节　MMAS 测验工具

MMAS 所有测验材料和工具都装在一个测验箱内，在每次测验前都对照下列清单检查一遍，以免在测验过程中临时找不到东西。

（1）秒表 1 支（自备），圆珠笔和带橡皮的铅笔各 1 支。

（2）MMAS 测验记录纸 5 份供练习用，以后测试用的记录纸需要购买，0.6 元 / 份。

（3）测验题本 1：自由组词，包括 1 张例卡、30 张双字词卡、30 张词头卡。

（4）测验题本 2：残图命名，包括 1 张例卡、30 张残图卡。

（5）测验题本 3：包括数字广度和汉词广度（备选测验）卡各 2 张，词听觉再认学习卡 1 张，词听觉回忆学习卡 1 张，图形再生图卡 8 张，经历定向题卡 1 张，时事常识题卡 1 张，生活记忆（备选测验）题卡 1 张。

（6）测验题本 4：汉词配对测验例卡 2 张和词对学习卡 14 张，图符配对测验例卡 2 张、学习卡 12 张、回忆线索卡 48 张。

（7）测验题本 5：人—名配对（备选测验），包括例卡 2 张、学习卡 10 张、回忆线索卡 40 张。

（8）测验题本 6：图画回忆（备选测验）含 24 张彩色图画的学习卡。

（9）测验题本 7：图画再认学习卡和再认卡各 1 张，空间广度例卡 1 张和识记卡 9 张，人面再认学习卡和再认卡各 1 张。

（10）空间广度棋盘 1 个，动物棋子 18 个。

第三节　测验实施时间和标准程序

MMAS 包括基本测验和备选测验，在常模取样时，每个被试均完成全部测验，所需时间为 60 ～ 90 分钟。在临床使用中，只需完成基本测验，所需时间为 40 ～ 60 分钟。这是我们根据常模取样情况得出的估计时间，但被试之间的差异很大，这与被试的个性、反应速度及主试的熟练程度有关。在临床使用中，脑损害、强迫症、抑郁症、精神分裂症和多动症等病人所需的时间可能更长。联想学习测验的即时回忆与延迟回忆的间隔时间必须控制在 25 ～ 35 分钟，虽然我们在两者之间插入了一些分测验，但每个被试的反应速度和主试的熟练程度不一，所需时间长短也不一样，应注意控制间隔时间。

MMAS 是在标准情境下评估被试的学习和记忆功能，为了使测验发挥最大的效能和使结果更可信，就必须遵循测验实施的标准化程序、记分标准和标准化测验情境。要使获得的测验结果能按常模解释，就必须遵循测验的指导语。测验程序、记分标准和指导语的任何改变都会影响测验结果的有效性。遵循测验程序并不是以不自然的方式来实施测验，而是要创造一个自然、和谐、愉快的测验环境，提高被试对测验的兴趣，鼓励被试在测验中所做的努力，同被试建立和保持协调合作的关系。遵循测验程序和指导语，并不等于机械地照搬这些程序和指导语，目的在于使被试懂得他该做什么和如何做，而不带有任何提示或暗示。

MMAS 常模取样时是按记录纸上的顺序进行的，包括备选测验。在临床使用时只做基本测验，不做备选测验，但测验顺序不能改变，即①自由组词；

②图画再认；③残图命名；④汉词配对；⑤图符配对；⑥数字广度；⑦空间广度；⑧词听觉再认；⑨词听觉回忆；⑩图形再生；⑪经历定向；⑫时事常识；⑬词对和图符延迟回忆。在特殊情况下需要改变测验程序，结果解释时需要考虑程序改变对结果的可能影响，并在报告中予以说明。对年老、体弱和病重的被试，允许在分测验之间休息，在分测验的中途不能休息。

测验应在安静、温度和照明适当的房间里进行，桌子要便于主试和被试办公书写，能摆下测验所用的东西，桌椅的高度要适宜，使被试感到舒适。尽可能使分心和干扰降到最低限度，如挂掉电话，关掉手机，门上挂牌以示主试正在做测验，请勿打扰等。测验室里，除了主试和被试外，一般不允许第三者在场。如果年幼、病重者确实需要陪人在场，也应坐得离被试尽可能远些，除非主试需要他帮忙或询问有关问题，否则不宜插话或做其他干扰被试的活动。如果因教学需要，学生教学实习观看测验，要征求被试的同意，除观看外，不能有任何干扰活动。

主试和被试的座位安排有两种方式：一种是面对式：主试坐在桌子的一边，被试坐在桌子的对面；另一种是斜角式，主试坐在桌子的一边，被试坐在主试的左手边（非利手边）。不论采用哪种坐式，要便于主试观察被试的反应，又不能让被试看到记录单或其他不该看到的内容。

第四节　建立和保持协调合作的关系

在心理评估中，主试和被试间的关系是非常重要的，这种关系被称为协调合作关系（rapport），它是一种自然的、和谐的、相互信任的、合作性的关系，有助于提高被试的测验动机和测验兴趣，发挥最大的潜能。如何建立这种协调合作关系，在很大程度上取决于主试和被试的人格特征及过去人际交往的经历，很难给出具体的指导原则。像人际交往和心理治疗性关系一样，接受和非威胁的气氛有助于这种关系的发展，理解和鼓励能加深这种关系的发展，熟悉测验程序和指导语解说清楚能获得被试的信任，同时有更多的时间来观察被试的反应。

在 MMAS 的实施指导语中充分考虑到了这些因素，鼓励被试积极参与和发挥自己最大的潜能，要使被试知道没有一个人能在测验上得满分及每个人的记忆能力有差异。对那些过度焦虑的被试尤其要多加鼓励和解释，但要注意不要给任何提示和暗示。我们鼓励的是被试积极参与的行为和他在测验过程中所做的努力，绝不是对他回答内容的评价和鼓励，如“对”“你做得很好”“你的记忆力不错”等评价，在测验过程中是不适合的，但在测验结束时作这些评价是适当的。在测验过程中，被试感到疲劳和厌烦，在分测验之间可适当休息，让被试放松，但在分测验中途不能休息，要鼓励被试再坚持一会儿。

第五节　其他一些值得注意的问题

除上述提到的一些问题外，还有一些值得注意的问题，如示范、指导语和项目重复、被试提问的回答和测验结果记录等。

（1）示范。在 MMAS 中，许多分测验都要求示范，如自由组词、残图命名、记忆广度测验、联想学习测验等。示范的目的是帮助被试更好地理解指导语，懂得他该做什么和怎么做，所以手册中规定要示范的，一定要给予示范。

（2）重复。所有的分测验的指导语和示范项目都是可以重复的，但在测验开始以后不能再回过头来重复示范。要求识记的内容一般有时间限制，不能重复，除非手册中有特殊的规定。线索回忆和再认测验中提供的线索刺激是可以重复的，但这种重复是在没有呈现下一个项目之前，在下一个项目开始后不能回头重复。

（3）鼓励、回答与澄清。当被试对某个项目拒绝回答、没有认真考虑就说“记不得了”，或犹豫不决的时候，要鼓励被试再想一想，如果允许，可以重复一次问题。如果被试请求帮助或对自己的回答不能肯定，我们不能给予测验外的帮助或提示和暗示性回答，可以这样说“我想看看你自己做得怎么样”。如被试的回答含混不清或不完整，无法记分，要请被试多给点解释或再重复一遍。

（4）记录。对一般资料要记录完整，年龄要精确到天，如要随访，要记清通信地址和联系电话。对 0，1 记分的项目，回答正确可直接记分，错误回答要记录回答内容。自由回忆测验要顺序记录回答内容。在记录中可以用一些特殊符号，如 DK= 不知道，NR= 没有回答，Q= 提问或重复，Inc= 超时。

第八章　MMAS 内容、实施和记分

MMAS 包括外显记忆、内隐记忆和日常记忆三个方面的内容，其中外显记忆用记忆广度、自由回忆、再认和联想学习阿数方面共十二个分测验来测量，内隐记忆用自由组词（语义启动）和残图命名（知觉启动）来测量，日常记忆则通过定向能力、时事常识、生活记忆及记忆自我评价等内容来评定。目前国际上没有一个成套记忆测验包括内隐记忆和日常记忆，在成套记忆测验中包含这些内容，我们只是做一点尝试，包含内容不宜太多。本测验没有像某些记忆测验那样包括故事理解记忆，主要是考虑到故事理解记忆受文化程度影响较大，可能会低估低文化层次个体的记忆水平。外显记忆主要涉及听觉言语和视觉非言语材料，没有涉及触觉、嗅觉和味觉等记忆，其理由是一般人主要通过视觉和听觉获取信息，同时本测验主要用于评估一般人群的记忆水平，不打算用于聋、盲等特殊人群。

本测验除用总记忆商数评价总体记忆水平外，还将计算外显记忆、内隐记忆、日常记忆、听觉记忆、视觉记忆和延迟记忆等指数，以评价记忆各侧面的特点，或许能为临床诊断和科研提供更多的信息。各分测验的内容、测试方法和评分介绍如下。

第一节　自由组词

一、内容

内隐学习卡由 30 个比较简单的、未学过的人的基础组词率较低的双字词组成，除“多事”和“明月”两个词的基础组词率为 7%外，其余在 5%以下。反应卡由 30 个双字词的词头（单字）构成，这些字小学一年级学生基本认识。

二、方法

主试每次读一个双字词（每两秒一词），同时呈现词卡，要求被试尽快做“喜”“恶”判断，被试没有听清楚时可以重复，一般不作语义解释，依次读完 30 个词，此为学习阶段。测试阶段，主试每次读一个字（词头），并呈现字卡，要求被试听到该字后将想到的第一个词报告出来，尽可能快，10 秒没有反应读下一个字（用秒表计时），依次读完 30 个字。

三、指导语

学习阶段：注意！我现在要读一些词，每次读一个词，请你仔细听清楚，并告诉我你是否喜欢这个词，你只要说“喜欢”或“不喜欢”，不必说明理由，例如，我说“童话”，你告诉我“喜欢”还是“不喜欢”，懂了吗？（不懂再做解释）好，现在开始（呈现词卡）。

测试阶段：现在，我每次说一个字，你用这个字组一个两个字的词，只能是两个字的词，每个字可以组几个词，一定要把你想到的第一个词告诉我，要尽量快，5 秒内回答，不存在对错，主要是看你的反应速度，例如，我说“中”，你组一个词，要快，懂了吗？（不懂再做解释），好，现在开始（呈现字卡）。

四、评分

每组对一个词记 1 分（与学习卡中的词相同），最高分 30 分。

第二节　图画再认

一、内容

学习卡由 30 幅线条图组成，包括动物、水果、蔬菜、衣着、用具等类，随机印在一张 29 厘米 ×21 厘米的纸卡上，每行 6 个 ×5 行。再认卡也由 30 幅图画组成，其中 10 幅为目标图（与学习卡完全相同），10 幅相关图（名同图异），10 幅无关图（名图均异），卡大小和图画排列方法与学习卡相同。

二、方法

呈现学习卡后，让被试识记 90 秒，学习结束后先说明再认的要求，后呈现再认卡。要求被试逐一辨认，哪些是学过的，哪些是没有学过的。

三、指导语

学习阶段：这张卡片上有30幅图画，给你看90秒，你要把这些图画记住，过一会儿我要你在另一张卡片上把看过的图画找出来，懂了吗？好（不懂再做解释），现在开始（呈现学习卡）。

测试阶段：现在你要在这张卡片上把刚才看到过的东西找出来，这张卡片上也有30幅图画，有些跟刚才看过的完全相同，有些是相似或不同的图画，按顺序逐一辨认，如果完全相同，就说“是”或“看过”，如果没有看过或不一样，就说“不是”或“没看过”，对不能肯定的项目可以猜，猜错要倒扣分，懂了吗？好（不懂再作解释），开始（呈现再认卡）。

四、评分

对目标图正确肯定，对相关图和无关图正确否定，每个记1分。错误肯定和错误否定，每图倒扣0.5分。最高分30分。

第三节　残图命名

一、内容

由图画再认测验学习卡中的15幅图和再认卡中15幅图组成，对这30幅图进行残化，未看过这些图的人的正确命名率低于10%。这些原图在再认中均已看过，此处不给附加学习时间，只是用内隐测试法再做一做测试。

二、方法

主试每次呈现一幅残图，要求被试看到残图后将想到的第一个名称立即报告出来，尽可能快，10秒钟没有反应呈现下一幅残图（用秒表计时），依次呈现30幅残图。

三、指导语

现在给你看一些模糊不清的图，发挥你的想象力，想象它们是什么东西，把想到的第一个名称告诉我，尽可能快，5秒内回答，不存在对错，主要是看你的反应速度，你看这张图（呈现例图）像什么，赶快讲出名称，懂了吗？好（不懂再做解释），开始（呈现残图）。

四、评分

每正确命名一幅残图记 1 分，最高分 30 分。

第四节　汉词配对

一、内容

由 14 对本身没有内在联系的双字汉词组成，经 100 人预试，结果显示每个词对的联想值低于 5%。

二、方法

主试以每 3 秒一个词对（每词对 2 秒，间隔 1 秒）的速度读给被试听，依次读完 14 个词对。然后主试读每个词对的前一个词，要被试对出后一个词。若第一次没有全部记住，继续做第二次或第三次尝试。若第一次全部回答正确，免做第二次或第三次。

三、指导语

现在要读一些词对给你听，你要把它们记住。读完 14 个词对后，我再读每个词对的前一个词，你要说出词对的后一个词。例如，我先读“电灯—太阳”，过一会我再读“电灯”，你应该说什么？（如被试回答“太阳”），对，就是这样做，好，我们现在开始。（若被试不知道回答，或回答错误）你应该说“太阳”，懂了吗？好，我们现在开始。

回忆前强调“现在我读每个词对的前一个词，你说出词对的后一个词”。

第二试、第三试的指导语：刚才有些词未对出来或回答不正确，我们再来做一次。

四、评分

10 秒内每一正确回答记 1 分，第一试全部正确加 2 分，第二试全部正确加 1 分，最高分 44 分。

第五节　图符配对

一、内容

学习卡由12幅图符对组成，把每个图符对制成一张卡片（9厘米 ×13厘米），上方是符号（无意义的符号组成），下方是彩色实物图。符号与图画的固有联系值为0.00。测试卡只有符号，没有图画。

二、方法

学习阶段每次呈现一张学习卡，主试指着符号说图画的名称，每卡呈现3秒，依次呈现完12张学习卡，学习后立即测试。测试阶段，每次呈现一张符号卡，要被试说出与该符号对应的图画的名称。若第一次没有全部记住，继续做第二次、第三次尝试。

三、指导语

现在我给你看一些卡片，每张卡片上方为符号，下方为图画，它们是一对，你要把它们记住，过一会儿我只给你看符号，你要说出每个符号下方的图画的名字（举例），懂了吗？好，现在开始。

回忆前强调“现在给你看一些符号，你要说出每个符号下方的图画的名字”。

第二试、第三试的指导语：刚才有些图画名字未说出来或讲得不对，我们再来做一次。

四、评分

10秒内每一正确回答记1分，第一试全部正确加2分，第二试全部正确加1分，最高分38分。

第六节　人—名配对

一、内容

学习卡由 10 张人面画—姓名对组成，每卡上方为人面素描画，下方为姓名（并注有拼音），10 个人的姓为 12 生肖的近音字，同时又是常见的姓氏。名字均为双字名，且为较简单的常见字，本身没有特别意义，但不排除编制者潜意识的影响，使某些名字有某种意义。测试卡只有人面画，没有姓名和拼音。每卡大小为 9 厘米 ×13 厘米。

二、方法

学习阶段每次呈现一张学习卡，每卡 3 秒，对低文化阶层的被试可读出姓名，学习结束后立即测试。测试阶段每次呈现一张人面画，要被试说出该人的姓名。若第一次没有全部记住，继续做第二次、第三次尝试。

三、指导语

现在给你看一些卡片，每张卡片上方为人面像，下方为该人的姓名和拼音，你要把它们记住。过一会儿我只给你看人面像，你要说出该人的姓名（举例），懂了吗？好，现在开始。

回忆前强调“现在我给你看一些人面画，你要说出他们的姓名”。

第二试、第三试的指导语：刚才有些人面画没认出来或讲的姓名不正确，我们再来做一次。

四、评分

10 秒内每一完全正确回答记 1 分，若只说出姓或名记 0.5 分，第一试全部正确加 2 分，第二试全部正确加 1 分，最高分 32 分。

第七节　数字广度

一、内容

由顺背数和倒背数两部分构成，每部分均由 12 个数字串组成，最短的为 2 个数字，最长的为 13 个数字。

二、方法

主试以每秒一个数字的速度读数字串。读完后要求被试按呈现的顺序或相反的顺序说出数字串。若第一次失败，再重读一次原数字串，要被试再试，同一项目两次失败便停止该项任务。

三、指导语

顺背数：我将说一些数字，你仔细听，当我说完，你就照原样重复说一次，例如，我说“386”，你怎么说？（若被试回答正确）对，就是这样做，现在我们开始。（若被试不知怎样做，就告诉他，直到被试完全理解再正式开始）。（若第一次失败）我们再试一次。

倒背数：现在我再说一些数字，当我说完后，你要按相反的顺序说，即倒过来背，例如，我说“259”，你倒过来如何说？（若被试回答正确）对，就是这样做，现在我们开始。（其他情况如顺背数做同样处理）

四、评分

每一项目第一试通过记 1 分，第二试通过记 0.5 分，另加 1 位数得 1 分，最高分 26 分（若通过所有项目，可临时增加项目，分数相应增加）。

第八节　汉词广度

一、内容

由顺背词和倒背词两部分构成，顺背部分由 10 个汉词串组成，倒背部分由 9 个汉词串组成，顺背和倒背最短的均为 2 个汉词。所有汉词均为常见的双字汉词，小学一年级学生基本认识。

二、方法

主试以每秒一个词的速度读汉词，两词之间停顿 0.5 秒，读完后要求被试按呈现的顺序或相反的顺序说出汉词串。若第一次失败，再重读一次原汉词串，要被试再试，同一项目两次失败便停止该项任务。

二、指导语

顺背词：我将说一些词，所有的词都是你所熟悉的，你仔细听，当我说完，你就照原样重复说一次，例如，我说“公园—玩具”，你怎么说？（若被试回答正确）对，就是这样做，现在我们开始。（若被试不知道怎样做，就告诉他，直到被试完全理解再正式开始）（若第一次失败）我们再试一次。

倒背词：现在我再说一些词，当我说完后，你要按相反的顺序说，即倒过来背，例如，我说“学习—漂亮”，你倒过来如何说？（若被试回答正确）对，就是这样做，现在我们开始。（其他情况如顺背词做同样处理）

四、评分

每一项目第一试通过记 1 分，第二试通过记 0.5 分，另加一个词得 1 分，最高分 21 分。若通过所有项目，可临时增加项目，分数相应增加。

第九节　空间广度

一、内容

由 10 张识记卡（包括例卡），一个操作反应盘和 18 个贴有猫、鸡和青蛙彩图的棋子构成。识记卡为 28 厘米 ×20 厘米纸卡，上有 12 个不规则分布的圆，在一些圆内有按一定顺序和规则排列动物彩图，最少为 2 个，最多为 10 个。操作反应盘上仅有 12 个不规则分布的圆，布局同识记卡，圆内没有动物。

二、方法

主试每次呈现一张识记卡，要被试仔细观察动物排列的顺序和位置。每卡呈现 5 秒，随后拿掉识记卡，要求被试用动物棋子，在操作反应盘上，重现刚看过的顺序和布局。

三、指导语

现在我每次给你看一张卡（呈现例卡），这张卡上有 12 个圆，有些圆里有动物，你看第一个圆里是“鸡”，第二个圆里是“青蛙”，第三个圆里是“猫”，这些箭头表示顺序，每张只看 5 秒，然后，你要用这些动物棋子，按刚才看过的顺序和位置，把它们放到这些圆里，第一个圆应放什么动物，第二个圆应放什么动物……好，就这样做，注意顺序和位置，现在开始。

四、评分

每一项目第一试通过记 2 分（顺序和位置正确各记 1 分），第二试通过记 1 分（顺序和位置各记 0.5 分），但不重复记分，第一试通过就不做第二试。例题第一试通过，位置和顺序各记 1 分，第二试通过，位置和顺序各记 0.5 分。首先看位置是否正确，再考虑顺序记分，最高为 20 分。

第十节　汉词再认

一、内容

学习卡由 30 个常见的、简单的双字词组成，印在一张纸上，供主试用。再认卡也有 30 个双字词，其中 10 个为目标词（与学习时相同），10 个为相关词（同义词、近义词、近音词），10 个为无关词，印在记录单上，供主试用。

二、方法

学习阶段主试以 3 秒一个词的速度依次读完 30 个词。再认阶段主试每次读一个词，要被试判断该词是否为刚才听过的词，依次做完 30 个词。

三、指导语

现在我要读一些词给你听，每次读一个词，你要仔细听，并把它们记住。过一会儿我再读一些词，有些词是你刚才听过的，有些词是你没有听过的，注意听清楚，并告诉我是刚才听过的，还是没听过的，只要说“是”或“不是”，或说“听过”或“没听过”，就可以了。对不能肯定的项目可以猜，猜错要倒扣分，懂了吗？好，现在开始。

再读前强调“我现在读一些词给你听，有些……现在开始”。

四、评分

对目标词正确肯定，对相关词和无关词正确否定，每个记 1 分，猜错或错误判断，每个词倒扣 0.5 分，最高分 30 分。

第十一节　人面再认

一、内容

学习卡由 24 幅人面相片组成，每张相片均为免冠照，随机印在一张 29 厘米 ×21 厘米的纸卡上，每行 6 个 ×4 行。

再认卡由 28 幅人面相片组成，其中 12 幅为目标相片（与学习卡呈现的相片是同一个人、同一时期的相片），6 幅相关相片（同一个人不同时期的相片），10 幅无关相片（是与学习卡不同的人的相片），随机印在一张 29 厘米 ×21 厘米的纸卡上，每行 7 个 ×4 行。

二、方法

先呈现学习卡，然后让被试识记 90 秒，特别注意人的面部特征。学习结束后强调再认的要求，后呈现再认卡，要求被试逐一辨认，哪些是见过的，哪些是没有见过的。

三、指导语

这张卡片上有 24 人的相片，给你看一分半钟，你要记住每个人的面部特征，过一会儿我要你在另一张卡片上把看过的人找出来，有些人的服装和发式有改变，有些是同一个人不同时期的相片，只要是同一个人都要把他找出来。懂了吗？好，现在开始（呈现学习卡）。

现在你要在这张卡片上把刚才看到过的人找出来，这张卡片上有 28 人的相片，有些跟你刚才看到的是同一个人、同一时期的相片，或同一个人不同时期，有些是你刚才没有见过的相片，按顺序逐一辨认，只要是你刚才见过的人，可能是不同时期的相片，就说“是”或“看过”，否则，就说“不是”或“没看过”，对不能肯定的项目可以猜，猜错要倒扣分。懂了吗？好，开始（呈现再认卡）。

四、评分

对目标相片和相关相片正确肯定，对无关相片正确否定，每个记 1 分，错误肯定和错误否定，每个倒扣 0.5 分，最高分为 28 分。

第十二节　汉词回忆

一、内容

由 24 个双字汉词组成，包含 8 类，每类 3 个，印在一张纸卡上，供主试用。多数词小学一年级学生能认识。

二、方法

主试以每 3 秒一个词的速度，读完 24 个词，立即要求被试回忆，记录回忆出的词和顺序。

三、指导语

现在我要读一些词给你听，每次读一个词。你要仔细听，并把它们记住，过一会儿要你回忆这些词，懂了吗？好，现在开始。

你现在开始回忆刚才听过的词，请稍慢一点，以便我记录。

（如被试问是否要按顺序，可说“你觉得怎样方便就怎样讲”）

四、评分

每一正确回忆记 1 分，错误回忆及外加的词不倒扣分，最高分为 24 分。

第十三节　图画回忆

一、内容

取自幼儿看图识字中的实物图片，共 24 幅，包含 6 类，每类 3 ～ 5 个，每幅图画制成一张卡片，大小为 9 厘米 ×13 厘米。所有图画均为常见的实物，预试结果显示图画命名的一致率在 95% 以上，小学一年级学生命名没有困难。

二、方法

主试每次呈现一张卡片，让被试识记 3 秒，依次呈现完 24 张卡片。然后要求被试回忆，记录回忆出的图画和顺序。

三、指导语

现在我给你看一些卡片，卡片上的东西是你所熟悉的，你要仔细看，并把它们记住，过一会儿要你回忆这些东西，懂了吗？好，现在开始（呈现图卡）。

你现在开始回忆刚才看过的图片，请稍慢一点，以便我记录。

（如被试问是否要按顺序，可说“你觉得怎样方便就怎样讲”）

四、评分

每一正确回忆记 1 分，错误回忆及外加的不倒扣分，最高分为 24 分。

第十四节　图形再生

一、内容

共 8 张图，分别为规则的简单或复合的几何图形，依预试验的结果由易到难排列。

二、方法

主试每次呈现一张卡片，让被试看 5 秒，然后要求他（她）默画出图形。画完后再呈现下一张卡片，以此类推。

三、指导语

我给你看一张图，看 5 秒，然后我拿开，要你默画出来。懂了吗？现在开始看（呈现图卡）。

四、评分

每个图形有 4 个记分要素，每个要素记 1 分。注：* 的要素包含两个成分，可分记 0.5 分，最高分为 32 分。各图的记分要素如下：

（1）两个圆 *，大小不同，左大右小，两圆相交。

（2）大小正方形 *，左大右小，大正方形右上角有一小方形，小正方形左下角有小方形。

（3）三角形和长方形 *，左三角形右长方形，方形中有四条竖线，竖线的间距从左到右渐小。

（4）平行四边形被对角线分成两个三角形，平行四边形和对角线方向正确，有小三角形和圆形*，左上三角形右下圆形*。

（5）菱形被对角线分成四个三角形，右上小圆左下十字*，右下方有小三角形，菱形左右径长。

（6）左“山”右框*，开口方向正确*，“山”字左高右低、两边宽中间窄，框中竖和箭头的位置与方向。

（7）左方右长*，大正方形被分成四个小正方形并有点、线，点线数目、位置、方向正确*，长方形左下角正方形竖线偏右。

（8）大长方形与正下方小圆相切，长方形中有两个三角形和三竖*，左下菱形右上梯形*，长方形中竖线和三角形位置、方向、比例正确。

第十五节　延迟回忆

一、内容

前面的三个联想学习分测验（汉字配对、图符配对和人—名配对），在此处再做一次延迟回忆。

二、方法

对前面三个联想学习分测验，在不做再学习的情况下，再做一次线索回忆，做法同前。

三、指导语

汉字配对：前面我们学习了一对一对的词，每次我念前一个词，你说后一个词，还记得吗？我们现在再来做一次。

图符配对：现在，给你看一些符号，这些符号以前看过，你同样要说出符号对应的图画的名称。

人—名配对：现在，再来看这些人面画像，看你是否还记得他们的姓名。

四、评分

记分方法同前，每一正确回忆记1分，人—名配对若只说出姓或名记0.5分，最高分分别为 14 分、12 分、10 分。

第十六节　日常记忆评定

一、内容

包括经历定向、时事常识、生活记忆（备选测验）和自我评价四个方面的内容，每一方面有 10 个条目，其中前三个内容构成日常记忆，记忆自我评价仅供结果分析和临床诊断时参考。

二、方法

由主试逐条询问被试，根据回答进行等级评分，有条目需询问知情人进一步证实，对不同对象要注意提问的方式。

三、指导语

定向和常识部分：我现在问你一些问题，有些问题很简单，马上能回答，有些问题难些，你考虑清楚再告诉我。懂了吗？好，现在开始（依次提问）。

生活记忆和自我评价：现在我要问一些日常生活中的小事和你自己对记忆能力的估计，请你根据自己的实际情况如实地告诉我，好吗？现在开始。

四、评分

三个分测验的记分方式不同，经历定向为 0、1、2 三级记分，时事常识为 0、1 记分，生活记忆为 0、1、2、3 四级记分，每个项目的具体记分标准如下。

（一）经历定向

（1）请告诉我你的姓名。完整姓和名记 2 分，知道名或姓记 1 分，不知道或回答错误记 0 分。

（2）你今年多少岁了？精确到月记 2 分，大约岁数记 1 分，不知道或相差 1 岁以上记 0 分。

（3）你的生日是几月几日？月、日正确各记 1 分，不知道或回答错误记 0 分。

（4）现在是公元多少年？今天是几月几日？年、月、日正确各记 1 分，相差 2 天以内算正确，小的儿童可以用星期几代替年，不知道或回答错误记 0 分。

（5）你家在什么地方？街道、门号（村、组）正确记 1 分，市县（乡镇）正确记 1 分。

（6）根据不同对象问单位（城市成人）、学校（学生）或行政村（农村成人）的名称：正确回答记 2 分，不知道或回答错误记 0 分。

（7）重要人物年龄（根据不同对象问父母、爱人或子女中两个人的年龄），每个正确回答记 1 分，相差 1 岁算正确，不知道或回答错误记 0 分。

（8）重要人物的姓名（同上），每一个正确回答记 1 分。不知道或回答错误记 0 分。

（9）三个朋友姓名（问童年的朋友，小的儿童可问幼儿园同学），讲出三个记 2 分，二个以下记 1 分，一个都讲不出来记 0 分。

（10）问两个节日 [中秋节、国际劳动节（儿童问儿童节）]，每一个正确回答记 1 分，不知道或回答错误记 0 分。

（二）时事常识

每一个正确回答记 1 分，具体内容和标准答案如下。

（1）现在国家主席或总理是谁？（以人民代表大会选举结果和在任为准）

（2）我国有多少个民族？（56 个民族）

（3）美国总统是谁？（以大选结果和在任为准）

（4）意大利的首都在哪里或我国的首都在哪里？（罗马或北京）

（5）抗日战争是哪一年爆发的？（1937 年）

（6）中华人民共和国是哪一年建立的？（1949 年）

（7）《西游记》的作者是谁？（吴承恩）

（8）黄山在哪个省？（安徽省）

（9）李白是什么人？（唐代诗人）

（10）香港是哪一年回归祖国的？（1997 年）

（三）生活记忆

根据近一个月的情况，以严重程度采用四级评分，每个项目的具体评分如下。

（1）丢失东西：0 —总是这样，1—经常这样，2—偶尔这样，3—没有。

（2）找不到自己所放的东西：0—总是这样，1—经常这样，2—偶尔这样，3—没有。

（3）忘记要做或计划做的事：0—总是这样，1—经常这样，2—偶尔这样，3—没有。

（4）讲话啰唆、重复：0—总是这样，1—经常这样，2—偶尔这样，3—没有。

（5）回忆不起当天或前两天所做的事：0—总是这样，1—经常这样，2—偶尔这样，3—没有。

（6）重复做同样的事：0—总是这样，1—经常这样，2—偶尔这样，3—没有。

（7）张冠李戴、认错人：0—总是这样，1—经常这样，2—偶尔这样，3—没有。

（8）出门迷路：0—出院或村迷路，1—出区或乡迷路，2—偶尔夜间迷路，3—没有。

（9）忘记自家或办公室的电话：0—总是这样，1—经常这样，2—偶尔这样，3—没有。

（10）接受新知识：0—不能接受新知识，1—接受新知识很困难，2—有点困难、易忘，3—没有困难。

（四）自我评价

只做描述性记录，供结果分析时参考，不做等级评分。

第九章　测验结果的统计和分析

在做完测验后，需要对结果进行总结和分析，把被试的反应转换为有意义的和可比较的量数，如标准分、指数分或百分位等，以供给临床心理学家解释和书写报告用。另外，还要对被试在测验过程中的行为反应做客观的描述，如被试的测验动机，在测验过程中是否存在焦虑，测验的目的是什么，被试是否存在伪装，被试在测验过程中是否有过度疲劳现象等。做完这些工作，测验技术员才算真正完成了一项测验。

第一节　检查和完善记录表

在做完测验后，首先要检查一般项目填写是否完全，一般项目包括被试姓名、性别、出生日期（年月日）、受教育年限、毕业学校、从事的职业、家庭或婚姻状况、躯体健康状况、个人的不良嗜好，测验者签名、测验日期，申请者、申请做评估的理由等。然后要核查测验项目的评分是否正确，测验项目是否有遗漏，经历定向和生活记忆内容还要同知情人核实。最后要客观描述被试在测验过程中的行为表现，如合作程度、测验动机、测验焦虑、疲劳与分心、反应的快慢、被试的自信心及其他一些特殊表现。

第二节　计算被试的年龄

在获得被试各分测验的比率或量表分、指数分或记忆商时，必须根据被试的年龄来查表，所以要准确计算被试的实足年龄。在记录表里已按上下关系列出了测验日期、出生日期和实足年龄三行，被试只要将测验日期减去出生日期，就可得到实足年龄（见表 9.1）。在做这些计算时，我们假定每年为 12 个月，每个月为 30 天，计算结果不能取近似值，如 16 岁 10 个月 26 天，不能近似等于 16 岁 11 个月，更不能近似等于 17 岁。

表 9.1　被试实足年龄计算举例

测验日期	2002（2001）年	7（18）月	4（34）日
出生日期	1958 年	11 月	9 日
实足年龄	43 岁	7 月	25 天

第三节　获得量表分（或比率分）和指数分

分测验的粗分（原始分）就是被试在分测验各条目上的实际得分之和。有些分测验有免做项目，如数字广度和空间广度，要注意加上相应的分数。有些分测验的粗分是由几部分组成的，如汉词配对和图符配对的粗分是前三次尝试得分的和，空间广度粗分由顺序分和位置分组成。算出各分测验的粗分，把他们过渡到总结表的分测验粗分栏，再按年龄查相应的分测验粗分等值 Z 转换表（或比率转换表），就可获得各分测验的量表分或比率分，把他们写到总结表中。具体查法是先找到与被试年龄对应的分测验粗分等值转换表，再在表的顶部找到分测验的名称，向下查到相应粗分，该粗分相对的最右侧或最左侧栏的数值就是该分测验的量表分或比率分。如果被试习惯量表分，只查分测验粗分等值 Z 转换表就可以了。如某男，43 岁，测验结果见表 9.2。

表 9.2　分测验量表分和基本指数分总结

基本测验	粗分	年龄等值标化分								
		内隐	联想	广度	再认	回忆	日常	延迟	外显	总记忆
自由组词	15	12								12
残图命名	9	11								11
汉词配对	20		8						8	8
图符配对	15		9						9	9
数字广度	13			10					10	10
空间广度	6			8					8	8

续表

基本测验	粗分	年龄等值标化分								
		内隐	联想	广度	再认	回忆	日常	延迟	外显	总记忆
汉词再认	20				12				12	12
图画再认	27				13				13	13
汉词回忆	4					8			8	8
图形再生	17					7			7	7
经历定向	20						11			11
时事常识	10						15			15
词对延识	7							9	9	9
图符延迟	6							8	8	8
分数合计		23	17	18	25	15	26	17	92	141
指数分		109	91	93	116	85	123	91	94	100
可信区间		100 ~ 118	86 ~ 96	87 ~ 99	107 ~ 125	76 ~ 94	115 ~ 131	84 ~ 98	90 ~ 98	96 ~ 104
百分位		72.6	27.4	31.9	83.4	84.1	93.7	27.4	34.4	50.0

MMAS 设有 9 个基本指数（index scores），即总记忆商、外显记忆、内隐记忆、日常记忆、记忆广度、自由回忆、再认记忆、联想学习和延迟记忆。指数量表分或比率分由它包含的分测验的量表分或比率分相加而得，外显记忆由记忆广度、自由回忆、再认记忆、联想学习和延迟记忆等 5 个二级指数的量表分或比率分相加，总记忆是 7 个二级指数的量表分或比率分之和。根据量表分或比率分查相应的基本指数和附加指数等值转换表，就可获得指数分。表 9.2 给出了各基本指数分。

第四节　估计各指数分的可信区间和百分位

像 WMS-Ⅲ一样，MMAS 把测验结果转换为九个指数分，如总记忆商、外显记忆、内隐记忆和日常记忆等，但必须明确这些指数都是从不同侧面对个体记忆水平所做的抽样估计值，既然是抽样估计，就会存在误差。如果对同一个体用不同的记忆量表去测试，所得的结果可能不一样，这是由于不同量表所包含的内容不同，测量的能力也不完全相同，这种抽样误差通过复本相关系数或其他信度系数估计。即使同一记忆测验在不同时间对同一被试测验，所得的结果也不一定相同，即存在时间相关的误差，这种误差可用重测相关系数来估计。另外，测验情境和个体自身的变量也影响智测结果。所以我们在报告各指数分时，不能只报告这些指数的绝对值，而应给出 95％或 90％的可信区间、等级水平和在人群中的相应百分位。

各指数的 95％可信区间为被试的实际得分加 1.96 个标准测量误，90％的可信区间为被试的实际得分加 1.65 个标准测量误。标准测量误可以根据信度系数或稳定系数计算，但手册上已给出了各指数分的标准测量误，在实际应用时可查表获得。目前在所有计算标准测量误的方法中，都只考虑一种误差，没有同时考虑项目抽样误差和时间误差，我们也没有想出更好的方法，所以手册中所列的标准测量也只考虑到一种误差。可信区间的估计还有另外两种方法：预计标准误法和预计真分法，表 D 和表 E 中可信区间是预计标准误法的估计结果。

测验分数在人群的百分位的估计有两种方法。一种方法是根据正态分布原理来推算，先算出 Z 分 =（被试得分 － 常模均数）÷ 标准差，再查百分位表（附表 I）。如被试得分高于常模均数 1.0 个标准差，他的百分位为 84.13％ ile，若被试得分高于常模均数 2.08 个标准差，他的百分位为 98.12％ ile。这种估计方法与实际情况可能有出入，因为许多测验分数在人群中并不呈正态分布。另一种方法是测验编制者根据常模资料计算出每个分数的实际百分位，有些测验手册中给出了各指数的百分位常模，使用者只要查表就可以获得被试测验分数的相应百分位。这种估计方法也有问题，第一，它要求常模对全国人口有代表性，事实上现在的测验都是由某个单位或某个公司编制的，由于人力和财力的缘故，不可能做到随机抽样，故常模样本的代表性都不够强。

第二，要求测验指标对个体的记忆水平有较高的鉴别性，目前的分数转换方法所获得的量值，两端的量值的鉴别能力不强。第三，目前测验常模都是取的正常人，没有包括有明显记忆损害的病人，很难获得记忆损害病人的百分位。

第五节　画出记忆能力剖析图

在获得各分测验的量表分（或比率分）和各基本指数分后，就可以画出被试的记忆能力剖析图，更直观地反映被试记忆能力的强点和弱点，如图 9.1 所示，同样可作基本指数和附加指数的剖析图。

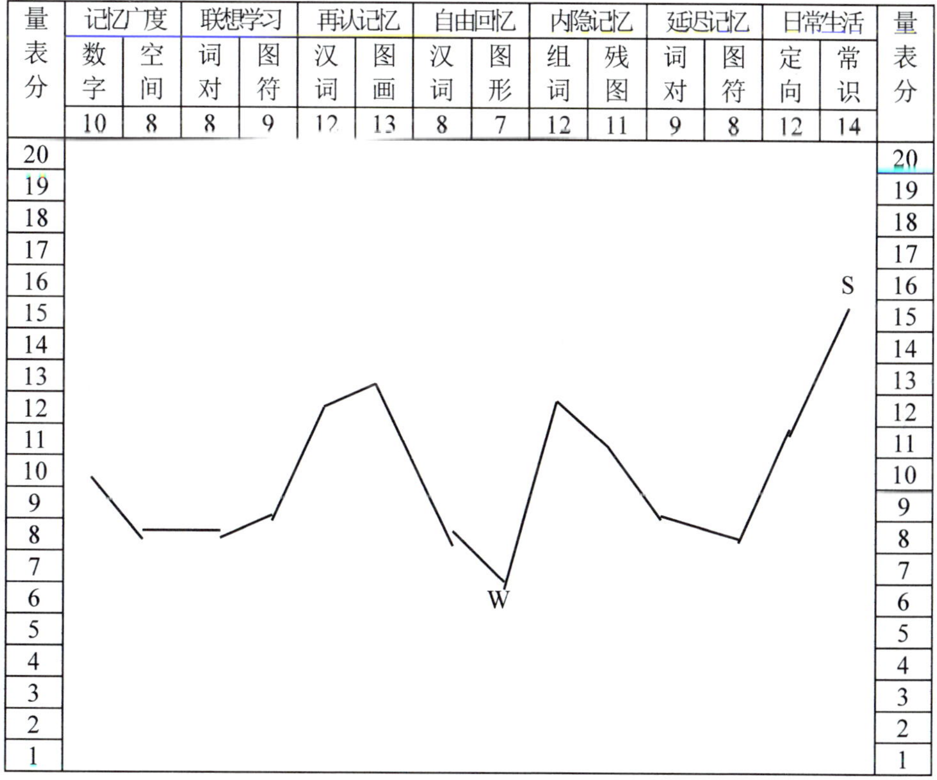

图 9.1　MMAS 测试结果的剖析

第六节　离散或差异分析

MMAS 有多个分测验和多个指数，分别反映了记忆功能的不同侧面，被试在每个分测验和每个指数上得分不会完全一致。正常人分测验间的成绩偏离不会太大，但脑损害病人由于某些记忆功能损害，而另一些记忆功能相对保持，分测验成绩或各指数间会出现大的分离，所以分析被试成绩的差异或离散程度，对被试记忆特点和临床诊断是有意义的。离散分析是考查被试不同记忆功能的整体平衡性，差异分析是考察分测验间或记忆指数间的相互差异。

一、离散分析

分测验离散分析是根据被试分测验的比率分或量表分，先算出分测验的平均比率分或平均量表分（M），再求出各分测验成绩（X_i）与平均值差异的绝对值之和（$\sum|X_i-M|$），最后除以分测验的总分（$\sum X_i$），该离散指数的计算公式为：

$$SI = 100\sum_{i=1}^{n}|X_i - M| \div \sum_{i=1}^{n} X_i$$

式中，Xi 为被试分测验量表分，M 为被试的平均量表分，100 为加权系数使小数变成整数。上例中，SI=100×27.14÷141=19.25，查表 F.4 得其百分位为 52% ile，即在正常人群中有 52%的人离散程度比他大，48%的人离散程度比他小。

二、指数分的差异分析

指数分的差异分析有三种方法：简单差异法、预测差异法和实际差异法。实际使用中可查表获得，现以自由回忆与再认记忆的差异分析为例，介绍三种方法的使用情况。

（一）简单差异法

（1）求出回忆指数分与再认指数分的差异分的绝对值。

（2）按年龄在表 G.1 ～表 G.3 找到相应的基本指数差异显著性。

（3）在表中找到与 P=0.1 或 P=0.05 对应的差异值，若被试的实际差异分大于此值，则认为差异有显著性。如上例中，被试的再认指数分 =116，回忆指数分 =85，差异分 = 再认指数分 − 回忆指数分 =31，查表 G.2 得知：当 P=0.1 时，差异值为 16.3；当 P=0.05 时，差异值为 19.3，说明被试的差异有统计学意义。

（二）预测差异法

（1）求出回忆指数分与再认指数分的差异的绝对值。

（2）计算 P 值为 0.1 或 0.05 水平时，各基本指数的预计差异分。

（3）比较实际差异分和预测差异分，若实际差异分大于预测差异分，差异就有显著性。

（三）实际差异法

（1）求出回忆指数分与再认指数的差异的绝对值。

（2）按年龄在表 H.1 ~ 表 H.2 中查到此差异分在常模样本中的发生概率（P 值），若 P 值小于 0.1 或 0.05，表明差异有显著性。如上例被试再认与回忆的差异分为 31 分，查表 H.1 得知被试的差异在正常人群中的发生概率为 3% ~ 4%，说明被试的差异有临床意义。

三、分测验间的差异

MMAS 有 20 个分测验，这些分测验分别测量了记忆的不同侧面。正常人进行分测验时会有高低之分，这反映了个体的记忆特点，病人因脑损害可能使分测验间的差异更大。因此，比较这些差异对诊断是有意义的。具体做法是先计算被试各分测验间的差异分，再从表 G.4 ~ 表 G.6 中查到 P=0.1 或 P=0.05时的差异值，若被试的实际差异分大于此差异值，则认为差异有显著性。此差异是否有临床意义，还要看此差异在正常人群中的发生概率，可查附表 H.3 ~ 表 H.5。如上例被试的数字广度 =10 分，空间广度 =8 分，差异分 =2，查表 G.5 得知 P=0.1 或 P=0.05 时的差异值分别为 2.3 和 2.8，说明被试的差异没有统计学意义，再查表 H.4 得知被试的差异在正常人群中的发生概率大于 20%，说明正常人群中有 20% 以上的人差异比他大，所以此差异也无临床意义。

四、分测验与平均量表分的差异

分测验与平均量表分的差异分析是了解被试记忆功能的强点和弱点，在康复和教育指导中是有意义的。具体做法是首先计算被试基本分测验的平均量表分或比率分，其次计算被试每个分测验与平均量表分或平均比率分的差异，最后查表 G.7 ~ 表 G.9 确定差异的显著水平和在正常人群中的发生概率。如上例被试的平均量表分为 10.07，在 P=0.1 水平时，空间广度（8）、汉词配对（8）、图形再生（7）和图符延迟（8）低于平均量表分，其差异在人群中分别小于 15%、20%、10%和 25%；图画再认（13）和时事常识（15）高于平均量表分，其差异在人群中分别小于 15%和 5%，该被试的弱点为图形再生，强点为时事常识。

第七节 计算有关附加指数

附加指数中有三个是反映记忆过程的指数，它们分别是提取指数、保持率和学习速率，这些指数都是根据有关分测验的粗分来计算的，先根据有关公式计算出这些指数，再查表 F.1 ~ 表 F.3 确定它们的百分位，按百分位做临床解释。如上例（表 9.2）结果，图画回忆粗分 =12，其三个指数的值分别为：

学习速率 =100 × [2X1 +（X3−X1）] ÷（26+X3）

=100 × [2 × 8+（15−8）] ÷（26+15）

=56.1

保持率 =100 ×（词对延迟 + 图符延迟）÷（词对 3 试 + 图符 3 试）

=100 ×（7+6）÷（8+7）

=86.67

提取指数 =100 × [1−（汉词再认 − 汉词回忆 + 图画再认 − 图画回忆）]/（汉词再认 + 图画再认）

=100 × [1-（12-8+13-7）÷（12+13）]

=33.3

查表 F.1 ~ 表 F.3 得知：学习速率的百分位为 29%，保持率的百分位为 57%，提取指数的百分位为 17%，说明该被试的提取能力相对差些，正常人群中有 83%的人比他好，有 17%的人比他差。

第十章　MMAS 结果解释与报告

测验结果解释就是专业人员用非专业人员可以理解的语言说明测验结果（分数）的意义，包括被试的记忆水平、记忆特点及这些特点的临床和教育学意义等。多数情况下，测验结果不是临床心理学家自己看的，目的是给临床医师、教育学家、司法部门、医保部门及被试家长和被试本人提供被试目前记忆状况方面的信息，他们多数不懂心理测验，所以必须用非专业的、通俗易懂的语言来解释和报告测验结果。虽然记忆测验能提供认知和神经心理方面的重要信息，但不能单方面地根据测验结果做解释，必须结合其他资料，如被试的社会文化背景、生长发育过程和心身健康状况、直接的行为观察和神经精神检查结果、既往的学习和工作能力以及其他心理测验结果等。目前心理测验结果分析有两种方法：手工分析和电脑分析，两种分析方法各有优缺点。MMAS 是一个新编的量表，尚未编制电脑分析程序，待在临床上应用一段时间后，取得更多效度资料和临床经验，再考虑编制电脑分析和解释软件，这里只介绍手工分析和解释的一般原则与方法。

第一节　记忆测验结果解释和报告的基础和主要内容

一、记忆测验结果解释和报告所需的基础知识

要分析和解释好记忆测验结果，常需要多方面的基础知识，一般测验技术员不负责结果解释。测验使用目的不同，所需的基础知识也不同，如用于医学目的，需要有疾病方面的知识、脑解剖和功能方面的知识。

（1）与记忆有关的知识。记忆概念、记忆理论、不同类型记忆的神经学基础、记忆发展规律、记忆的影响因素。

（2）与测验工具有关的知识。常模的贴切性、代表性和新近性（三“R”：

Relevance，Representatives，Recent），测验的信、效度，各种标准分的意义，各分测验所测量的能力。

（3）与测验目的有关的知识。教育学知识、医学知识、特别职业的知识。

（4）与测验对象有关的知识。记忆的年龄和性别差异，被试生活的社会文化背景，被试所接受的教育和从事的职业，被试心身健康状况。

二、记忆测验结果解释和报告的主要内容

测验结果报告不仅是总结，而且是临床心理学家技术水平和解释能力的综合体现，不仅要回答申请人提出的问题，而且要提出对病人记忆损害诊断和康复指导有价值的建议。临床心理学家通过解释和报告与申请人沟通，通过它实现心理测验的目的。因此，测验结果解释和报告是心理测验活动的重要环节。一般的测验报告和解释的内容包括以下几个方面。

（1）一般资料和病史资料。一般资料容易被忽略，但很重要，尤其是那些可能影响记忆水平的变量，如年龄、文化程度、职业等。病史资料和其他检查结果在测验结果解释中具有重要的参考价值，尤其对记忆损害性质的鉴别。因此，在解释测验结果之前要注意收集这方面的资料，以提高结果解释的可靠性和有效性。

（2）申请做测验的理由和目的。在申请人提出的理由中有时含有病人记忆问题的重要线索，如夜间出门迷路，经常丢失东西，做菜经常不放盐等，这些资料能与测验结果相互验证。申请做测验的目的，提醒我们在测验结果解释和写报告时应重点注意哪些内容，尽可能提供申请者所需要的信息。

（3）行为观察。行为观察资料是测验结果的重要补充，帮助分析和解释记忆测验成绩变化的可能原因，是记忆功能损害引起的，还是由其他认知功能损害引起的（如注意、智力）或非认知因素引起的（如情绪、动机或环境干扰）。行为观察内容包括很多方面，如仪表、对测验情境的适应性、合作程度、对测验的态度、言语表达能力、反应方式、情绪反应等，表 10.1 列出了一些重要行为内容供参考。

表 10.1　行为观察

	项目内容	观察结果
对主试的态度	1. 被试与主试相处如何（合作性、主动性）?	
	2. 被试是害羞、害怕、进攻，还是友好?	
	3. 被试是违抗、依从，或过于讨好?	
	4. 在测验过程中，被试对主试的态度有何变化?	
	5. 被试是否试探性地问主试一些问题?	
	6. 被试是否仔细观察主试的表情和态度?	
对测验情境的态度	7. 被试是放松自然，还是紧张不安?	
	8. 被试对测验感兴趣，还是无所谓?	
	9. 被试是积极参与测验，还是马马虎虎?	
	10. 被试把测验看作挑战，还是看作威胁?	
	11. 被试是否专心致志地做测验?	
	12. 被试是否经常需要重复指导语?	
	13. 被试在测验中被分心后，能否再次集中注意?	
	14. 被试是否尽了最大努力?	
	15. 被试是否经常需要主试鼓励?	
	16. 遇到难题是轻易放弃，还是坚持到底?	
	17. 在测验过程中，被试对测验的兴趣是否有变化?	
对己态度	18. 被试是沉着自信，还是灰心丧气?	
	19. 被试是否相信自己的记忆能力?	
	20. 被试是妄自菲薄、夸大成绩，还是客观对待成绩?	
作业习惯	21. 被试作业风格是快，还是慢?	
	22. 被试作答是深思熟虑，还是冲口而出?	
	23. 被试是否经常改变回答?	
	24. 被试是自言自语，还是想好就回答?	
测验反应	25. 哪一类任务会引起被试紧张、不安或脸红?	
	26. 哪一类型的任务使被试感到安逸或不舒服?	
	27. 被试是否更喜欢某些类型的任务?	
对失败的反应	28. 被试怎样对待失败?	
	29. 被试是辩解、找理由，还是承认失败?	
	30. 遇到难题反应如何?	
	31. 被试是否易被激怒、是否有攻击行为?	
	32. 被试对进一步的提问反应如何?	
奖励反应	33. 被试对奖励的反应如何?	
	34. 被试接受奖励的方式怎样?	
	35. 奖励能使被试更努力吗?	

续表

	项目内容	观察结果
语言表达	36. 被试表达的意思是否清楚？	
	37. 言语是否流利、发音是否清晰？	
	38. 回答是直截了当，还是兜圈子？	
	39. 会话是自由、自然，还是一问一答？	
	40. 会话是友好，还是想逃避测验情境？	
视觉运动	41. 被试的动作是否协调？	
	42. 被试是左利手，还是右利手？	
	43. 被试的反应是快，还是慢？	
	44. 被试是细心计划，还是用尝试错误法？	
	45. 被试动作是灵敏，还是笨拙？	
	46. 双侧运动是否精巧灵活？	

（4）采用的测验和测验结果。针对申请人的目的选择最合适的测验，一般选择最新的、常模代表性好的、与被试背景贴切的、信效度高的测验。测验结果一般要求报告分测验的量表分、因子或指数分和总记忆商，这些指标的可信区间和百分位次（见表 10.2），必要时附上它们的剖析图。

表 10.2　MMAS 测验结果总结

指数	记忆广度		联想学习		再认记忆		自由回忆		内隐记忆		延迟记忆		日常生活		外显记忆	总记忆商
分测验	数字	空间	词对	图符	汉词	图画	汉词	图形	组词	残图	词对	图符	定向	常识		
标准分	10	8	8	9	12	13	8	7	12	11	9	8	11	15	92	141
指数分	109		91		93		116		85		123		91		94	100
90% 区间	100 ~ 118		86 ~ 96		87 ~ 99		107 ~ 125		76 ~ 94		115 ~ 131		84 ~ 98		90 ~ 98	96 ~ 104
百分位	72.6		27.4		31.9		83.4		84.1		93.7		27.4		34.4	50.0

（5）结果分析与解释。结果分析与解释是测验报告的最重要部分，下面将进一步展开讨论。这一部分至少要回答这样一些问题，如被试总体记忆功能是否正常，若有损害，损害程度如何；被试记忆有什么特点，各种记忆功能是否平衡；哪些记忆功能和记忆过程受到损害，程度和性质如何；记忆损害与脑结构联系怎样；记忆损害能否康复，预后如何，等等。

（6）建议。根据评估结果，尽可能有针对性地回答申请人提出的问题，提出自己对诊断、治疗和预后的看法，并指出自己的预测和建议的可信度。

（7）总结或结论。总结或结论不要太长，只要一段关于测验发现和建议的综合表述，并在结尾签上自己的姓名，以示对此结论负责。

第二节 记忆水平的解释

一、记忆的总体水平

多数标准化记忆成套测验都提供一个总的记忆指标，在 WMS-R、WMS-RC 和 WMS-Ⅲ中称为总记忆商数或总记忆指数分，计算方法相同，都采用（均数 =100，标准差 =15）的正态转换。在三套韦氏记忆量表中，总记忆商所包含的分测验不同，WMS-RC 包含了所有的分测验（成人不含经历定向），WMS-R 不包括常识与定向和心理控制，WMS- Ⅲ的总记忆指数只包含几个延迟记忆分测验，作者认为这一指标更有生态学效度。总记忆商是个体记忆水平总体的、大概的估计，对临床工作的指导意义不大。

MMAS 有两个反映记忆总体功能的指数：外显记忆和总记忆商。外显记忆与 WMS-R 或 WMS-RC 的总记忆商数的意义类似，而 MMAS 的总记忆商则包含的内容更广，除传统的记忆分测验外，还包含了测量内隐记忆和日常记忆的分测验。尽管如此，首先 MMAS 的总记忆商还是个体记忆功能的抽样估计值，既然是抽样估计，就存在着误差。如某人用 MMAS 测得总记忆商为 110，若用 WMS-RC 测量其记忆商数可能为 115，这是由不同记忆量表所测量的能力不完全相同，这种抽样误差通过 MMAS 与 WMS-RC 相关系数或其他信度系数来估计。其次，即使同一记忆测验在不同时间对同一受试测量，所得的记忆商也不一定相同，存在时间有关的误差，这种误差可用重测相关系数来估计。最后，测验情境和个体自身的变量也影响记忆测验结果。所以我们在报告记忆的总体水平时，不能直接报告记忆指数的绝对值，而应给出 95%的可信区间，等级水平和在人群中的相应百分位级。在临床应用中，有些临床家倾向于报告 85%的可信区间。如某受试用 MMAS 测得的中记忆商为 115，95%的可信区间为 106 ～ 124，高于平常水平，在人群中的百分位级为 84% ile，即同龄人中有 84%的人比他低，有 16%的人比他高。

在解释记忆测验结果时，通常把记忆商数分成若干等级，这样便于非专业人员理解。划分等级的方法有两种：一种是按 1 个标准差划等；另一种是按 2/3 个标准差划等。MMAS 与以往的记忆测验有些不同，它的测验结果采用了两套分数转换系统：比率转换和 Z 转换。这两套系统和两种分等方法的划分情况、解释水平和各等级的理论百分率是相同的，列于表 10.3 和表 10.4，供解释时参考。

表 10.3　MMAS 记忆商和记忆指数的等级描述（2/3 标准差分等）

水平解释	指数分的范围		理论百分率（%）
	Z 转换系统	比率转换	
极超常	130+	130+	2.2
超常	120 ~ 129	120 ~ 129	6.7
高于平常	110 ~ 119	110 ~ 119	16.1
平常	90 ~ 109	90 ~ 109	50.0
低于平常	80 ~ 89	80 ~ 89	16.1
边界	70 ~ 79	70 ~ 79	6.7
记忆缺陷	69 以下	69 以下	2.2

表 10.4　MMAS 记忆商和记忆指数的等级描述（1 个标准差分等）

水平解释	指数分的范围		理论百分率（%）
	Z 转换	比率转换	
超常	130+	130+	2.2
高于平常	115 ~ 129	115 ~ 129	13.9
平常	85 ~ 104	85 ~ 104	67.8
低于平常	70 ~ 84	70 ~ 84	13.9
记忆缺陷	69 以下	69 以下	2.2

二、外显记忆、内隐记忆和日常记忆

现有研究表明，外显记忆、内隐记忆和日常记忆是三个不同记忆系统，那么不同脑结构损害对三个记忆系统的影响是不同的，可能会造成三者的分离。实验室的外显记忆与海马和内侧颞叶有密切的关系，这些结构和相关的皮质损害都可以造成外显记忆成绩下降。因为外显记忆测试涉及信息编码、转换、保存和提取等全过程，许多脑结构都参与了这些过程，故对脑损害较敏感。

日常记忆虽然也是外显记忆，但与实验室的外显记忆不同，日常记忆的信息是在日常生活中反复接触和使用的，形成的痕迹比较牢固，有些已经完全自动化了，除非脑损害使储存信息的神经网络完全破坏或提取的通路被阻断，日常记忆的成绩才会受到影响。不过脑损害病人接受新信息能力受到损害，病人对时事和常识的获得越来越少，对新环境记忆和适应能力越来越差，所以脑损害病人随着病程的延长，日常记忆的成绩也会下降。另外，本量表所测量的日常记忆与被试的文化程度、文化背景、生活方式、对时事和时间的关心程度有关，在分析时要考虑到这些因素。

内隐启动效应的问题更复杂，其一是测量方法问题，在第二章已做了讨论。内隐记忆包括启动效应、习惯化、条件反射和技能学习等形式，其中启动效应研究最多，测量方法也较成熟。本量表只包含了启动效应的测量，编制了两个分测验，自由组词（word stem completion）测量语义启动效应，残图命名（degraded picture naming）测量知觉启动效应，启动效应是经启动程序激活脑内已有的信息，使其作业水平提高，提取是无意识的，所以启动效应测量的主要是长时记忆。其二是内隐启动效应涉及的脑结构问题，内隐记忆与外显记忆涉及的脑结构不同，有文献报道启动效应与新皮质有关，与海马和内侧颞叶没有必然的联系，所以海马或内侧颞叶损害所致的遗忘症病人，尽管外显记忆明显受损，但内隐记忆保持完整。既然启动效应与新皮质有关，那么痴呆或弥漫性脑损害病人的内隐记忆应该受到损害，但这方面的研究不多，尚未得出一致的结论。提取困难似乎不影响内隐记忆的成绩，如果脑损害影响到储存信息的神经网络，使原来获得的信息丧失，启动自然不会有任何效应。

三、其他基本记忆指数

（一）记忆广度

在 MMAS 中有三个测量记忆广度的分测验，它们分别为数字广度、汉词广度和空间广度，在计算记忆广度指数时只用了数字广度和空间广度两个分测验。MMAS 的记忆广度指数与 WMS-Ⅲ的工作记忆指数相似，但所用分测验不同，在 WMS-Ⅲ中用的是数字 - 字母顺序化和空间广度，不过 WAIS-Ⅲ的工作记忆包含数字广度。工作记忆是在保持信息的同时、尚需对信息进行运作（双重任务）的容量有限的记忆系统。工作记忆是处于激活状态的、可运作的记忆，有短时工作记忆和长时工作记忆之分。在短时记忆转换成长时记忆之前或从长时记忆系统提取信息，都必须经工作记忆系统转介。

Baddeley 提出，工作记忆包含下述三个成分：①视空间模板（visuospatial sketchpad），负责处理视觉形象信息；②语音回路（phonological loop），负责处理听觉语言信息；③中央执行系统（central executive），负责调配心理资源，这三个成分由不同脑区分管。由于工作记忆涉及广泛的脑结构，故记忆广度对脑损害较敏感，与多种认知功能有关。老年痴呆的早期就存在记忆广度损害，精神分裂症和抑郁症病人也有工作记忆损害。内侧颞叶和海马损害所致的遗忘症的典型记忆改变是短时转化长时记忆困难，记忆广度的损害可能不明显。

（二）联想学习

联想学习不是一个单纯的记忆测验，包含广泛的认知功能，对被试接受新信息的能力有很好的预测作用，我们在学习障碍儿童的记忆研究中发现，汉词配对和图符配对两个测验对学习能力有较好的预测作用，并能鉴别学习障碍儿童和正常学习儿童。在韦氏记忆量表中一直把词对联想学习作为一个分测验，在 WMS-R 中还有一个视空间联想学习分测验，一些研究表明联想学习与记忆功能有较高的相关。MMAS 中的联想学习指数包含两个分测验：汉词配对和图符配对，人面—姓名配对分测验对低龄儿童和高龄老人难度太大，被作为备选测验。本测验的词对和图画—符号对本身没有意义联系，要使这些没有意义联系的词对和图符对形成有意义的联结，就必须积极地组织材料，构建有意义的联系。在短时间内要完成这些高级的加工过程，需要大脑多个部位积极地参与，这些部位的轻微损害都可能影响联想学习的成绩，所以它对早期轻微脑损害较敏感，能较好地反映记忆形成过程的缺陷。

（三）自由回忆

人类记忆的特征是能有目的、有意识地提取有用的信息，需要积极的有意识地努力。MMAS 中的自由回忆指数包含两个分测验：汉词回忆和图形再生，另有一个图画回忆作为备选测验。图形再生从实施程序来看属于短时记忆，因素分析结果也表明它与数字广度和空间广度负荷同一因子，所以其本质与词单学习不同，但能反映非言语记忆，而图画回忆虽是视觉呈现的非言语材料，但多是一些常见的物品，很容易用言语编码，恐难反映非言语记忆，所以我们在选择时面临着两难困境，最后还是把图画回忆作为备选测验。如果测验使用者持有不同看法，图形再生和图画回忆可以相互替换。自由回忆测验的材料都是被试熟悉的内容，学习的目的只不过是激活脑内已有的信息，使他们进入意识状态或进入工作记忆系统，并不增加新信息，这一点与联想学习不同，对记忆形成过程要求比联想学习低，主要反映记忆提取过程，所以自由回忆成绩下降主要与提取困难有关。如能结合再认测验和联想学习测验成绩做综合分析，不难明确这一点。

（四）再认记忆

再认型测验比回忆型测验容易，对记忆提取过程的要求比联想学习和自由回忆低，不能回忆的信息可能可以再认，因为它可以根据熟悉感来判断，不过它易受被试判断标准的影响。MMAS 中的再认记忆指数包含汉词听觉再认和图画视觉再认两个分测验，虽然人面再认可能有更好的生态效度、更能反映右半球的功能，但本量表中的人面再认测验增加了一类相似性相片作为干扰刺激，难度偏高更易引起猜测，信度较低，故只作为备选测验。再认测验虽然对轻微脑损害的敏感性较差，但与回忆型测验结合使用，有助于确定记忆损害的严重程度和性质，再认成绩低表明记忆损害较明显，记忆保持功能受到损害，多数情况是属于器质性的。

（五）延迟记忆

许多研究表明，延迟记忆减退是记忆损害的一个十分敏感的指针。一些研究者甚至提出，一种成套记忆测验若不提供延迟回忆程序便不可能有效反映被试记忆功能全貌。MMAS 提供了延迟记忆指数，它包含词对延迟回忆和图符延迟回忆，它是两个联想学习分测验间隔 30 分钟后的延迟回忆，没有附加学习，间隔期间要完成其他一些分测验，而且不知道要做再次回忆。延迟成绩明显低于即时成绩，说明被试的保持能力差，参照保持率做进一步的解释。

四、附加记忆指数

（一）短时记忆

STM 保持时间短，停止复述很快消失，大约只有几秒钟，最长不超过 1 分钟，记忆容量是有限的，大约 7 比特（bit），也被称为单元或组块（chunk）。短时记忆保持的是信息的原形（音或形），没有对其做深加工，所以停止复述即很快消失。目前认为 STM 是一个信息暂时储存和加工系统，但没有与过去的信息发生融合，不能长久保存，现在有些研究者将它称为工作记忆。MMAS 中的短时记忆指数包含数字广度、空间广度和图形再生三个分测验，这完全是按时间维度来划分的，其中倒背数和空间广度符合工作记忆的定义。海马和内侧颞叶不会影响短时记忆，但短时记忆损害却影响长时记忆的形成，较少影响已形成的长时记忆的提取。

（二）中时记忆

中时记忆文献提得较少，但还是有文献提到，不是我个人独创。这里的中时记忆是指信息保持 1 分钟以上、半个小时以内的记忆，这时虽然新信息与过去的信息发生了融合，但尚未与过去信息发生广泛的联系，保存不牢固，容易衰退或提取难度较大。MMAS 中的中时记忆指数包含 5 个分测验：汉词配对、图符配对、汉词再认、图画再认和汉词回忆，主要反映短时记忆向长时记忆的转换过程，所以中时记忆分数低可能与记忆形成过程缺陷有关。这类障碍在内侧颞叶和海马损害所致的遗忘症病人表现最明显，他们的短时记忆和远事记忆没有太大的问题，就是不能对新信息形成稳定的记忆。

（三）长时记忆

LTM 保持时间长，容量无限，在停止复述后不会马上消失，但随着时间会慢慢衰退。长时记忆是以意义编码的，与过去的信息发生了融合，做了深加工，所以保持较久，甚至保持终生。MMAS 中的长时记忆指数包含 6 个分测验：词对延迟、图符延迟、自由组词、残图命名、经历定向和时事常识，既包含对试验刺激的长时保持能力，也包含对日常生活事件的长时保持能力。长时记忆成绩差既可能是脑损害使过去形成长时记忆信息丧失，也可能是信息提取通路损害或功能性阻抑所致的提取困难的后果。如果被试既有对过去信息的明显遗忘，又有对新信息的记忆困难，则脑器质性损害可能性大。若病人对过去信息完全遗忘，而对新信息的记忆形成没有明显的困难，则功能性遗忘的可能性大，常见于癔病性遗忘、严重心理创伤后遗忘或脑震荡后遗忘。

（四）听觉记忆

听觉记忆指对听觉通道呈现的刺激材料的记忆，主要反映言语记忆，通常认为与左半球功能有关。MMAS 中的听觉记忆指数由 6 个分测验组成：数字广度、自由组词、汉词配对、汉词再认、汉词回忆和词对延迟。这些测验的刺激材料都是通过听觉通道呈现的，要求被试以言语方式做出反应，所以低的听觉指数分反映言语记忆损害，可能与左半球病损有关。

（五）视觉记忆

这里的视觉记忆指对视觉通道呈现的刺激材料的记忆，虽然主要反映非言语记忆，但不完全等同于非言语记忆，因为有些视觉通道呈现的材料可以用言语编码。我们在测验编制时注意到这一点，尽可能避免被试从言语编码中获益，如在图画再认中增加了语义相同的不同图画作为干扰刺激，图符配对中以无意义的符号作为回忆线索，尽管如此，还是无法完全避免言语编码的可能性，所以我们称之为视觉记忆，而不用非言语记忆这一术语。MMAS 中的视觉记忆指数由 6 个分测验组成：空间广度、残图命名、图符配对、图画再认、图形再生和图符延迟，这些分测验都是通过视觉通道呈现的，但不排除言语编码的可能性，多数分测验是以非言语或是否作答，图符配对是以言语作答的。视觉记忆指数分低主要反映非言语记忆损害，可能与右半球病损有关，左半球病损也可能影响视觉记忆。

第三节　记忆过程的解释

一般认为记忆测验只能对记忆的功能水平做出评估，早期的记忆评估或多或少把记忆视为一个单一的或统一结构单元，并由此认为记忆功能可以用某个综合性指标（MQ）来衡量，这种总分模式已受到广泛批评。后来由于神经心理学的发展，人们认识到记忆是由相互区别又相互作用的若干系统及子系统所构成的一个异质性实体，单一的总分模式恰恰将记忆的不同结构和成分混为一谈，也混淆了不同类型记忆障碍之间的丰富而精微的差别。这种多维评估模式还是存在一些缺陷，未能提供关于问题解决策略或信息加工过程的评估，批评者们认为，评估的目标应当是提供尽可能多的基于认知心理学和神经科学研究成果的解释范畴，以便将被试在测验过程中的种种行为（如记忆策略、错误类型、信息加工速度等）纳入这些范畴加以分类和量化。这一观点已得到当今测验编制者们的普遍认同。在近年来新编或修订的一些较重要的记忆测验几乎不约而同地放弃了 MQ 这一传统概念，而代之以反映不同记忆结构和加工过程的指标。我们编制的多维记忆评估量表，除设置多个反映不同记忆结构的指标外，还设置了几个反映记忆过程的指标，试图评估记忆过程的变化和特征，这些便是对近年神经心理学和认知心理学发展的积极回应。

一、提取指数

正常人和遗忘症病人的许多遗忘现象，多数不是脑内储存的信息丧失，而是提取通路不畅、抑制过深或线索不充分等原因所致的提取困难，有些此时此地回想不出的事情，在其他情境或看到某些东西时便会自动出现。自由回忆对提取的要求高，需要被试有意识地、积极地搜寻信息，而再认对提取的要求相对低些，被试仅需根据熟悉判断，所以两者成绩的差异在一定程度上反映了记忆提取过程的差异。MMAS 中的记忆提取指数是按照汉词再认和图画再认与汉词回忆和图画回忆之间的差异计算出来，试图反映被试提取过程的差异，要获得这个指数必须加做一个备选测验——图画回忆。提取指数是一个相对量，是就被试的再认能力而言的，因再认测验存在顶效应，在再认和回忆成绩均很高时，该指数不能有效地反映被试的提取能力，不过此时被试没有记忆问题，不会影响测验结果分析的准确性。提取指数的取值为 0 ～ 100，常模样本的平均水平为 42.42（儿童）、45.16（成人）、37.04（老人），90％的人为 25.29 ～ 29.89，数值越大，说明被试的回忆成绩和再认成绩越接近，数值过高的意义不太清楚，再认测验的顶效应可能是其中原因之一，数值低说明被试的提取能力差，只有低于第 10 个百分位时才有临床解释意义。

二、保持率

信息的保持是记忆的一个重要过程，获得的信息能否长久保持是衡量记忆功能好坏的一个重要指标。轻微脑损害早期的即时记忆和远事记忆的改变可能不明显，但他们很容易遗忘，增龄过程中也有类似问题，他们反复对别人讲同样的故事或笑话，而自己毫不知觉，所以保持率对轻微脑损害和老年痴呆的早期诊断是有意义的，对不同脑损害的鉴别诊断也有一定的价值。MMAS 中的保持率是根据词对延迟和图符延迟的成绩与汉词配对和图符配对第三次成绩计算出来，是延迟回忆 / 即时回忆的相对比值。如一个被试的即时回忆为 20 分，延迟回忆为 10 分，另一个被试的即时回忆为 4 分，延迟回忆为 2 分，他们的保持率都是 50％，但临床意义是不同的，所以在解释时一定要注意被试即时回忆成绩。一般而言，保持率低，说明被试有高的遗忘率，提示被试可能存在脑损害的可能性。

三、学习速率

学习速率是反映接受新信息快慢的指标，如甲被试一次学习记住 10 个项目，乙被试三次学习也记住了 10 个项目，那么甲被试的记忆能力肯定比乙被试强。MMAS 中的学习速率是根据汉词配对和图符配对测验的成绩计算出来的，计算方法与 WMS-Ⅲ学习速率的计算方法不同。WMS-Ⅲ用最后一次尝试成绩与第一次尝试的简单差值作为学习速率，这不符合率的概念。

我们的计算既考虑到绝对速率，也考虑到被试的相对速率，同时还考虑到第一学习量的重要性，对之做了加权。学习速率的取值范围为 0 ～ 100，数值越大，学习效率就越高，主要反映识记和形成新联结的能力。

在常模样本中，不同年龄段提取指数、保持率和学习速率的百分位列于表 F.1 ～表 F.3，供结果解释时参考。

第四节　记忆平衡性的分析解释

历史上有关个体不同认知能力是否存在变异存在两种不同的看法，这些看法在测验分数解释中是有用的。一派的代表人物 Spearman 认为由心理测验测量的不同认知能力是大致相等的，都负荷于一个共同的因素——G 因素。这种观点在测验分数转换和解释中影响很大，目前所有测验在分数转换时都遵循这样一个逻辑，对正常人群而言，各种能力是相等的，因此可以按正态分布原理把各分测验分或各成分分转换为等量的 Z 分和其他变换形式，如果分测验分或成分分明显低于其他分测验或成分，就意味着该分测验测量的能力受损。这种逻辑表面看来很合理，细想起来也有许多问题。首先，不同民族或不同人种的能力是有差异的，按此逻辑转换的常模无法比较各民族的能力差异，即便做这种比较也是不公平的，所以现在的心理测验只有各自建立常模，没有一个人类共同的标准；其次，人类各种心理能力不一定呈正态分布，即便理论上呈正态分布，但由于后天不利因素或疾病的影响使某些能力不能正常发展或受到损害，使人群能力的总体分布向低的一端倾斜，最后，许多测验受“顶”或“底”效应的影响，使测量到的能力也不呈正态分布，若强行按正态转换，将使自然的能力分布失真。另一派的代表人物是 E.L.Thordike，他认为正常人的各种心理能力也是不平衡的，我们在解释个体能力差异的意义时应当慎重从事，一定要注意差异的量。

在分析记忆测验结果时，除考虑被试的记忆水平外，还要分析考虑被试各种能力分数的分布模式。所谓模式分析就是比较不同能力之间的差异，这种分析对正常人而言，可以指出被试能力的强点和弱点，这在教育和职业咨询中是有用的；对疾病群体而言，可以表明哪些能力受到损害，哪些能力尚保存，在疾病诊断和康复指导中是有意义的。在差异分析中要注意差异的显著性和差异在正常人群中的发生概率，能力的差异在正常人群中是普遍存在的，有不少人不同能力间的差异也可能达到统计上的显著性水平，所以单有统计学显著性，不一定有解释意义。只有差异达到显著性水平，而且在正常人群中是罕见的时，才考虑低的一方所反应能力有损害。一般而言，差异越大，发生概率越低，脑损害的可能性就越大。下面从三个层次讨论能力差异的分析方法和意义的解释。

一、总体平衡性分析

在心理测验分数的正态转换系统，把个体的各种心理功能看成平衡的，如果个体在成套心理测验上各分测验的成绩严重不平衡，可能意味着有脑损害存在。MMAS 有 14 个基本分测验，在正态转换系统中各分测验的成绩也是平衡的，分测验间成绩差距过大，提示有脑损害存在的可能性，但目前还没有一项公认的指标来反映测验总体的平衡性。WMS- Ⅲ提出一个离散指数，即最高分测验得分减最低分测验得分，这种算法过于简单，不能反映测验总体的平衡性。我曾在学习障碍儿童的神经心理研究中，提出过一个反映神经心理功能平衡性的指标——离散指数（Scatter Index，SI），综合了各分测验的信息，一定程度上反映了学习障碍儿童脑功能损害的程度。我想这个指数同样适用于 MMAS 各分测验的平衡性分析，而且现在有常模资料能确定各指数值在正常人群中的发生概率和划界值，更容易对它的意义做出解释。

我们假定常模样本中 90%的人记忆功能是正常的，10%的人可能存在轻微的记忆问题，但没有达到病理程度，事实上我们在取样时也只排除有明显记忆损害的被试。常模样本 SI 的范围为 6.53 ~ 76，平均值为 21.8 ± 10.2，有 10%的人 SI ≥ 35（$P < 0.1$），有 5%的人 SI ≥ 43（$P < 0.05$），我们将这两个值作为记忆功能不平衡和明显不平衡的划界值。如果被试的 SI ≥ 35，提示他的记忆功能可能不平衡，如果被试的 SI ≥ 43，可以肯定他的记忆功能不平衡。不同年龄段被试的记忆功能平衡性可能不一样，我们将不同年龄段被试 SI 值的百分位列于表 F.4，供进一步深入分析参考。

二、不同记忆功能间的平衡性分析

总体平衡性若发现不平衡，就需要进一步分析不同记忆功能的平衡性，了解被试记忆功能的强点和弱点，或哪些记忆功能受到损害、哪些记忆功能还保存完好。MMAS 的各功能指数是按多重记忆系统理论提出的，每一功能指数代表特定记忆系统的功能，而这些系统又与特定的脑结构有关，所以这种分析的临床意义就可想而知了。最重要的分析包括以下几个方面。

（1）外显记忆、内隐记忆和日常记忆的平衡性分析。一般脑损害最容易损害外显记忆，其次是内隐记忆，日常记忆保持最久，有些疾病（如内侧颞叶和海马损害所致的遗忘症）只损害外显记忆，不影响内隐记忆，有些疾病（如 Paikinson’s disease）主要损害内隐记忆，早期不影响外显记忆。

（2）联想学习、自由回忆和再认记忆的平衡性分析。联想学习对脑损害最敏感，在轻微脑损害早期其成绩就可能受到影响，其次是自由回忆，再认记忆对脑损害最不敏感，同时还可以了解记忆损害的性质，提取过程受损，自由回忆受影响最大，其次是联想学习。

（3）短时记忆、中时记忆和长时记忆平衡性分析。短时记忆与额叶功能有密切的关系，额叶损害或痴呆病人的短时记忆可能有明显的损害，遗忘症主要是中时记忆损害。

（4）视觉记忆和听觉记忆的平衡性分析。一般认为视觉记忆与右半球有关，听觉记忆与左半球有关，如果听觉记忆明显低于视觉记忆，则可能提示左半球损害。

MMAS 是一个新编的记忆量表，实证研究资料不多，上述解释是根据其他研究的推论，如果差异有显著性，且在正常人群中罕见，确定其有记忆功能损害是比较可信的，在做神经心理解释或定性或定位解释时应当慎重。表 G.1 ~ 表 G.3 提供了不同记忆指数间显著性差异的分数，表 H.1 ~ 表 H.2 提供了不同记忆指数差异分在常模样本中的发生率，在解释测验结果时可以参考。

三、同一功能内部分测验间的平衡性分析

MMAS 的每个指数分均由两个或两个以上分测验组成，如果某一指数分特别低，这时就要进一步分析指数内部分测验的平衡性，分析的方法有以下三种。

（1）分测验与平均量表分比较。个人某分测验量表分与该分测验所属量表的平衡量表分比较，计算其偏离度，差异达显著性水平（$P < 0.05$）才有意义。

在有多个分测验组成的指数分可以用这种分析方法，在表 G.7 ～附 G.9 中提供了这类统计数据。

（2）分测验的相互比较法。一个分测验与另一个分测验相比，相差达到一定程度也有实际意义，一般要求差异达到显著性水平（$P < 0.05$ 或 $P < 0.01$）。只有两个分测验组成的指数分一般用这种分析法，在表 G.4 ～附 G.6 和表 H.3 ～表 H.5 中提供了这类数据。

（3）±3 法。可取与平均数相差达到 +3 或－3 时，认为差异有显著性。这是一种简易分析法，多数分测验与平均量表分相差达到 ±3，相当于 $P < 0.05$。这种方法又称为强点（S）和弱点（W）分析法。

第五节　分测验内容的定性分析

分测验内容的定性分析主要凭解释者个人的经验，手册中没有提供一些定量指标，但这种分析很重要，能够发现一些特殊问题，有时有助于澄清记忆改变的原因。如倒背数明显低于顺背数，可能提示被试的额叶执行功能差，背数成绩不稳定，有时难的条目通过，容易的条目反而失败，提示被试可能有注意问题。在再认测验中把多数相关干扰项目误认为是旧的或新的，可能提示被试的判断标准问题。在联想学习和自由回忆测验中有许多近似回答，可能提示被试的记忆准确性有问题。自由回忆材料可以分成几类，有些被试采用分类策略，有的被试按顺序记忆，有的被试没有规律，这说明被试的记忆策略问题。精神分裂症病人在联想学习测验中还可能引发一些病理性联想。虚构或掩饰自己的记忆问题的病人，在自由回忆测验中可能有许多外加回答。

参考文献

[1]Baddeley A.Human Memory：Theory and Practice（2nd edition）[M]. Hove：Psychology Press，1997.

[2]Buters N，Delis D C，Lucas J A.Clinical assessment of memory in amnesia dementia[J].Annual Review of Psychology，1995（46）：493-523.

[3]Chritensen H.Education and decline in cognitive performance[J].Int J Geriatr Psychiatry，1997，12（3）：323-330.

[4]Franzen M D.Reliability and Validity in Neuropsychological Assessment[M].New York：Plenum Press，1989.

[5]Gathercocle S.The development of memory[J].Journal of Child Psychology and Psychiatry，1998，39（1）：3-27.

[6]Kupur N.Memory Disorder in Clinical Practice[M].London：Batterworths，1981.

[7]Qian F，Liu J，Yang H，et al.Association of plasma brain-derived neurotrophic factor withAlzheimer's disease and its influencing factors in Chinese elderly population[J].Frontiers in Aging Neuroscience，2022（14）：987244.

[8]Rolls E T.Memory systems in the brain[J].Annual Review of Psychology，2000（51）：599-630.

[9]Rust J，Golombok S.Modern Psychometrics：The Science of Psychological Assessment[M].London：Routledge，1989.

[10]Wechsler D.The WAIS-Ⅲ and WMS-Ⅲ Technical Manual.San Antonio[M].San Francisco：The Psychological Corporation，1997.

[11]Yue W，Zhi Q W，Jia J Y，et al.Association Plasma Aβ42 Levels with Alzheimer's Disease and Its Influencing Factors in Chinese Elderly Population[J]. Neuropsychiatric Disease and Treatment，2022（18）：1831-1841.

[12] 程灶火，蔡德亮，王志强，等 . 轻度认知损害的神经心理研究 [J]. 中国临床心理学杂志，2008，16（5）：512-515，543.

[13] 程灶火，耿铭，郑虹，等 . 新编多维记忆评估量表的理论构思 [J]. 中

国心理卫生杂志，2002，16（4）：4.

[14] 程灶火，耿铭，郑虹．儿童记忆发展的横断面研究 [J]. 中国临床心理学杂志，2001，9（4）：255-259.

[15] 程灶火，龚耀先．学习障碍儿童记忆的比较研究：Ⅰ．学习障碍儿童的短记忆和工作记忆 [J]. 中国临床心理学杂志，1998，6（3）：129-135.

[16] 程灶火，龚耀先．学习障碍儿童记忆的比较研究：Ⅱ．学习障碍儿童的长时记忆功能 [J]. 中国临床心理学杂志，1998，6（4）：6.

[17] 程灶火，龚耀先．学习障碍儿童记忆的比较研究：Ⅲ．学习障碍儿童的长时记忆解码功能 [J]. 中国临床心理学杂志，1999，7（1）：4.

[18] 程灶火，龚耀先．学习障碍儿童记忆的比较研究：Ⅳ．学习障碍儿童记忆功能的综合分析 [J]. 中国临床心理学杂志，1999，7（2）：5.

[19] 程灶火，李欢欢，郑虹，等．多维记忆评估量表的信效度研究 [J]. 中国心理卫生杂志，2002，16（4）：5.

[20] 程灶火，王力，李欢欢，等．图、词回忆中的序列位置效应及其年龄变化规律 [J]. 中国心理卫生杂志，2003，17（8）：4.

[21] 程灶火，王力．老年痴呆、帕金森病和脑梗死患者的记忆损害特征 [J]. 中国行为医学科学，2005，14（7）：3.

[22] 程灶火，王力．人类外显记忆脑机制研究进展 [J]. 中国临床心理学杂志，2002，10（2）：4.

[23] 程灶火，王湘．间接与直接记忆测验的对比研究 [J]. 中国临床心理学杂志，2003，11（4）：4.

[24] 程灶火，文华，杨碧秀，等．少儿心理问题筛查表的编制和信效度分析 [J]. 中国临床心理学杂志，2005，13（4）：4.

[25] 程灶火，张月娟，郑虹，等．多维记忆评估量表建构的因素分析 [J]. 中国临床心理学杂志，2003，11（1）：5.

[26] 程灶火，郑虹，耿铭，等 .Aging related memory changes of older Chinese adults[J].Chinese Journal of Clinical Rehabilitation，2002，6（13）：2006-2009.

[27] 龚耀先．韦氏记忆量表中国修订本手册 [M]. 长沙：湖南医学院，1981.

[28] 李欢欢，程灶火，王力，等．成人回忆、再认和启动效应分离发展模式的研究 [J]. 中国心理卫生杂志，2004，18（3）：5.

[29] 李欢欢，程灶火，王力，等．成人数字、词语和视空间工作记忆广度

的发展特征及影响因素 [J]. 中国心理卫生杂志，2006，20（4）：248-251.

[30] 李欢欢，程灶火 . 记忆的分子生物学研究进展 [J]. 国外医学：精神病学分册，2002，29（1）：4.

[31] 毛永军，邬爱武，汤慈美 . 记忆的神经机制 [J]. 中国临床心理学杂志，1997，5（4）：254-256.

[32] 漆书青，戴海崎，丁树良 . 现代教育与心理测量原理 [M]. 南昌：江西教育出版社，1998.

[33] 王力，程灶火，李欢欢 .Alzheimer 病人记忆损害特征的研究 [J]. 心理科学，2004，27（4）：5.

[34] 王力，程灶火，李欢欢 .Parkinson 病患者记忆损伤的特征 [J]. 中国心理卫生杂志，2004，18（7）：2.

[35] 王力，程灶火 .Alzheimer 病与 Parkinson 病患者记忆损害的比较研究 [J]. 中国临床心理学杂志，2005，13（1）：3.

[36] 王力，程灶火 .Laroratory memory and everyday memory in patients with parkinson’s disease[J]. 中国临床康复，2002（23）：3606-3607.

[37] 王力，程灶火 . 阿尔茨海默病与帕金森病的记忆障碍 [J]. 国外医学：精神病学分册，2002，29（3）：5.

[38] 王湘，程灶火，姚树桥，等 . 汉词再认 ERP 新旧效应的性别差异 [J]. 中国心理卫生杂志，2005，19（11）：5.

[39] 王湘，程灶火，姚树桥，等 . 汉词再认的 ERP 新旧效应 [J]. 航天医学与医学工程，2005，18（2）：3.

[40] 王湘，程灶火，姚树桥 . 汉词和图画再认的 ERP 效应及脑机制 [J]. 心理科学，2007，30（4）：5.

[41] 王湘，程灶火，姚树桥 . 汉词再认过程中回忆及熟悉感判别机制的 ERPs 研究 [J]. 中国临床心理学杂志，2005，13（1）：76-79.

[42] 王湘，程灶火 . 内隐记忆的研究证据及临床意义 [J]. 中国临床心理学杂志，2003，11（1）：5.

[43] 许淑莲，孙长华，吴振云，等 .20 至 90 岁成人的某些记忆活动的变化 [J]. 心理学报，1985，2：154-161.

[44] 许淑莲 . 临床记忆量表手册 [M]. 北京：中科院心理所，1985.

[45] 郑虹，程灶火 . 增龄性记忆改变规律及影响因素的研究 [J]. 心理科学，2002，25（4）：4.

附　表

表 A.1　基本分测验粗分等值量表分转换（Z 转换，5 ～ 6 岁）

量表分	记忆广度		联想学习		再认记忆		自由回忆		内隐记忆		日常记忆		延迟记忆		量表分
	数字	空间	汉词	图符	汉词	图画	汉词	图形	组词	残图	经历	常识	词对	图符	
0	2	0		0	2.5	10		1			7				0
1	3.5	0.5		1	4	11.5		2.5			8				1
2	4	1	0	2	5	12.5	0	3.5			9			0	2
3	5	1.5	1	3	6.5	14		5							3
4	5.5	2	2	4	8	15	1	6			10		0	1	4
5	6	2.5	3	5	9	16.5		7		0			1		5
6	7	3	5	6	10.5	17.5	2	8	0	1	11			2	6
7	7.5	3.5	7	7	12	19		9.5	1	2		0	2		7
8	8	4	8	8	13.5	20	3	10.5	2	3	12		3	3	8
9	9	5	10	9	15	21.5		12	3	4		1	4	4	9
10	10	5.5	11	11	16	22.5	4	13	4	5	13				10
11	10.5	6	14	12	17.5	25	5	14	5	6		2	5	5	11
12	11	6.5	15	13	19	26.5		15.5	6	7	14	3	6	6	12
13	12	7	17	14	20	27.5	6	16.5	7	8		4	7	7	13
14	12.5	8	19	15	21.5	28.5		17.5	8	9	15				14
15	13	8.5	20	16	23	30	7	19	9	10		5	8	8	15
16	14	9	22	17	24			20	10	11	16	6	9	9	16
17	14.5	9.5	24	18	26		8	21	12	12			10		17
18	15	10	26	19	27		9	22.5	13	13	17	7		10	18
19	16	10.5	27	20	28.5		10	23.5	14	14	18	8	11	11	19
20	17	11	29	21	30		11	25	15	15	19	9	12	12	20

表 A.2　基本分测验粗分等值量表分转换（Z 转换，7～8 岁）

量表分	记忆广度		联想学习		再认记忆		自由回忆		内隐记忆		日常记忆		延迟记忆		量表分
	数字	空间	汉词	图符	汉词	图画	汉词	图形	组词	残图	经历	常识	词对	图符	
0	3	1	0		4	11		5			10		0		0
1	4	1.5	1	0	5	12.5		6.5			11			0	1
2	4.5	2	2	1	7	13.5		7.5		0			1		2
3	5.5	2.5	4	2	8	15	0	9	0	1	12		2	1	3
4	6	3	6	4	9	16		10	1	2			3	2	4
5	7	3.5	8	6	11	17.5	1	11	2	3	13				5
6	7.5	4	10	8	12	18.5		12	3	4		0	4	3	6
7	8	4.5	12	10	13	20	2	13.5	4	5	14		5	4	7
8	9	5.5	15	12	15	21	3	14.5	5	6		1	6	5	8
9	9.5	6	17	14	16	22.5	4	16	6	7	15				9
10	10.5	6.5	19	15	17	23.5	5	17	7	8		2	7	6	10
11	11	7	21	17	19	25		18	9	9	16	3	8	7	11
12	12	7.5	23	19	20	26	6	19.5	10	10		4	9	8	12
13	12.5	8	25	21	22	27	7	20.5	11	11	17				13
14	13	9	27	23	23	28	8	21.5	12	12		5	10	9	14
15	14	9.5	30	25	24	29	9	23	13		18	6	11	10	15
16	14.5	10	32	27	26	30	10	24	14	13			12		16
17	15	10.5	34	29	27			25	15	14	19	7		11	17
18	16	11	36	30	28		11	26.5	16	15		8	13	12	18
19	16.5	11.5	38	32	29		12	27.5	18	16	20	9	14		19
20	18	12	40	34	30		13	29	19	17		10			20

表 A.3　基本分测验粗分等值量表分转换（Z 转换，9～10 岁）

量表分	记忆广度		联想学习		再认记忆		自由回忆		内隐记忆		日常记忆		延迟记忆		量表分
	数字	空间	汉词	图符	汉词	图画	汉词	图形	组词	残图	经历	常识	词对	图符	
0	4	2	6	1	5	12		11		0	13		2	1	0
1	5	3	8	3	6.5	13		12	0	1	14		3	2	1
2	6	3.5	10	5	8	14	0	13	1	2			4	3	2
3	7	4	12	7	9	15.5		14.5	2	3	15	0	5		3
4	8	5	14	9	10.5	16.5	1	15.5	3	4	16		6	4	4
5	9	5.5	16	10	12	18	2	16.5	4	5		1		5	5
6	9.5	6	19	12	13.5	19	3	18	6	6	17	2	7	6	6
7	10.5	6.5	21	14	14.5	20.5	4	19	7	7			8		7
8	11	7	23	16	16	21.5		20	8	8	18	3	9	7	8
9	12	7.5	25	18	17.5	23	5	21.5	10	9		4		8	9
10	12.5	8	27	20	18.5	24	6	22.5	11	10	19		10		10
11	13	9	29	22	20	25.5	7	23.5	13	11		5	11	9	11
12	14	9.5	32	24	21.5	26.5	8	25	14	12	20	6	12	10	12
13	14.5	10	34	25	23	28	9	26	16	13		7		11	13
14	15.5	10.5	36	27	24	29		27	17				13		14
15	16	11	38	29	25.5	30	10	28.5	19	14		8		12	15
16	16.5	11.5	40	31	27		11	29.5	20	15		9	14		16
17	17.5	12	42	33	28.5		12	31	22	16					17
18	18	13	44	35	30		13	32	23	17		10			18
19	19	13.5		37			14		24	18					19
20	19.5	14		38			15		26	19					20

表 A.4　基本分测验粗分等值量表分转换（Z 转换，11 ～ 12 岁）

量表分	记忆广度		联想学习		再认记忆		自由回忆		内隐记忆		日常记忆		延迟记忆		量表分
	数字	空间	汉词	图符	汉词	图画	汉词	图形	组词	残图	经历	常识	词对	图符	
0	5	3.5	10	5	6	13	0	13	0	1	14	0	4	3	0
1	6	4	12	7	7	14		14.5	1	2			5	4	1
2	7	4.5	14	9	8	15	1	15.5	2	3	15	1			2
3	8	5	16	11	10	16		16.5	3	4			6	5	3
4	9	6	18	13	11	17	2	18	4	5	16	2	7	6	4
5	10	6.5	20	15	12	18	3	19	6	6		3	8	7	5
6	1.5	7	23	17	14	19	4	20	7	7	17				6
7	11.5	7.5	25	19	15	21	5	21.5	9	8		4	9	8	7
8	12	8	27	20	17	22		22.5	10	9	18	5	10	9	8
9	12.5	8.6	29	22	18	23	6	23.5	12	10			11		9
10	13.5	9	31	24	19	24	7	25	13	11	19	6		10	10
11	14	10	33	26	21	26	8	26	14	12		7	12	11	11
12	15	10.5	35	28	22	27	9	27	16	13	20	8	13		12
13	15.5	11	38	30	23	28	10	28.5	17	14			14	12	13
14	16	11.5	40	32	25	29		29.5	19	15		9			14
15	17	12	42	33	26	30	11	30.5	20	16					15
16	17.5	12.5	44	35	27		12	32	22	19		10			16
17	18.5	13		37	29		13		23	18					17
18	19	14		38	30		14		25	19					18
19	20	14.5					15		26	20					19
20	21	15					16		28	21					20

表 A.5　基本分测验粗分等值量表分转换（Z 转换，13 ～ 14 岁）

量表分	记忆广度		联想学习		再认记忆		自由回忆		内隐记忆		日常记忆		延迟记忆		量表分
	数字	空间	汉词	图符	汉词	图画	汉词	图形	组词	残图	经历	常识	词对	图符	
0	6	3.5	12	7	7	14	0	13.5	0	2	14	0	4	3	0
1	7	4.5	14	9	8	15	1	14.5	1	3		1	5	4	1
2	8.5	5	16	11	10	16	2	16	2	4	15		6	5	2
3	9	5.5	18	13	11	17	3	17	3	5		2			3
4	10	6	2	14	12	18	4	18	4	6	16	3	7	6	4
5	10.5	6.5	22	16	14	19		19.5	5	7			8	7	5
6	11	7	25	18	15	20	5	20.5	7	8	17	4	9		6
7	12	7.5	27	20	16	22	6	2.5	8	9		5		8	7
8	12.5	8.5	29	22	18	23	7	23	10	10	18		10	9	8
9	13.5	9	31	24	19	24	8	24	11	11		6	11	10	9
10	14	9.5	33	26	20	25	9	25	13	12	19	7	12		10
11	14.5	10	35	27	22	27		26.5	14	13		8		11	11
12	15.5	10.5	37	29	23	28	10	27.5	16	14	20		13		12
13	16	11	40	31	25	29	11	28.5	17	15		9	14	12	13
14	17	11.5	42	33	26	30	12	30	19						14
15	17.5	12.5	44	35	27		13	31	20	16		10			15
16	18	13		37	29		14	32	22	17					16
17	19	13.5		38	30				23	18					17
18	19.5	14					15		24	19					18
19	20.5	14.5					16		26	20					19
20	21	15					17		27	21					20

表 A.6　基本分测验粗分等值量表分转换（Z 转换，15 ～ 16 岁）

量表分	记忆广度		联想学习		再认记忆		自由回忆		内隐记忆		日常记忆		延迟记忆		量表分
	数字	空间	汉词	图符	汉词	图画	汉词	图形	组词	残图	经历	常识	词对	图符	
0	6	4	12	7	7	14	0	13.5	0	1	14	0	4	3	0
1	7	4.5	14	9	8.5	15	1	15	1	2	15	1	5	4	1
2	8	5	17	11	10	16	2	16	2	3		2			2
3	9.5	5.5	19	13	11	17	3	17	3	4	16		6	5	3
4	10	6	21	15	12.5	18	4	18.5	4	5		3	7	6	4
5	11	7	23	17	14	19	5	19.5	5	6	17	4		7	5
6	11.5	7.5	25	19	15	20.5		20.5	6	7			9		6
7	12.5	8	27	20	16.5	21.5	6	22	8	8	18	5	10	8	7
8	13	8.5	29	22	18	23	7	23	9	9		6	11	9	8
9	13.5	9	32	24	19.5	24	8	24	11	10	19	7			9
10	14.5	9.5	34	26	20.5	25.5	9	25.5	12	11			12	10	10
11	15	10	36	28	22	26.5	10	26.5	14	12	20	8	13	11	11
12	16	11	38	30	23.5	28		27.5	15	13		9	14		12
13	16.5	11.5	40	32	25	29	11	29	17	14				12	13
14	17	12	42	34	26	30	12	30	18	15		10			14
15	18	12.5	44	35	27.5		13	31	19	16					15
16	18.5	13		37	29		14	32	21	17					16
17	19.5	13.5		38	30		15		22	18					17
18	20	14							24	19					18
19	21	14.5					16		25	20					19
20	22	15.5					17		27	21					20

表 A.7　基本分测验粗分等值量表分转换（Z 转换，17 ～ 20 岁）

量表分	记忆广度		联想学习		再认记忆		自由回忆		内隐记忆		日常记忆		延迟记忆		量表分
	数字	空间	汉词	图符	汉词	图画	汉词	图形	组词	残图	经历	常识	词对	图符	
0	6	3.5	10	7	6	13	0	12.5	0	1	14	0	3	2	0
1	7	4.5	13	9	7	14		14	1	2	15	1	4	3	1
2	8	5	15	11	8.5	15	1	15	2	3			5	4	2
3	9	5.5	17	12	10	16	2	16.5	3	4	16	2	6	5	3
4	10	6	19	14	11.5	17.5	3	17.5	4	5		3	7		4
5	10.5	6.5	21	16	12.5	18.5	4	18.5	5	6	17	4		6	5
6	11.5	7	23	18	14	20		19.5	6	7			8	7	6
7	12	7.5	25	20	15.5	21	5	21	8	8	18	5	9		7
8	12.5	8	28	22	17	22.5	6	22	9	9		6	10	8	8
9	13.5	9	30	24	18	23.5	7	23.5	11	10	19			9	9
10	14	9.5	32	25	19.5	25	8	24.5	12	11		7	11	10	10
11	15	10	34	27	21	26	9	25.5	14	12	20	8	12		11
12	15.5	10.5	36	29	22	27.5		27	15	13		9	13	11	12
13	16	11	38	31	23.5	28	10	28	16						13
14	17	11.5	40	33	25	29	11	29	18	14		10	14	12	14
15	17.5	12	42	35	26.5	30	12	30	19	15					15
16	18.5	13	44	37	27.5		13	31	21	16					16
17	19	13.5		38	29		14	32	22	17					17
18	20	14			30				24	18					18
19	21	14.5					15		24	19					19
20	22	15					16		27	20					20

表 A.8　基本分测验粗分等值量表分转换（Z 转换，21 ～ 25 岁）

量表分	记忆广度		联想学习		再认记忆		自由回忆		内隐记忆		日常记忆		延迟记忆		量表分
	数字	空间	汉词	图符	汉词	图画	汉词	图形	组词	残图	经历	常识	词对	图符	
0	6	3.5	7	5	5	13	0	11	0	0	14	0	3	2	0
1	7.5	40	9	7	6.5	14		12	1	1	15		4	3	1
2	8	4.5	12	9	7.5	15	1	13	2	2		1			2
3	9	5	14	11	9	16		14.5	3	3	16	2	5	4	3
4	9.5	5.5	16	13	10.5	17	2	15.5	4	4			6	5	4
5	10.5	6.5	18	14	12	18.5	3	16.5	5	5	17	3	7		5
6	11	7	20	16	13	19.5		18	7	6		4		6	6
7	11.5	7.5	22	18	14.5	21	4	19	8	7	18	5	8	7	7
8	12.5	8	24	20	16	22	5	20	9	8			9	8	8
9	13	8.5	27	22	17.5	23.5	6	21.5	11	9	19	6	10		9
10	14	9	29	24	18.5	24.5	7	22.5	12	10		7		9	10
11	14.5	9.5	31	26	20	26	8	23.5	14	11	20		11	10	11
12	15	10.5	33	28	21.5	27		25	15	12		8	12		12
13	16	11	35	29	23	28	9	26	17	13		9	13	11	13
14	16.5	11.5	37	31	24	29	10	27	18	14					14
15	17.5	12	39	33	25.5	30	11	28	20	15		10	14	12	15
16	18	12.5	41	35	27		12	29	21	16					16
17	18.5	13	43	37	28		13	30	23						17
18	19.5	13.5	44	38	29			31	24	17					18
19	20	14			30		14	32	25	18					19
20	21	14.5					15		27	19					20

表 A.9　基本分测验粗分等值量表分转换（Z 转换，26～35 岁）

量表分	记忆广度		联想学习		再认记忆		自由回忆		内隐记忆		日常记忆		延迟记忆		量表分
	数字	空间	汉词	图符	汉词	图画	汉词	图形	组词	残图	经历	常识	词对	图符	
0	6	2.5	4	2	5	12		9.5	0	0	14	0	2	1	0
1	7	3	6	4	6	13	0	10.5			15		3	2	1
2	8	4	8	6	8	14		12	1	1		1	4		2
3	8.5	4.5	11	8	9	15	1	13	2	2	16	2		3	3
4	9.5	5	13	10	10	16.5		14	4	3			5	4	4
5	10	5.5	15	12	12	18	2	15.5	5	4	17	3	6	5	5
6	10.5	6	17	14	13	19	3	16.5	7	5		4	7		6
7	11.5	6.5	19	16	15	20	4	17.5	8	6	18	5		6	7
8	12	7	21	17	16	21.5	5	19	10	7			8	7	8
9	13	8	23	19	17	23		20	11	8	19	6	9		9
10	13.5	8.5	26	21	19	24	6	21	12	9		7	10	8	10
11	14.5	9	28	23	20	25	7	22.5	14	10	20			9	11
12	15	9.5	30	25	21	26	8	23.5	15	11		8	11	10	12
13	15.5	10	32	27	23	27	9	25	17	12		9	12		13
14	16.5	10.5	34	29	24	28	10	26	18	13			13	11	14
15	17	11	36	31	25	29		27	20	14		10			15
16	18	11.5	38	32	27	30	11	28	21	15			14	12	16
17	18.5	12.5	40	34	28		12	29	23						17
18	19	13	42	36	29		13	30	24	16					18
19	20	14	44	38	30		14	31	26	17					19
20	21.5	14.5					15	32	27	18					20

表 A.10　基本分测验粗分等值量表分转换（Z 转换，36 ～ 45 岁）

量表分	记忆广度		联想学习		再认记忆		自由回忆		内隐记忆		日常记忆		延迟记忆		量表分
	数字	空间	汉词	图符	汉词	图画	汉词	图形	组词	残图	经历	常识	词对	图符	
0	5	1.5	3	0	3.5	12		9	0		14	0	0	1	0
1	6.5	2	5	1	5	13	0	10		0	15		1		1
2	7	2.5	7	2	6.5	14		11.5	1			1	2	2	2
3	8	3	9	4	8	15	1	12.5	2	1	16				3
4	8.5	4	11	6	9	16.5		13.5	3	2		2	3	3	4
5	9.5	4.5	13	8	10.5	17.5	2	15	4	3	17	3	4	4	5
6	10	5	16	10	12	19		16	6	4		4	5	5	6
7	10.5	5.5	18	11	13	20	3	17	7	5	18		6		7
8	11.5	6	20	13	14.5	21.5	4	18.5	9	6		5		6	8
9	12	6.5	22	15	16	22.5	5	19.5	10	7	19	6	7	7	9
10	13	7	24	17	17.5	24	6	20.5	12	8		7	8		10
11	13.5	8	26	19	18.5	25	7	22	13	9	20		9	8	11
12	14	8.5	28	21	20	26.5		23	15			8		9	12
13	15	9	31	23	21.5	27	8	24	16	10		9	10	10	13
14	15.5	9.5	33	25	23	28	9	25.5	18	11			11		14
15	16.5	10	35	26	24	29	10	26.5	19	12		10	12	11	15
16	17	10.5	37	28	25.5	30	11	27.5	21	13					16
17	17.5	11	39	30	27		12	29	22	14			13	12	17
18	18.5	12	41	32	28			30	23	15					18
19	19	12.5	43	34	29		13	31	25	16			14		19
20	20	13	44	36	30		14	32	26	17					20

表 A. 11　基本分测验粗分等值量表分转换（Z 转换，46 ～ 55 岁）

量表分	记忆广度		联想学习		再认记忆		自由回忆		内隐记忆		日常记忆		延迟记忆		量表分
	数字	空间	汉词	图符	汉词	图画	汉词	图形	组词	残图	经历	常识	词对	图符	
0	5.5	1	1	0	2.5	12	0	7.5	0		14	0	0		0
1	6	1.5	3	1	4	14		9		0	15			0	1
2	6.5	2	5	2	5.5	15	1	10.5	1			1	1		2
3	7.5	2.5	7	3	7	16.5		11.5	2	1	16		2	1	3
4	8	3.5	9	5	8.5	18	2	12.5	3	2		2	3	2	4
5	9	4	11	6	10	19	3	14	4	3	17	3			5
6	9.5	4.5	13	8	11	20		15	6			4	4	3	6
7	10	5	16	9	12.5	21.5	4	16	7	4	18		5	4	7
8	11	5.5	18	11	14	23	5	17.5	8	5		5	6	5	8
9	11.5	6	20	12	15.5	24	6	18.5	10	6	19	6			9
10	12.5	6.7	22	14	17	25	7	19.5	11	7			7	6	10
11	13	7.5	24	15	18	26	8	21	12	8	20	7	8	7	11
12	13.5	8	26	17	19.5	27		22	14	9		8	9	8	12
13	14.5	8.5	28	18	21	28	9	23	15			9			13
14	15	9	31	20	22	29	10	24.5	16	10			10	9	14
15	16	9.5	33	22	23.5	30	11	25.5	18	11		10	11	10	15
16	16.5	10	35	23	25		12	26.5	19	12			12	11	16
17	17	10.5	37	25	26		13	28	20	13					17
18	18	11.5	39	26	27.5			29	22	14			13	12	18
19	18.5	12	41	28	29		14	30	23				14		19
20	19.5	12.5	44	29	30		15	31.5	24	15					20

表 A.12 基本分测验粗分等值量表分转换（Z 转换，56 ～ 60 岁）

量表分	记忆广度		联想学习		再认记忆		自由回忆		内隐记忆		日常记忆		延迟记忆		量表分
	数字	空间	汉词	图符	汉词	图画	汉词	图形	组词	残图	经历	常识	词对	图符	
0	5	1	0	0	2.5	12		7.5	0		14	0	0		0
1	5.5	1.5	1	1	4	13.5	0	8.5		0	15				1
2	6.5	2	3	2	5	14.5		9	1			1	1	0	2
3	7	2.5	5	3	6.5	16	1	11	2	1	16				3
4	8	3	7	4	8	17		12	3	2		2	2	1	4
5	8.5	3.5	9	5	9.5	18.5	2	13.5	4		17	3	3		5
6	9	4	11	7	10.5	19.5		14.5	5	3				2	6
7	10	5	13	8	12	21	3	15.5	7	4	18	4	4	3	7
8	10.5	5.5	15	9	13.5	22	4	17	8	5		5	5	4	8
9	11.5	6	17	11	14.5	23.5		10	9		19	6	6		9
10	12	6.5	19	12	16	24.5	5	19	10	6				5	10
11	12.5	7	22	13	17.5	26	6	20.5	11	7	20	7	7	6	11
12	13.5	7.5	25	15	19	27		21.5	12	8		8	8	7	12
13	14	8	27	16	20	28	7	22.5	13				9		13
14	15	9	29	17	21.5	29	8	24	14	9		9		8	14
15	15.5	9.5	31	19	23	30		25	16	10			10	9	15
16	16	10	33	20	24.5		9	26	17	11		10	11	10	16
17	17	10.5	35	21	25.5		10	27.5	18				12		17
18	17.5	11	37	23	27			28.5	19	12				11	18
19	18.5	11.5	40	24	28.5		11	29.5	20	13			13	12	19
20	19	12	42	25	30		12	31	21	14			14		20

表 A. 13　基本分测验粗分等值量表分转换（Z 转换，61 ～ 65 岁）

量表分	记忆广度		联想学习		再认记忆		自由回忆		内隐记忆		日常记忆		延迟记忆		量表分
	数字	空间	汉词	图符	汉词	图画	汉词	图形	组词	残图	经历	常识	词对	图符	
0	4	0.5	0		2	12		6.5	0		14				0
1	4.5	1	1	0	3.5	13	0	8		0		0	0		1
2	5.5	1.5	3	1	4.5	14.5		9	1		15			0	2
3	6	2	5	2	6	15.5	1	10	2	1		1	1		3
4	7	2.5	7	3	7.5	17		11.5	3	2	16	2	2	1	4
5	7.5	3	9	4	8.5	18	2	12.5	4						5
6	8	4	11	5	10	19.5		13.5	5	3	17	3	3	2	6
7	9	4.5	13	7	11.5	20.5	3	15	6	4		4	4		7
8	9.5	5	15	8	13	22	4	16	7	5	18		5	3	8
9	10.5	5.5	17	9	14	23		17	8			5		4	9
10	11	6	19	11	15.5	24.5	5	18.5	9	6	19	6	6		10
11	12	6.5	21	12	17	25.5	6	19.5	11	7		7	9	5	11
12	12.5	7	23	13	18.5	27		20.5	12		20			6	12
13	13	8	25	15	19.5	28	7	22	13	8		8	8		13
14	14	8.5	27	16	21	29	8	23	14	9		9	9	7	14
15	14.5	9	29	17	22.5	30		24	15	10			10	8	15
16	15.5	9.5	31	19	24		9	25.5	16			10			16
17	16	10	33	20	25		10	26.5	17	11			11	9	17
18	16.5	10.5	35	21	26.5			27.5	18	12			12	10	18
19	17.5	11	37	23	28		11	29	20	13					19
20	18	12	39	24	29.5		12	30	21	14			13	11	20

表 A. 14 基本分测验粗分等值量表分转换（Z 转换，66 ～ 70 岁）

量表分	记忆广度		联想学习		再认记忆		自由回忆		内隐记忆		日常记忆		延迟记忆		量表分
	数字	空间	汉词	图符	汉词	图画	汉词	图形	组词	残图	经历	常识	词对	图符	
0	3.5	0	0		1.5	11.5		6	0		14				0
1	4	0.5	1	0	3	12.5	0	7		0		0	0		1
2	4.5	1	2		4.5	14		8	1		15				2
3	5.5	2	4	1	5.5	15	1	9.5	2	1		1	1		3
4	6	2.5	6	2	7	16.5		10.5	3	2	16			0	4
5	7	3	8	3	8.5	17.5	2	11.5	4			2	2		5
6	7.5	3.5	10	5	9.5	19		13	5	3	17	3	3	1	6
7	8	4	12	6	11	20	3	14	6	4		4			7
8	9	4.5	14	7	12.5	21.5		15	7		18		4	2	8
9	9.5	5	16	8	14	22.5	4	16.5	8	5		5	5	3	9
10	10.5	5.5	18	9	15	24	5	17.5	9	6	19	6			10
11	11	6.5	20	11	16.5	25		18.5	10	7			6	4	11
12	11.5	7	22	12	18	26	6	20	11		20	7	7	5	12
13	12.5	7.5	24	13	19.5	27		21	12	8		8			13
14	13	8	26	14	20.5	28	7	22	13	9		9	8	6	14
15	14	8.5	28	15	22	29	8	23.5	14	10			9	7	15
16	14.5	9	30	17	23.5	30		24.5	15			10			16
17	15	9.5	32	18	25		9	25.5	16	11			10	8	17
18	16	10.5	34	19	26			27	17	12			11	9	18
19	16.5	11	36	20	27.5		10	28	18	13					19
20	17.5	11.5	38	22	29		11	29	19	14			12	10	20

表 A. 15 基本分测验粗分等值量表分转换（Z 转换，71 ～ 75 岁）

量表分	记忆广度		联想学习		再认记忆		自由回忆		内隐记忆		日常记忆		延迟记忆		量表分
	数字	空间	汉词	图符	汉词	图画	汉词	图形	组词	残图	经历	常识	词对	图符	
0	2	0	0		1	10		4.5			13				0
1	3	0.5	1		2	11		6	0	0	14	0			1
2	3.5	1	2	0	3.5	12	0	7					0		2
3	4.5	1.5	3		5	13.5		8	1	1	15	1		0	3
4	5	2	5	1	6.5	14.5	1	9.5	2				1		4
5	5.5	2.5	7	2	7.5	16		10.5	3	2	16	2			5
6	6.5	3	9	3	9	17	2	11.5	4	3			2	1	6
7	7	3.5	11	4	10.5	18.5		13	5	4	17	3			7
8	8	4	13	5	12	19.5	3	14	6			4	3		8
9	8.5	4.5	14	6	13	21		15	7	5	18		4	2	9
10	9	5	16	7	14.5	22	4	16.5	8	6		5			10
11	10	6	18	8	16	23.5	5	17.5	9	7	19	6	5	3	11
12	10.5	6.5	20	9	17	24.5		18.5	10			7			12
13	11.5	7	21	10	18.5	26	6	20	11	8	20		6	4	13
14	12	7.5	23	11	20	27		21	12	9		8			14
15	12.5	8	25	12	21.5	28	7	22	13			9	7	5	15
16	13.5	8.5	27	13	22.5	29	8	23.5	14	10					16
17	14	9	29	14	24	30		24.5	15	11		10	8	6	17
18	15	10	31	15	25.5		9	25.5	16	12			9		18
19	15.5	10.5	33	16	27			27	17					7	19
20	16.5	11	35	17	28		10	28	18	13			10	8	20

表 A.16　基本分测验粗分等值量表分转换（Z 转换，76～91 岁）

量表分	记忆广度		联想学习		再认记忆		自由回忆		内隐记忆		日常记忆		延迟记忆		量表分
	数字	空间	汉词	图符	汉词	图画	汉词	图形	组词	残图	经历	常识	词对	图符	
0	1.5				0	7.5		2.5			12				0
1	2	0			1	9		4	0		13				1
2	3	0.5	0		2	10		5		0		0			2
3	3.5	1		0	3.5	11.5		6.5	1		14		0		3
4	4.5	1.5	1		5	12.5	0	7.5	2	1		1			4
5	5	2	2	1	6	14		8.5	3		15		1		5
6	5.5	2.5	4		7.5	15	1	10	4	2		2		0	6
7	6.5	3	5	2	9	16.5		11	5	3	16	3	2		7
8	7	3.5	7	3	10.5	17.5	2	12	6					1	8
9	8	4	8	4	11.5	19		13.5	7	4	17	4	3		9
10	8.5	4.5	10	5	13	20	3	14.5	8	5		5		2	10
11	9	5.5	11	6	14.5	21.5		15.5	9		18	6	4		11
12	10	6	13	7	15.5	22.5	4	17	10	6				3	12
13	10.5	6.5	14		17	24		18	11	7	19	7	5		13
14	11.5	7	15	8	18.5	25	5	19	12			8		4	14
15	12	7.5	17	9	20	26		20.5	13	8	20		6		15
16	12.5	8	18	10	21	27	6	21.5	14	9		9		5	16
17	13.5	8.5	20	11	22.5	28		22.5	15				7		17
18	14	9.5	21	12	24	29	7	24	16	10		10		6	18
19	15	10	23	13	25.5	30		25	17	11			8		19
20	15.5	10.5	24	14	26.5		8	26	18	12			9	7	20

表 A. 17　基本分测验粗分等值量表分转换（Z 转换，总样本）

量表分	记忆广度		联想学习		再认记忆		自由回忆		内隐记忆		日常记忆		延迟记忆		量表分
	数字	空间	汉词	图符	汉词	图画	汉词	图形	组词	残图	经历	常识	词对	图符	
0	4.5	1.5	2	0	3.5	12	0	8.5	0	0	13		1	0	0
1	5.5	2	4	1	5	13		9.5	1		14	0		1	1
2	6	2.6	6	2	6.5	14.5	1	11	2	1			2	2	2
3	7	3	9	4	7.5	15.5		12	3	2	15	1	3		3
4	7.5	4	11	6	9	17	2	13	4	3			4	3	4
5	8	4.5	13	8	10.5	18		14.5	5	4	16	2		4	5
6	9	5	15	10	12	19.5	3	15.5	6	5		3	5		6
7	9.5	5.5	15	12	13	20.5	4	16.5	7	6	17		6	5	7
8	10.5	6	19	13	14.5	22		18	8	7		4	7	6	8
9	11	6.5	21	15	16	23	5	19	9	8	18	5			9
10	11.5	7	24	17	17.5	24.5	6	20	10	9			8	7	10
11	12.5	8	26	19	18.5	25.5		21.5	12	10	19	6	9	8	11
12	13	8.5	28	21	20	27	7	22.5	13	11		7	10		12
13	14	9	30	23	21.5	28	8	23.5	14	12	20	8		9	13
14	14.5	9.5	32	25	22.5	29		25	15	13			11	10	14
15	15	10	34	27	24	30	9	26	16	14		9	12		15
16	16	10.5	36	29	25.5		10	27	17	15			13	11	16
17	16.5	11	39	30	27			28.5	18	16		10			17
18	17.5	12	41	32	28		11	29.5	19	17			14	12	18
19	18	12.5	43	34	29		12	30.5	21	18					19
20	19	13	44	36	30		13	32	22	19					20

表 B.1　基本分测验粗分等值量表分转换（比率转换，5～6 岁）

比率分	记忆广度		联想学习		再认记忆		自由回忆		内隐记忆		日常记忆		延迟记忆		比率分
	数字	空间	汉词	图符	汉词	图画	汉词	图形	组词	残图	经历	常识	词对	图符	
0	3.5	0.5	0	0	4	12.5		2.5	0		9		0		0
1	4	1	1	1	5	14	0	3.5		0				0	1
2	4.5	1.5	2	2	6.5	15		4.5	1		10		1		2
3	5.5	2	3	3	7.5	16	1	5.5		1				1	3
4	6	2.5	4	4	9	17		6.5					2		4
5	6.5	3	5	9	10	18.5	2	7.5	2	2	11			2	5
6	7	3.5	7	6	11	19.5		9		3			3		6
7	8	4	8	7	12.5	20.5	3	10			12	0		3	7
8	8.5	4.5	9	8	13.5	21.5		11	3	4					8
9	9	9	11	9	15	23	4	12			13	1	4	4	9
10	9.5	5.5	12	11	16	24		13		5		2			10
11	10.5	6	13	12	17.5	25	5	14	4		14		5	5	11
12	11	6.5	14	13	18.5	26		15		6		3			12
13	11.5	7	16	14	20	27	6	16		7			6	6	13
14	12.5	7.5	17	15	21	28		17	5		15	4			14
15	13	8	18	16	22.5	29	7	18		8			7	7	15
16	13.5	8.5	20	17	23.5	30		19.5			16	5			16
17	14	9	21	18	24.5		8	20.5	6	9				8	17
18	15	9.5	22	20	26			21.5			17	6	8		18
19	15.5	10	23	21	27		9	22.5		10		7		9	19
20	16	10.5	25	22	28.5		10	23.5	7	11	18	8	9	10	20

表 B. 2　基本分测验粗分等值量表分转换（比率转换，7～8 岁）

比率分	记忆广度		联想学习		再认记忆		自由回忆		内隐记忆		日常记忆		延迟记忆		比率分
	数字	空间	汉词	图符	汉词	图画	汉词	图形	组词	残图	经历	常识	词对	图符	
0	4	1.5	0	0	5	13.5	0	6.5	1	0	11		0	0	0
1	4.5	2	1	1	6.5	14.5		7.5					1	1	1
2	5.5	2.5	3	2	7.5	16	1	8.5	2	1	12		2		2
3	6	3	5	4	9	17		9.5	3	2				2	3
4	6.5	3.5	7	5	10	18	2	10.5					3		4
5	7	4	9	7	11.5	19		11.5	4	3	13	0	4	3	5
6	8	4.5	11	9	12.5	20.5	3	13	5	4				4	6
7	8.5	5	13	10	14	21.5		14		5	14	1	5		7
8	9	5.5	15	12	15	22.5	4	15	6	6			6	5	8
9	9.5	6	17	14	16.5	23.5		16	7	7	15	2			9
10	10.5	6.5	19	15	17.5	25	5	17		8			7	6	10
11	11	7	21	17	18.5	26		18	8		16	3	8	7	11
12	11.5	7.5	23	19	20	27	6	19	9	9					12
13	12.5	8	25	20	21	28		20		10		4	9	8	13
14	13	8.5	27	22	22.5	29	7	21	10	11	17	5	10		14
15	13.5	9	28	24	23.5	30		22	11	12				9	15
16	14	9.5	30	26	25		8	23.5		13	18	6	11	10	16
17	15	10	32	27	26			24.5	12	14		7	12		17
18	15.5	10.5	34	29	27.5		9	25.5	13		19			11	18
19	16	11	36	31	28.5			26.5		15		8	13		19
20	16.5	11.5	38	32	30		10	28	14	16	20	9	14	12	20

表 B. 3　基本分测验粗分等值量表分转换（比率转换，9 ～ 10 岁）

比率分	记忆广度		联想学习		再认记忆		自由回忆		内隐记忆		日常记忆		延迟记忆		比率分
	数字	空间	汉词	图符	汉词	图画	汉词	图形	组词	残图	经历	常识	词对	图符	
0	6	3	8	3	6.5	15	0	12	1	1	14		3	2	0
1	7	3.5	10	5	7.5	16.5		13	2	2			4	3	1
2	7.5	4	12	6	9	17.5	1	14	3	3	15	0	5		2
3	8	4.5	14	8	10	18.5		15	4	4				4	3
4	8.5	5	16	10	11.5	19.5	2	16	5		16	1	6	5	4
5	9.5	5.5	18	11	12.5	21		17.5	6	5			7		5
6	10	6	19	13	14	22	3	18.5	7	6	17	2		6	6
7	10.5	6.5	21	15	15	23	4	19.5	8	7			8		7
8	11	7	23	16	16.5	24	5	20.5	9	8	18	3	9	7	8
9	12	7.5	25	18	17.5	25.5		21.5	10	9		4		8	9
10	12.5	8	27	20	19	26.5	6	22.5	11	10			10		10
11	13	8.5	29	21	20	27.5	7	23.5	12		19	5	11	9	11
12	13.5	9	31	23	21	28.5	8	24.5	13	11		6			12
13	14.5	9.5	33	25	22.5	30		25.5	14	12	20		12	10	13
14	15	10	35	26	23.5		9	27	15	13		7	13	11	14
15	15.5	11	37	28	25		10	28	16	14		8			15
16	16.5	11.5	39	30	26		11	29	17	15			14	12	16
17	17	12	41	32	27			30	18	16		9			17
18	17.5	12.5	43	33	28		12	31	19						18
19	18	13	44	35	29		13	32	20	17		10			19
20	19	13.5		37	30		14		21	18					20

表 B. 4　基本分测验粗分等值量表分转换（比率转换，11 ～ 12 岁）

比率分	记忆广度		联想学习		再认记忆		自由回忆		内隐记忆		日常记忆		延迟记忆		比率分
	数字	空间	汉词	图符	汉词	图画	汉词	图形	组词	残图	经历	常识	词对	图符	
0	7	4	12	5	7	15.5	0	14	3	2	15	0	5	4	0
1	7.5	4.5	14	7	8	16.5		15.5	4	3				5	1
2	8.5	5	16	9	9.5	17.5	1	16.5	5	4	16	1	6		2
3	9	5.5	18	11	10.5	19	2	17.5	6	5		2	7	6	3
4	9.5	6	20	12	12	20	3	18.5	7	6					4
5	10.5	6.5	22	14	13	21		19.5	8	7	17	3	8	7	5
6	11	7	23	16	14.5	22	4	20.5	9	8		4	9	8	6
7	11.5	7.5	25	17	15.5	23.5	5	21.5	10		18				7
8	12	8	27	19	17	24.5	6	22.5	11	9		5	10	9	8
9	13	8.5	29	21	18	25.5		24	12	10	19	6	11		9
10	13.5	9	31	22	19.5	26.5	7	25	13	11				10	10
11	14	10	33	24	20.5	28	8	26	14	12	20	7	12	11	11
12	14.5	10.5	35	26	22	29	9	27	15	13			13		12
13	15.5	11	37	28	23	30		28	16	14		8		12	13
14	16	11.5	39	29	24		10	29	17			9	14		14
15	16.5	12	41	31	25.5		11	30	18	15					15
16	17	12.5	43	33	26.5		12	31	19	16		10			16
17	18	13	44	34	28			32	20	17					17
18	18.5	13.5		36	29		13		21	18					18
19	19	14		37	30		14		22	19					19
20	20	14.5		38			15		23	20					20

表 B.5　基本分测验粗分等值量表分转换（比率转换，13～14 岁）

比率分	记忆广度		联想学习		再认记忆		自由回忆		内隐记忆		日常记忆		延迟记忆		比率分
	数字	空间	汉词	图符	汉词	图画	汉词	图形	组词	残图	经历	常识	词对	图符	
0	7.5	4.5	14	8	8	15.5	1	14.5	3	3	15	0	5	4	0
1	8.5	5	16	10	9.5	16.5	2	15.5	4	4		1		5	1
2	9	5.5	18	12	10.5	17.5	3	16.5	5	5	16	2	6		2
3	9.5	6	20	14	12	18.5		18	6	6			7	6	3
4	10	6.5	22	16	13	20	4	19	7		17	3		7	4
5	11	7	23	17	14.5	21	5	20	8	7		4	8		5
6	11.5	7.5	25	19	15.5	22	6	21	9	8			9	8	6
7	12	8	27	21	17	23		22	10	9	18	5			7
8	12.5	8.5	29	22	18	24.5	7	23	11	10		6	10	9	8
9	13.5	9	31	24	19.5	25.5	8	24	12	11	19		11	10	9
10	14	9.5	33	26	20.5	26.5	9	25	13	12		7			10
11	14.5	10	35	27	21.5	27.5		26	14		20	8	12	11	11
12	15.5	10.5	37	29	23	29	10	27	15	13			13		12
13	16	11	39	31	24	30	11	28.5	16	14		9		12	13
14	16.5	11.5	41	32	25.5		12	29.5	17	15			14		14
15	17	12	43	34	26.5			30.5	18	16		10			15
16	17	12.5	44	36	28		13	31.5	19	17					16
17	18.5	13		37	29		14	32	20	18					17
18	19	13.5		38	30		15		21						18
19	19.5	14							22	19					19
20	20.5	14.5					16		23	20					20

表 B. 6　基本分测验粗分等值量表分转换（比率转换，15 ～ 16 岁）

比率分	记忆广度		联想学习		再认记忆		自由回忆		内隐记忆		日常记忆		延迟记忆		比率分
	数字	空间	汉词	图符	汉词	图画	汉词	图形	组词	残图	经历	常识	词对	图符	
0	8	4.5	14	9	8.5	15.5	1	14.5	3	2	15	1	5	4	0
1	8.5	5	16	11	9.5	16.5	2	16	4	3				5	1
2	9.5	5.5	18	13	11	17.5	3	17	5	4	16	2	6		2
3	10	6	20	14	12	18.5		18	6	5		3	7	6	3
4	10.5	6.5	22	16	13.5	20	4	19	7	6	17				4
5	11	7	24	18	14.5	21	5	20	8	7		4	8	7	5
6	12	7.5	28	19	16	22	6	21	9		18	5	9	8	6
7	12.5	8	30	21	17	23		22	10	8					7
8	13	8.5	32	23	18	24.5	7	23	11	9		6	10	9	8
9	14	9	34	24	19.5	25.5	8	24.5	12	10	19	7	11		9
10	14.5	9.5	36	26	20.5	26.5	9	25.5	13	11				10	10
11	15	10	38	28	22	27.5		26.5	14	12	20	8	12	11	11
12	15.5	10.5	40	29	23	29	10	27.5	15	13		9	13		12
13	16.5	11	42	31	24.5	30	11	28.5	16					12	13
14	17	11.5	43	33	25.5		12	29.5	17	14		10	14		14
15	17.5	12	44	34	27			30.5	18	15					15
16	18	12.5		36	28		13	31.5	19	16					16
17	19	13		38	29		14	32	20	17					17
18	19.5	13.5			30		15		21	18					18
19	20	14							22	19					19
20	20.5	15					16		23	20					20

表 B.7　基本分测验粗分等值量表分转换（比率转换，17～20 岁）

比率分	记忆广度		联想学习		再认记忆		自由回忆		内隐记忆		日常记忆		延迟记忆		比率分
	数字	空间	汉词	图符	汉词	图画	汉词	图形	组词	残图	经历	常识	词对	图符	
0	7.5	4	12	8	7	15	0	14	3	2	15	1	4	3	0
1	8.5	5	14	10	8.5	16	1	15	4	3			5	4	1
2	9	5.5	16	12	9.5	17	2	16	5	4	16	2	6	5	2
3	9.5	6	18	14	11	18		17	6	5		3			3
4	10.5	6.5	20	15	12	19.5	3	18	7		17		7	6	4
5	11	7	22	17	13.5	20.5	4	19	8	6		4	8		5
6	11.5	7.5	24	19	14.5	21.5	5	20	9	7	18	5		7	6
7	12	8	26	20	16	22.5		21.5	10	8			9	8	7
8	13	8.5	28	22	17	24	6	22.5	11	9		6	10		8
9	13.5	9	30	24	18.5	25	7	23.5	12	10	19			9	9
10	14	9.5	32	26	19.5	26	8	24.5	13	11		7	11		10
11	15	10	34	27	20.5	27		25.5	14		20	8	12	10	11
12	15.5	10.5	36	29	22	28	9	26.5	15	12				11	12
13	16	11	38	31	23	29	10	27.5	16	13		9	13		13
14	16.5	11.5	40	32	24.5	30	11	28.5	17	14			14	12	14
15	17.5	12	41	34	25.5			29.5	18	15		10			15
16	18	12.5	43	35	27		12	31	19	16					16
17	18.5	13	44	36	28		13	32	20	17					17
18	19	13.5			29		14		21						18
19	20	14			30				22	18					19
20	20.5	14.5					15		23	19					20

表 B.8　基本分测验粗分等值量表分转换（比率转换，21 ～ 25 岁）

比率分	记忆广度		联想学习		再认记忆		自由回忆		内隐记忆		日常记忆		延迟记忆		比率分
	数字	空间	汉词	图符	汉词	图画	汉词	图形	组词	残图	经历	常识	词对	图符	
0	7.5	4	9	7	6.5	14.5	0	12	2	1	15	0	3	3	0
1	8	4.5	11	9	7.5	15.5		13	3	2		1	4	4	1
2	8.5	5	13	10	9	17	1	14	4	3	16		5		2
3	9.5	5.5	15	12	10	18		15	5	4		2	6	5	3
4	10	6	17	14	11.5	19	2	16	6	5	17	3			4
5	10.5	6.5	19	15	12.5	20	3	17.5	7				7	6	5
6	11.5	7	21	17	14	21.5	4	18.5	8	6	18	4	8	7	6
7	12	7.5	23	19	15	22.5		19.5	9	7		5			7
8	12.5	8	25	20	16	23.5	5	20.5	10	8	19		9	8	8
9	13	8.5	27	22	17.5	24.5	6	21.5	11	9		6	10		9
10	14	9	29	24	18.5	26	7	22.5	12	10		7		9	10
11	14.5	9.5	31	26	20	27		23.5	13	11	20		11	10	11
12	15	10	33	27	21	28	8	24.5	14			8	12		12
13	15.5	10.5	34	29	22.5	29	9	25.5	15	12		9		11	13
14	16.5	11	36	31	23.5	30	10	27	16	13			13		14
15	17	11.5	38	32	25			28	17	14		10	14	12	15
16	17.5	12	40	34	26		11	29	18	15					16
17	18	12.5	42	35	27		12	30	19	16					17
18	19	13	44	36	28		13	31	20	17					18
19	19.5	13.5			29			32	21						19
20	20	14.5			30		14		22	18					20

表 B.9　基本分测验粗分等值量表分转换（比率转换，26～35 岁）

比率分	记忆广度		联想学习		再认记忆		自由回忆		内隐记忆		日常记忆		延迟记忆		比率分
	数字	空间	汉词	图符	汉词	图画	汉词	图形	组词	残图	经历	常识	词对	图符	
0	7	3	6	4	6.5	14	0	10.5	2	0	15	0	3	2	0
1	8	3.5	8	6	7	15.5		12	3	1		1		3	1
2	8.5	4	10	8	8	16.5	1	13	4	2	16		4		2
3	9	4.5	12	9	9.5	17.5		14	5	3		2	5	4	3
4	10	5	14	11	10.5	18.5	2	15	6	4	17	3			4
5	10.5	6	16	13	12	20		16	7				6	5	5
6	11	6.5	18	14	13	21	3	17	8	5	18	4	7	6	6
7	11.5	7	20	16	14.5	22	4	18	9	6		5	8		7
8	12.5	7.5	22	18	15.5	23	5	19	10	7	19			7	8
9	13	8	24	20	17	24.5		20	11	8		6	9		9
10	13.5	8.5	26	21	18	25.5	6	21.5	12	9		7	10	8	10
11	14	9	27	23	19	26.5	7	22.5	13	10	20			9	11
12	15	9.5	29	25	20.5	27.5	8	23.5	14			8	11		12
13	15.5	10	31	26	21.5	29		24.5	16	11		9	12	10	13
14	16	10.5	33	28	23	30	9	25.5	17	12					14
15	16.5	11	35	30	24		10	26.5	18	13		10	13	11	15
16	17.5	11.5	37	31	25.5		11	27.5	19	14			14	12	16
17	18	12	39	33	26.5			28.5	20	15					17
18	18.5	12.5	41	35	28		12	29.5	21	16					18
19	19.5	13	43	36	29		13	30.5	22						19
20	20	13.5	44	38	30		14	32	23	17					20

表 B. 10　基本分测验粗分等值量表分转换（比率转换，36 ～ 45 岁）

比率分	记忆广度		联想学习		再认记忆		自由回忆		内隐记忆		日常记忆		延迟记忆		比率分
	数字	空间	汉词	图符	汉词	图画	汉词	图形	组词	残图	经历	常识	词对	图符	
0	6.5	2	5	3	5	14		10	2	0	15	0	1	1	0
1	7	2.5	7	4	6.5	15	0	11	3			1	2		1
2	8	3	9	6	7.5	16		12.5	4	1	16			2	2
3	8.5	3.5	11	7	8.5	17.5	1	13.5	5	2		2	3	3	3
4	9	4	13	9	10	18.5		14.5	6	3	17	3	4		4
5	9.5	4.5	14	10	11	19.5	2	15.5	7					4	5
6	10.5	5	16	11	12.5	20.5	3	16.5	8	4	18	4	5		6
7	11	5.5	18	13	13.5	22		17.5	9	5		5	6	5	7
8	11.5	6	20	14	15	23	4	18.5	10	6				6	8
9	12	6.5	22	16	10	24	5	19.5	11	7	19	6	7		9
10	13	7	24	17	17.5	25	6	20.5	12				8	7	10
11	13.5	7.5	26	18	18.5	26.5		22	13	8		7			11
12	14	8.5	28	20	20	27.5	7	23	14	9	20	8	9	8	12
13	14.5	9	30	21	21	28.5	8	24	15	10			10	9	13
14	15.5	9.5	32	23	22.5	29.5	9	25	16	11		9			14
15	16	10	34	24	23.5	30		25	17				11	10	15
16	16.5	10.5	36	25	24.5		10	27	18	12		10	12		16
17	17	11	38	27	26		11	28	19	13				11	17
18	18	11.5	40	28	27		12	29	20	14			13		18
19	18.5	12	42	30	28.5			30	21	15				12	19
20	19	12.5	43	31	29.5		13	31.5	22	16			14		20

表 B. 11　基本分测验粗分等值量表分转换（比率转换，46～55 岁）

比率分	记忆广度		联想学习		再认记忆		自由回忆		内隐记忆		日常记忆		延迟记忆		比率分
	数字	空间	汉词	图符	汉词	图画	汉词	图形	组词	残图	经历	常识	词对	图符	
0	6	1.5	3	3	4	13	0	9	1	0	15	0	0	0	0
1	6.5	2	5	4	5.5	15		10	2			1	1	1	1
2	7.5	2.5	7	5	6.5	16	1	11.5	3	1	16		2		2
3	8	3	9	6	8	17		12.5	4	2		2		2	3
4	8.5	3.5	10	7	9	18.5	2	13.5	5		17		3		4
5	9	4	12	8	10.5	19.5		14.5	6	3		3	4	3	5
6	10	4.5	14	9	11.5	20.5	3	15.5	7	4		4		4	6
7	10.5	5	16	11	13	21.5		16.5	8		18		5		7
8	11	5.5	18	12	14	23	4	17.5	9	5		5	6	5	8
9	11.5	6	20	13	15.5	24	5	18.5	10	6	19	6			9
10	12.5	6.5	22	14	16.5	25	6	19.5	11	7			7	6	10
11	13	7	24	15	18	26		20.5	12			7	8	7	11
12	13.5	7.5	26	16	19	27.5	7	22	13	8	20	8			12
13	14	8	28	17	20	28.5	8	23	14	9			9	8	13
14	15	9	30	18	21.5	29.5		24	15	10		9	10		14
15	15.5	9.5	32	19	22.5	30	9	25	16					9	15
16	16	10	34	21	24		10	26	17	11		10	11	10	16
17	16.5	10.5	36	22	25			27	18	12			12		17
18	17.5	11	38	23	26.5		11	28	19	13			13	11	18
19	18	11.5	39	24	27.5		12	29	20						19
20	18.5	12	41	25	29		13	30	21	14			14	12	20

表 B.12　基本分测验粗分等值量表分转换（比率转换，56 ～ 60 岁）

比率分	记忆广度		联想学习		再认记忆		自由回忆		内隐记忆		日常记忆		延迟记忆		比率分
	数字	空间	汉词	图符	汉词	图画	汉词	图形	组词	残图	经历	常识	词对	图符	
0	5.5	1.5	1	1	4	13.5		8.5	0	0	15	0	0	0	0
1	6.5	2	3	2	5	14.5	0	9.5	1				1		1
2	7	2.5	5	3	6	15.5		11	2	1	16	1		1	2
3	7.5	3	7	4	7.5	17	1	12	3			2	2		3
4	8	3.5	9	5	8.5	18		13	4	2	17		3	2	4
5	9	4	11	6	10	19	2	14	5	3		3			5
6	9.5	4.5	13	7	11	20	3	15	6			4	4	3	6
7	10	5	15	8	12.5	21.5		16	7	4	18				7
8	10.5	5.5	16	10	13.5	22.5	4	17	8	5		5	5	4	8
9	11.5	6	18	11	15	23.5		18	9		19	6	6		9
10	12	6.5	20	12	16	24.5	5	19	10	6				5	10
11	12.5	7	22	13	17.5	26	6	20	11	7		7	7	6	11
12	13	7.5	24	14	18.5	27		21.5	12	8	20	8	8		12
13	14	8	26	15	20	28	7	22.5	13					7	13
14	14.5	8.5	28	16	21	29	8	23.5	14	9		9	9		14
15	15	9	30	17	22	30		24.5	15	10			10	8	15
16	15.5	9.5	32	19	23.5		9	25.5	16			10		9	16
17	16.5	10	34	20	24.5			26.5	17	11			11		17
18	17	10.5	36	21	26		10	27.5	18	12				10	18
19	17.5	11	38	22	27		11	28.5	19	13			12		19
20	18.5	11.5	40	23	28.5		12	30	20	14			13	11	20

表B.13　基本分测验粗分等值量表分转换（比率转换，61～65岁）

比率分	记忆广度		联想学习		再认记忆		自由回忆		内隐记忆		日常记忆		延迟记忆		比率分
	数字	空间	汉词	图符	汉词	图画	汉词	图形	组词	残图	经历	常识	词对	图符	
0	4.5	1	0	0	3.5	13		8	0	0	15	0	0		0
1	5.5	1.5	2	1	4.5	14	0	9	1				1	0	1
2	6	2	4	2	5.5	15.5		10	2	1	16	1			2
3	6.5	2.5	6	3	7	16.5	1	11	3				2	1	3
4	7.5	3	8	4	8	17.5		12	4	2		2			4
5	8	3.5	10	5	9.5	18.5	2	13	5	3	17	3	3	2	5
6	8.5	4	12	6	10.5	20		14	6						6
7	9	4.5	13	7	12	21	3	15	7	4	18	4	4	3	7
8	10	5	15	9	13	22	4	16.5		5			5		8
9	10.5	5.5	17	10	14.5	23		17.5	8		19	5		4	9
10	11	6	19	11	15.5	24.5	5	18.5	9	6		6	6		10
11	11.5	6.5	21	12	17	25.5	6	19.5	10	7				5	11
12	12.5	7	23	13	18	26.5		20.5	11		20	7	7		12
13	13	7.5	25	14	19.5	27.5	7	21.5	12	8		8	8	6	13
14	13.5	8	27	15	20.5	29		22.5	13	9				7	14
15	14	8.5	29	16	21.5	30	8	23.5	14			9	9		15
16	15	9	31	17	23	31	9	24.5	15	10				8	16
17	15.5	9.5	33	18	24	32		25.5	16	11		10	10		17
18	16	10	35	19	25.5	33.5	10	27	17				11	9	18
19	17	10.5	37	20	26.5	34.5	11	28	18	12				10	19
20	17.5	11	39	21	28	35.5	12	29	19	13			12	11	20

表 B. 14　基本分测验粗分等值量表分转换（比率转换，66 ～ 70 岁）

比率分	记忆广度		联想学习		再认记忆		自由回忆		内隐记忆		日常记忆		延迟记忆		比率分
	数字	空间	汉词	图符	汉词	图画	汉词	图形	组词	残图	经历	常识	词对	图符	
0	4	0.5	0	0	3	12.5		7	0	0	15	0	0		0
1	4.5	1	2	1	4	14	0	8	1						1
2	5.5	1.5	4	2	5.5	15		9	2	1		1	1		2
3	6	2	5	3	6.5	16	1	10	3		16			0	3
4	6.5	2.5	7	4	8	17		11	4	2		2	2		4
5	7	3	9	5	9	18.5	2	12.5	5	3	17			1	5
6	8	3.5	11	6	10.5	19.5		13.5	6			3	3		6
7	8.5	4	13	7	11.5	20.5	3	14.5		4	18	4		2	7
8	9	4.5	14	8	12.5	21.5		15.5	7	5			4		8
9	9.5	5	16		14	22.5	4	16.5	8			5	5	3	9
10	10.5	5.5	18	9	15	24	5	17.5	9	6	19	6			10
11	11	6.5	20	10	16.5	25		18.5	10	7			6	4	11
12	11.5	7	22	11	17.5	26	6	19.5	11		20	7			12
13	12	7.5	23	12	19	27	7	20.5	12	8		8	7	5	13
14	13	8	25	13	20	28		21.5						6	14
15	13.5	8.5	27	14	21.5	29	8	23	13	9		9	8		15
16	14	9	29	15	22.5	30		24	14	10			9	7	16
17	14.5	9.5	31	16	24		9	25	15			10			17
18	15.5	10	32	17	25		10	26	16	11			10	8	18
19	16	10.5	34		26.5			27	17	12				9	19
20	16.5	11	36	18	27.5		11	28	18	13			11	10	20

表 B. 15　基本分测验粗分等值量表分转换（比率转换，71 ～ 75 岁）

比率分	记忆广度		联想学习		再认记忆		自由回忆		内隐记忆		日常记忆		延迟记忆		比率分
	数字	空间	汉词	图符	汉词	图画	汉词	图形	组词	残图	经历	常识	词对	图符	
0	3	0	0		2	11		6	0	0	15	0	0		0
1	3.5	0.5	2	0	3.5	12		7	1						1
2	4	1	3		4.5	13	0	8	2	1		1	1		2
3	5	1.5	5	1	6	14.5		9	3		16				3
4	5.5	2	7	2	7	15.5	1	10	4	2		2		0	4
5	6	2.5	8	3	8.5	16.5		11		3	17		2		5
6	6.5	3	10	4	9.5	17.5	2	12	5			3			6
7	7.5	3.5	11		11	19		13	6	4	18		3	1	7
8	8	4	13	5	12	20	3	14	7			4			8
9	8.5	4.5	15	6	13.5	21		15		5			4	2	9
10	9	5	16	7	14.5	22	4	16.5	8	6	19	5			10
11	10	6	18	8	15.5	23.5	5	17.5	9			6		3	11
12	10.5	6.5	19	9	17	24.5		18.5	10	7	20		5	4	12
13	11	7	21		18	25.5	6	19.5	11			7			13
14	11.5	7.5	23	10	19.5	26.5		20.5		8		8	6	5	14
15	12.5	8	24	11	20.5	28	7	21.5	12	9					15
16	13	8.5	26	12	22	29		22.5	13			9	7	6	16
17	13.5	9	27	13	23	30	8	23.5	14	10				7	17
18	14.5	9.5	29	14	24.5		9	24.5				10	8		18
19	15	10	31		25.5			26	15	11				8	19
20	15.5	10.5	32	15	27		10	27	16	12			9		20

表 B. 16　基本分测验粗分等值量表分转换（比率转换，76～91 岁）

比率分	记忆广度		联想学习		再认记忆		自由回忆		内隐记忆		日常记忆		延迟记忆		比率分
	数字	空间	汉词	图符	汉词	图画	汉词	图形	组词	残图	经历	常识	词对	图符	
0	2		0		1	9		4	1		13				0
1	3	0	1		2	10		5		0		0			1
2	3.5	0.5	2	0	3	11		6	2		14		0		2
3	4	1	3		4.5	12.5		7	3	1		1			3
4	4.5	1.5	4	1	5.5	13.5	0	8			15			0	4
5	5.5	2	5		7	14.5		9	4	2		2	1		5
6	6	25	6	2	8	15.5		10.5	5						6
7	6.5	3	7		9.5	17	1	11.5		3	16	3	2	1	7
8	7	3.5	8	3	10.5	18		12.5	6	4					8
9	8	4	9		12	19	2	13.5	7		17	4			9
10	8.5	4.5	10	4	13	20		14.5	8	5		5	3	2	10
11	9	5	11		14.5	21.5	3	15.5			18				11
12	10	6	12	5	15.5	22.5		16.5	9	6		6	4	3	12
13	10.5	6.5	13		16.5	23.5	4	17.5	10		19	7			13
14	11	7	14	6	18	24.5		18.5		7			5	4	14
15	11.5	7.5	15	7	19	26	5	19.5	11	8		8			15
16	12.5	8	16		20.5	27		21	12		20		6	5	16
17	13	8.5	17	8	21.5	28	6	22		9		9			17
18	13.5	9	18		23	29		23	13				7	6	18
19	14	9.5	19	9	24	30	7	24	14	10		10		7	19
20	15	10	20	10	25.5		8	25	15	11			8	8	20

表 B.17 基本分测验粗分等值量表分转换（比率转换，总样本）

比率分	记忆广度		联想学习		再认记忆		自由回忆		内隐记忆		日常记忆		延迟记忆		比率分
	数字	空间	汉词	图符	汉词	图画	汉词	图形	组词	残图	经历	常识	词对	图符	
0	5.5	2	4	0	5	13		9.5	0	0	14		0	0	0
1	6	2.5	6	2	6	14.5	0	10.5	1	1		0	1	1	1
2	6.5	3	8	4	7.5	15.5		11.5	2	2	15		2	2	2
3	7.5	3.5	10	6	8.5	16.5	1	13	3	3		1	3	3	3
4	8	4	12	7	10	17.5		14	4	4	16		4		4
5	8.8	4.5	14	9	11	19	2	15	5	5		2	5	4	5
6	9	5	16	11	12.5	20	3	16	6	6	17	3			6
7	10	5.5	18	12	13.5	21	4	17	7	7			6	5	7
8	10.5	6	20	14	15	22		18	8		18	4	7	6	8
9	11	6.5	22	16	16	23.5	5	19	9	8		5			9
10	11.5	7	24	17	17.5	24.5	6	20	10	9			8	7	10
11	12.5	7.5	26	19	18.5	25.5	7	21	11	10	19	6	9		11
12	13	8.5	27	21	19.5	26.5		22.5	12	11		7		8	12
13	13.5	9	29	22	21	28	8	23.5	14	12	20		10	9	13
14	14	9.5	31	24	22	29	9	24.5	15	13		8	11		14
15	15	10	33	26	23.5	30	10	25.5	16			9		10	15
16	15.5	10.5	35	27	24.5			26.5	17	14			12		16
17	16	11	37	29	26		11	27.5	18	15		10	13	11	17
18	17	11.5	39	31	27		12	28.5	19	16					18
19	17.5	12	41	33	28.5		13	29.5	20	17			14	12	19
20	18	12.5	43	34	30		14	31	21	18					20

表 C.1　附加分测验粗分等值转换（5～6 岁）

量表分	Z 转换						比率转换						比率分
	汉词广度	人-名配对	人面再认	图画回忆	人面延迟	生活记忆	汉词广度	人-名配对	人面再认	图画回忆	人面延迟	生活记忆	
0	1		0	0		19	1.5		0	0		18	0
1	1.5		0.5			20	2		0.5	1		19	1
2	2		1.5	1		21	2.5		1	2		20	2
3	2.5		2	2			3	0	2				3
4	3	0	3	3		22	3.5		2.5	3		21	4
5	3.5		3.5		0	23	4	0.5	3.5	4		22	5
6	4	0.5	4.5	4			4.5		4	5	0	23	6
7	4.5	1	5	5	0.5	24		1	5			24	7
8	5		6	6		25	5		6	6	0.5		8
9	5.5	1.5	6.5	7	1		5.5	1.5	6.5	7		25	9
10	6	2	7.5	8		26	6	2	7.5	8	1	26	10
11	6.5		8.5	9	1.5	27	6.5		8.5		1.5	27	11
12	7	2.5	9				7	2.5	9	9	2	28	12
13	7.5	3	10	10	2	28		3	10	10	3		13
14	8		10.5	11		29	7.5		11	11	3.5	29	14
15	8.5	3.5	11.5	12	2.5		8	3.5	11.5		4		15
16	9	4	12	13		30	8.5		12.5	12	4.5	30	16
17	9.5		13	14	3		9	4	13	13	5		17
18	10	4.5	13.5					4.5	14	14	6		18
19	10.5	5	14.5	15	3.5		9.5		15		6.5		19
20	11	5.5	15	16	4		10	5	15.5	15	7		20

表 C.2　附加分测验粗分等值转换（7 ～ 8 岁）

量表分	Z 转换						比率转换						比率分
	汉词广度	人—名配对	人面再认	图画回忆	人面延迟	生活记忆	汉词广度	人—名配对	人面再认	图画回忆	人面延迟	生活记忆	
0	1.5		0.5	0		19	2	0	0.5	0		18	0
1	2		1.5	1		20	2.5	0.5	1.5	1		19	1
2	2.5		2.5	2		21	3	1	2.5	2		20	2
3	3		3.5	3			3.5		3.5	3		21	3
4	3.5	0.5	4.5		0	22		1.5	4.5	4	0		4
5	4	1	5.5	4		23	4	2	5.5			22	5
6	4.5	1.5	6.5	5	0.5		4.5		7	5	0.5	23	6
7	5	2	7.5	6		24	5	2.5	8	6		24	7
8	5.5	2.5	8.5	7	1	25	5.5		9	7	1	25	8
9	6	3	10	8			6	3	10	8			9
10	6.5	3.5	11	9	1.5	26	6.5	3.5	11	9	1.5	26	10
11		4	12	10	2	27			12	10	2.5	27	11
12	7	4.5	13				7	4	13		3	28	12
13	7.5	5	14	11	2.5	28	7.5	4.5	14	11	3.5	29	13
14	8	5.5	15	12	3	29	8		15	12	4		14
15	8.5	6	16	13			8.5	5	16	13	4.5	30	15
16	9	6.5	17	14	3.5	30	9		17	14	5.5		16
17	9.5	7	18	15	4			5.5	18	15	6		17
18	10	7.5	19	16			9.5	6	19	16	6.5		18
19	10.5	8	20	17	4.5		10		20		7		19
20	11	8.5	21.5	18	5		10.5	6.5	21	17	8		20

表 C.3 附加分测验粗分等值转换（9～10 岁）

量表分	Z 转换						比率转换						比率分
	汉词广度	人-名配对	人面再认	图画回忆	人面延迟	生活记忆	汉词广度	人-名配对	人面再认	图画回忆	人面延迟	生活记忆	
0	2.5		0	1	0	20	3	0.5	1	2	0	19	0
1	3	0	0.5	2		21	3.5	1.5	2	3		20	1
2	3.5	0.5	1.5	3	0.5	22	4	2	3.5	4	0.5	21	2
3	4	1	3	4			4.5	2.5	4.5	5			3
4	4.5	2	4.5	5	1	23		3.5	5.5	6	1	22	4
5	5	3	5.5	6	1.5	24	5	4	7	7	1.5	23	5
6	5.4	4	7	7	2		5.5	5	8	8	2	24	6
7	6	5	8.5	8	2.5	25	6	5.5	9	9	2.5	25	7
8	6.5	5.5	10	9	3	26	6.5	6	10	10	3		8
9	7	6.5	11	10	3.5		7	7	11.5		3.5	26	9
10	7.5	7.5	12.5	11		27	7.5	7.5	12.5	11	4	27	10
11		8.5	14	13	4	28		8.5	13.5	12	4.5	28	11
12	8	9.5	15	14	4.5		8	9	15	13	5	29	12
13	8.5	10.5	16.5	15	5	29	8.5	10	16	14	5.5		13
14	9	11.5	18	16	5.5		9	10.5	17	15	6	30	14
15	9.5	12.5	19.5	17	6	30	9.5	11	18	16	7		15
16	10	13.5	20.5	18	6.5			12	19.5	17	7.5		16
17	10.5	14.5	22	19			10	12.5	20.5	18	8		17
18	11	15.5	23.5	20	7		10.5	13.5	21.5	19	8.5		18
19	11.5	16.5	24.5	21	7.5		11	14	23	20	9		19
20	12	17.5	26	22	8		11.5	15	24	21	10		20

表 C.4　附加分测验粗分等值转换（11 ～ 12 岁）

量表分	Z 转换						比率转换						比率分
	汉词广度	人—名配对	人面再认	图画回忆	人面延迟	生活记忆	汉词广度	人—名配对	人面再认	图画回忆	人面延迟	生活记忆	
0	4		1.5	4	0	21	4	0.5	2.5	4	0	20	0
1	4.5	0	3	5		22	4.5	1.5	4	5		21	1
2	5	0.5	4	6	0.5		5	2	5	6	0.5		2
3	5.5	1	5.5	7	1	23	5.5	3	6.5	7		22	3
4		2	7	8	1.5	24	6	3.5	7.5	8	1	23	4
5	6	3	8	9			6.5	4.5	9	9	1.5	24	5
6	6.5	4	9.5	10	2	25	7	5	10	10	2	25	6
7	7	5	11	11	2.5	26	7.5	6	11.5	11	2.5		7
8	7.5	6.5	12.5	12	3			7	12.5	12	3	26	8
9	8	7.5	13.5	13	3.5	27	8	7.5	14	13	3.5	27	9
10	8.5	8.5	15	14	4	28	8.5	8.5	15	14	4	28	10
11	9	9.5	16.5	15	4.5		9	9	16	15	4.5	29	11
12	9.5	10.5	17.5	16		29	9.5	10	17.5	16	5		12
13	10	11.5	19	17	5			10.5	18.5		6	30	13
14	10.5	12.5	20.5	18	5.5	30	10	11.5	20	17	6.5		14
15	11	13.5	22	19	6		10.5	12	21	18	7		15
16	11.5	14.5	23	20	6.5		11	13	22.5	19	7.5		16
17		15.5	24.5	21	7		11.5	13.5	23.5	20	8		17
18	12	16.5	26	22	7.5		12	14.5	25	21	9		18
19	12.5	17.5	27	23	8		12.5	15	26	22	9.5		19
20	13	18.5	28.5	24	8.5		13	16	27	23	10		20

表 C.5　附加分测验粗分等值转换（13 ～ 14 岁）

量表分	Z转换						比率转换						比率分
	汉词广度	人—名配对	人面再认	图画回忆	人面延迟	生活记忆	汉词广度	人—名配对	人面再认	图画回忆	人面延迟	生活记忆	
0	5	1	3	4	0	21	5	2	4	5	0	20	0
1	5.5	2	4	5			5.5	3	5.5	6	0.5		1
2		3	5.5	6	0.5	22	6	4	6.5	7	1	21	2
3	6	4	7	7		23	6.5	5	8	8	1.5	22	3
4	6.5	5	8	8	1		7	6	9	9	2	23	4
5	7	6.5	9.5	9	2	24	7.5	7	10.5	10	2.5	24	5
6	7.5	7.5	11	10	2.5	25		7.5	11.5	11	3		6
7	8	8.5	12.5	11	3		8	8.5	12.5		3.5	25	7
8	8.5	9.5	13.5	12	4	26	8.5	9.5	14	12	4	26	8
9	9	10.5	15	13	4.5	27	9	10.5	15	13	4.5	27	9
10	9.5	11.5	16.5	14	5		9.5	11.5	16.5	14	5	28	10
11	10	12.5	17.5	15	6	28	10	12.5	17.5	15	6		11
12	10.5	13.5	19	16	6.5	29	10.5	13.5	19	16	6.5	29	12
13	11	14.5	20.5	17	7			14	20	17	7	30	13
14	11.5	15.5	22	18	8	30	11	15	21.5	18	7.5		14
15	12	16.5	23	19	8.5		11.5	16	22.5	19	8		15
16	12.5	17.5	24.5	20	9		12	17	23.5	20	8.5		16
17		18.5	26	21	9.5		12.5	18	25	21	9		17
18	13	19.5	27.5	22	10		13	19	26	22	9.5		18
19	13.5	20.5	28.5	23			13.5	19.5	27.5	23	10		19
20	14	21.5	30	24			14	20.5	28.5	24			20

表 C.6 附加分测验粗分等值转换（15 ~ 16 岁）

量表分	Z 转换						比率转换						比率分
	汉词广度	人—名配对	人面再认	图画回忆	人面延迟	生活记忆	汉词广度	人—名配对	人面再认	图画回忆	人面延迟	生活记忆	
0	5	1	2	4	0	20	5.5	2	3.5	5	0	19	0
1	5.5	2	3.5	5		21	6	3	4.5	6	0.5	20	1
2	6	3	5	6	0.5	22	6.5	4	6	7	1	21	2
3	6.5	4	6	8				5	7	8	1.5	22	3
4	7	5.5	7.5	9	1	23	7	6	8.5	9	2		4
5	7.5	6.5	9	10	2	24	7.5	7	9.5	10	2.5	23	5
6	8	7.5	10	11	2.5		8	7.5	11	11	3	24	6
7	8.5	8.5	11.5	12	3	25	8.5	8.5	12	12	3.5	25	7
8		9.5	13	13	4	26	9	9.5	13	13	4	26	8
9	9	10.5	14.5	14	4.5			10.5	14.5	14	4.5		9
10	9.5	11.5	15.5	15	5	27	9.5	11.5	15.5	15	5	27	10
11	10	12.5	17	16	6	28	10	12.5	17		5.5	28	11
12	10.5	13.5	18.5	17	6.5		10.5	13.5	18	16	6.5	29	12
13	11	14.5	20	18	7	29	11	14	19.5	17	7		13
14	11.5	15.5	21	19	8	30	11.5	15	20.5	18	7.5	30	14
15	12	16.5	22.5	20	8.5			16	22	19	8		15
16	12.5	17.5	24	21	9		12	17	23	20	8.5		16
17	13	18.5	25	22	10		12.5	18	24	21	9		17
18	13.5	19.5	26.5	23			13	19	25.5	22	9.5		18
19	14	20.5	28	24			13.5	20	26.5	23	10		19
20	14.5	21.5	29				14	21	28	24			20

表 C.7　附加分测验粗分等值转换（17 ～ 20 岁）

量表分	Z 转换						比率转换						比率分
	汉词广度	人－名配对	人面再认	图画回忆	人面延迟	生活记忆	汉词广度	人－名配对	人面再认	图画回忆	人面延迟	生活记忆	
0	4.5	1	1.5	4		20	5	2	3	5	0	19	0
1	5	2	3	5	0	21	5.5	3	4.5	6	0.5	20	1
2	5.5	3	4.5	6			6	4	5.5	7	1	21	2
3	6	4	6	7	0.5	22	6.5	5	6.5	8	1.5		3
4	6.5	5	7	8	1	23	7	5.5	8		2	22	4
5	7	6	8.5	9	2			6.5	9	9	2.5	23	5
6	7.5	7	10	10	2.5	24	7.5	7.5	10.5	10	3	24	6
7	8	8	11	11	3	25	8	8.5	11.5	11	3.5	25	7
8	8.5	9	12.5	12	4		8.5	9.5	13	12	4		8
9	9	10	14	13	4.5	26	9	10.5	14	13	4.5	26	9
10	9.5	11	15.5	14	5	27	9.5	11	15.5	14	5	27	10
11	10	12.5	16.5	15	6			12	16.5	15	5.5	28	11
12	10.5	13.5	18	16	6.5	28	10	13	17.5	16	6.5	29	12
13		14.5	19.5	17	7	29	10.5	14	19	17	7		13
14	11	15.5	21	18	8		11	15	20	18	7.5	30	14
15	11.5	16.5	22	19	8.5	30	11.5	16	21.5	19	8		15
16	12	17.5	23.5	20	9		12	17	22.5		8.5		16
17	12.5	18.5	25	21	10			17.5	24	20	9		17
18	13	19.5	26	22			12.5	18.5	25	21	9.5		18
19	13.5	20.5	27.5	23			13	19.5	26.5	22	10		19
20	14	21.5	29	24			13.5	20.5	27.5	23			20

表 C.8 附加分测验粗分等值转换（21～25 岁）

量表分	Z 转换						比率转换						比率分
	汉词广度	人-名配对	人面再认	图画回忆	人面延迟	生活记忆	汉词广度	人-名配对	人面再认	图画回忆	人面延迟	生活记忆	
0	4	0	1.5	4	0	20	4.5	0.5	3	5		19	0
1	4.5	1	3	5		21	5	1.5	4	6	0	20	1
2	5	2	4	6	0.5		5.5	2.5	5.5	7	0.5		2
3	5.5	3	5.5	7	1	22	6	3.5	6.5		1	21	3
4	6	4	7	8	1.5	23		4.5	7.5	8	1.5	22	4
5	6.5	5	8	9	2		6.5	5.5	9	9	2	23	5
6	7	6	9.5	10	2.5	24	7	6.5	10	10	2.5	24	6
7	7.5	7	11	11	3	25	7.5	7	11.5	11	3		7
8	8	8	12.5	12	3.5		8	8	12.5	12	3.5	25	8
9	8.5	9	13.5	13	4	26	8.5	9	14	13	4	26	9
10	9	10	15	14	4.5	27	9	10	15	14	4.5	27	10
11	9.5	11	16.5	15	5			11	16.5	15	5	28	11
12	10	12	18	16	5.5	28	9.5	12	17.5	16	6		12
13		13	19	17	6	29	10	12.5	18.5	17	6.5	29	13
14	10.5	14	20.5	18	6.5		10.5	13.5	20	18	7	30	14
15	11	15	22	19	7	30	11	14.5	21		7.5		15
16	11.5	16	23	20	8		11.5	15.5	22.5	19	8		16
17	12	17	24.5	21	8.5			16.5	23.5	20	8.5		17
18	12.5	18	26	22	9		12	17.5	25	21	9		18
19	13	19	27.5	23	9.5		12.5	18.5	26	22	9.5		19
20	13.5	20	29	24	10		13	19	27.5	23	10		20

表 C.9　附加分测验粗分等值转换（26～35 岁）

量表分	Z 转换						比率转换						比率分
	汉词广度	人—名配对	人面再认	图画回忆	人面延迟	生活记忆	汉词广度	人—名配对	人面再认	图画回忆	人面延迟	生活记忆	
0	3.5	0	1	3		20	4	0.5	2.5	4		18	0
1	4	0.5	2.5	4	0		4.5	1	4	5	0	19	1
2	4.5	1	4	5	0.5	21	5	2	5	6		20	2
3	5	2	5.5	6	1	22	5.5	3	6	7	0.5	21	3
4	5.5	3	6.5	7	1.5		6	4	7.5	8	1	22	4
5	6	4	8	8	2	23		4.5	8.5	9	1.5	23	5
6	6.5	5	9.5	9	2.5	24	6.5	5.5	10		2		6
7	7	6	10.5	10	3		7	6.5	11	10	2.5	24	7
8	7.5	7	12	11	3.5	25	7.5	7.5	12.5	11	3	25	8
9	8	8	13.5	12	4	26	8	8	13.5	12	3.5	26	9
10	8.5	9	15	13	4.5		8.5	9	15	13	4	27	10
11	9	10	16	14	5	27	9	10	16	14	4.5		11
12	9.5	11	17.5	15	5.5	28		10.5	17	15	5	28	12
13	10	12	19	16	6		9.5	11.5	18.5	16	5.5	29	13
14	10.5	13	20	17	6.5	29	10	12.5	19.5	17	6.5	30	14
15		14	21.5	18	7	30	10.5	13.5	21	18	7		15
16	11	15	23	19	7.5		11	14	22	19	7.5		16
17	11.5	16	24.5	20	8			15	23.5	20	8		17
18	12	17	26	21	8.5		11.5	16	24.5		8.5		18
19	12.5	18	27	22	9		12	16.5	26	21	9.5		19
20	13	19	28.5	23	9.5		12.5	17.5	27	22	10		20

表 C. 10　附加分测验粗分等值转换（36 ～ 45 岁）

量表分	Z 转换						比率转换						比率分
	汉词广度	人—名配对	人面再认	图画回忆	人面延迟	生活记忆	汉词广度	人—名配对	人面再认	图画回忆	人面延迟	生活记忆	
0	3.5		1	2		20	4	0	2.5	3.5		18	0
1	4	0	2.5	4			4.5	1	3.5	4.5		19	1
2	4.5	0.5	4	5	0	21	5	1.5	5	5.5		20	2
3	5	1	5	6		22		2	6	6.5	0	21	3
4	5.5	1.5	6.5	7	0.5		5.5	2.5	7.5	7		22	4
5	6	2	8	8		23	6	3.5	8.5	8	0.5		5
6	6.5	3	9	9	1	24	6.5	4	9.5	9	1	23	6
7	7	3.5	10.5	10	1.5		7	4.5	11	10	1.5	24	7
8	7.5	4.5	12	11	2	25	7.5	5	12	11	2	25	8
9		5.5	13.5	12	2.5	26		5.5	13.5	12	2.5	26	9
10	8	6.5	14.5	13	3		8	6.5	14.5	12.5	3		10
11	8.5	7	16	14	3.5	27	8.5	7	16	13.5	3.5	27	11
12	9	8	17.5	15	4	28	9	7.5	17	14.5	4.5	28	12
13	9.5	9	18.5	16	4.5		9.5	8	18.5	15.5	5	29	13
14	10	10	20	17	5.5	29	10	9	19.5	16.5	5.5		14
15	10.5	11	21.5	18	6	30		9.5	21	17.5	6	30	15
16	11	11.5	23	19	6.5		10.5	10	22	18	6.5		16
17	11.5	12.5	24	20	7		11	10.5	23	19	7.5		17
18	12	13.5	25.5	21	7.5		11.5	11.5	24.5	20	8		18
19	12.5	14.5	27	22	8		12	12	25.5	21	8.5		19
20	13	15.5	28	23	8.5		12.5	12.5	27	22	9		20

表 C.11　附加分测验粗分等值转换（46～55 岁）

量表分	Z 转换						比率转换						比率分
	汉词广度	人-名配对	人面再认	图画回忆	人面延迟	生活记忆	汉词广度	人-名配对	人面再认	图画回忆	人面延迟	生活记忆	
0	3		1	2		19	3.5	0	2.5	3		18	0
1	3.5	0	2.5	3		20	4	0.5	3.5	4		19	1
2	4	0.5	3.5	4	0	21	4.5	1	5	5		20	2
3	4.5	1	5	5			5	1.5	6	6	0	21	3
4	5	1.5	6.5	6	0.5	22	5.5	2	7	7			4
5	5.5	2.5	7.5	7	1	23		2.5	8.5	8	0.5	22	5
6	6	3	9	8	1.5		6	3	9.5		1	23	6
7	6.5	3.5	10.5	9	2	24	6.5	3.5	11	9		24	7
8	7	4	12	10		25	7	4	12	10	1.5	25	8
9	7.5	4.5	13	11	2.5		7.5	4.5	13.5	11	2		9
10	8	5	14.5	12	3	26		5	14.5	12	2.5	26	10
11	8.5	5.5	16	13	3.5	27	8	5.5	16	13	3.5	27	11
12		6.5	17.5	14	4		8.5	6	17	14	4	28	12
13	9	7	18.5	15	4.5	28	9	6.5	18	15	4.5	29	13
14	9.5	8	20	16	5	29	9.5	7	19.5	16	5		14
15	10	8.5	21.5	17	5.5		10	7.5	20.5	17	5.5	30	15
16	10.5	9.5	22.5	18	6	30	10.5	8	22	18	6.5		16
17	11	10	24	19	6.5			8.5	23	19	7		17
18	11.5	10.5	25.5	20	7		11	9	24.5		7.5		18
19	12	11.5	27	21	7.5		11.5	9.5	25.5	20	8		19
20	12.5	12	28	22	8		12	10	27	21	8.5		20

表 C.12　附加分测验粗分等值转换（56 ～ 60 岁）

量表分	Z 转换						比率转换						比率分
	汉词广度	人—名配对	人面再认	图画回忆	人面延迟	生活记忆	汉词广度	人—名配对	人面再认	图画回忆	人面延迟	生活记忆	
0	2.5		0	2		19	3	0	1.5	2		18	0
1	3		1.5	3		20	3.5	0.5	2.6	3		19	1
2	3.5	0	3	4			4		4	4			2
3	4	0.5	4	5	0	21	4.5	1	5	5		20	3
4	4.5	1	5.5	6		22		1.5	6.5	6	0	21	4
5	5	1.5	7	7	0.5		5	2	7.5	7		22	5
6	5.5	2	8	8	1	23	5.5		8.5	8	0.5	23	6
7	6	2.5	9.5	9		24	6	2.5	10	9	1		7
8	6.5	3	11	10	1.5		6.5	3	11	10		24	8
9	7	3.5	12.5	11	2	25	7	3.5	12.5	11	15	25	9
10	7.5	4	13.5	12	2.5	26	7.5	4	13.5	12	2	26	10
11		5	15	13				4.5	15	13	2.5	27	11
12	8	5.5	16.5	14	3	27	8	5	16		3.5		12
13	8.5	6	17.5	15	3.5	28	8.5	5.5	17.5	14	4	28	13
14	9	7	19	16	4		9	6	18.5	15	4.5	29	14
15	9.5	7.5	20.5	17	4.5	29	9.5	6.5	20	16	5	30	15
16	10	8.5	22	18		30	10	7	21	17	5.5		16
17	10.5	9	23	19	5			7.5	22	18	6.5		17
18	11	10	24.5	20	5.5		10.5	8	23.5	19	7		18
19	11.5	10.5	26	21	6		11	8.5	24.5	20	7.5		19
20	12	11.5	27	22	6.5		11.5	9	26	21	8		20

表 C.13 附加分测验粗分等值转换（61 ～ 66 岁）

量表分	Z 转换						比率转换						比率分
	汉词广度	人－名配对	人面再认	图画回忆	人面延迟	生活记忆	汉词广度	人－名配对	人面再认	图画回忆	人面延迟	生活记忆	
0	2.5		0	1		18	3	0	1	2		17	0
1	3	0	1	2		19	3.5		2	3		18	1
2	3.5		2	3		20	4	0.5	3	4		19	2
3	4	0.5	3.5	4					4.5	5		20	3
4	4.5		5	5	0	21	4.5	1	5.5	6	0		4
5	5	1	6	6		22	5	1.5	7	7		21	5
6	5.5		7.5	7	0.5		5.5		8	8	0.5	22	6
7	6	1.5	9	8		23	6	2	9.5		1	23	7
8			10.5	9	1	24	6.5	2.5	10.5	9		24	8
9	6.5	2	11.5	10	1.5				12	10	15		9
10	7	2.5	13	11		25	7	3	13	11	2	25	10
11	7.5	3	14.5	12	2	26	7.5		14.5	12	2.5	26	11
12	8	3.5	16	13	2.5		8	3.5	15.5	13	3	27	12
13	8.5	4	17	14	3	27	8.5	4	16.5	14	3.5	28	13
14	9	4.5	18.5	15	3.5	28	9		18	15	4		14
15	9.5	5	20	16	4			4.5	19	16	5	29	15
16	10	5.5	21	17	4.5	29	9.5	5	20.5	17	5.5	30	16
17	10.5	6	22.5	18		30	10		21.5	18	6		17
18	11	7	24	19	5		10.5	5.5	23	19	6.5		18
19	11.5	7.5	25.5	20	5.5		11		24		7		19
20	12	8	27	21	6		11.5	6	25.5	20	8		20

表 C.14　附加分测验粗分等值转换（66～70 岁）

量表分	Z 转换						比率转换						比率分
	汉词广度	人—名配对	人面再认	图画回忆	人面延迟	生活记忆	汉词广度	人—名配对	人面再认	图画回忆	人面延迟	生活记忆	
0	2.5		0	0		18	2.5	0	0.5	1		17	0
1	3		0.5	1		19	3		1.5	2		18	1
2	3.5	0	2	2		20	3.5	0.5	3	3		19	2
3	4		3	3			4		4	4		20	3
4	4.5	0.5	4.5	4		21	4.5	1	5.5	5	0		4
5			6	5	0	22	5		6.5	6		21	5
6	5	1	7.5	6			5.5	1.5	8	7	0.5	22	6
7	5.5		[illegible]	7	0.5	23			[illegible]	8		23	7
8	6	1.5	10	8		24	6	2	10.5	9	1		8
9	6.5	2	11.5	9	1		6.5		11.5			24	9
10	7	2.5	13	10		25	7	2.5	13	10	1.5	25	10
11	7.5	3	14	11	1.5	26	7.5	3	14	11	2	26	11
12	8	3.5	15.5	12			8		15	12	2.5	27	12
13	8.5	4	17	13	2	27		3.5	16.5	13	3		13
14	9	4.5	18	15	2.5	28	8.5	4	17.5	14	3.5	28	14
15	9.5	5	19.5	16	3		9		19	15	4	29	15
16	10	5.5	21	17	3.5	29	9.5	4.5	20	16	5	30	16
17	10.5	6	22.5	18	4		10		21.5	17	5.5		17
18	11	6.5	23.5	19	4.5	30	10.5	5	22.5	18	6		18
19	11.5	7	25	20	5		11	5.5	24	19	6.5		19
20	12	7.5	26.5	21	5.5		11.5	6	25	20	7		20

表 C. 15 附加分测验粗分等值转换（71 ～ 75 岁）

量表分	Z 转换						比率转换						比率分
	汉词广度	人—名配对	人面再认	图画回忆	人面延迟	生活记忆	汉词广度	人—名配对	人面再认	图画回忆	人面延迟	生活记忆	
0	2		0.5			13	2.5		0	1		16	0
1	2.5		1.5	0		14	3		1	2		17	1
2	3	0	2.5	1			3.5		2	3		18	2
3	3.5		4	2		15	4		3			19	3
4	4	0.5	5	3		16	4.5	0	4	4			4
5	4.5		6	4	0				5.5	5		20	5
6	5	1	7	5		17	5	0.5	6.5	6	0	21	6
7	5.5		8	6	0.5	18	5.5		7.5			22	7
8	6	1.5	9	7			6	1	9	7	0.5	23	8
9	6.5		10	8	1	19	6.5		10	8			9
10	7	2	11	9		20	7	1.5	11	9	1	24	10
11	7.5		12	10	1.5				12	10	1.5	25	11
12	8	2.5	13	11	2	21	7.5	2	13.5		2	26	12
13		3	14	12		22	8	2.5	14.5	11	3	27	13
14	8.5		15.5	13	2.5		8.5		15.5	12	3.5		14
15	9	3.5	16.5	14	3	23	9	3	17	13	4	28	15
16	9.5	4	17.5	15		24	9.5		18		4.5	29	16
17	10		18.5	16	3.5			3.5	19	14	5	30	17
18	10.5	4.5	19.5	17	4	25	10	4	20	15	6		18
19	11	5	20.5	18		26	10.5		21.5	16	6.5		19
20	11.5	5.5	21.5	19	4.5	27	11	4.5	22.5	17	7		20

表 C.16 附加分测验粗分等值转换（76～91 岁）

量表分	Z 转换						比率转换						比率分
	汉词广度	人—名配对	人面再认	图画回忆	人面延迟	生活记忆	汉词广度	人—名配对	人面再认	图画回忆	人面延迟	生活记忆	
0	1.5		0	0		12	2		0	1		15	0
1	2		0.5			13	2.5		0.5			16	1
2	2.5		1.5	1			3		1	2		17	2
3	3	0	2.5	2		14			2.5			18	3
4	3.5		3.5				3.5		3.5	3			4
5	4	0.5	4.5	3	0	15	4		4.5	4		19	5
6	4.5		5.5	4			4.5	0	5.5		0	20	6
7		1	6.5		0.5	16			6.5	5		21	7
8	5		7.5	5			5	0.5	7.5	6	0.5	22	8
9	5.5	1.5	8.5	6	1	17	5.5		8.5				9
10	6		9.5	7		18	6	1	9.5	7	1	23	10
11	6.5	2	10.5		1.5	19	6.5		10.5		1.5	24	11
12	7		11.5	8	2		7	1.5	11.5	8	2	25	12
13	7.5	2.5	12.5	9		20	7.5		12.5	9	3		13
14	8	3	13.5	10	2.5			2	13.5		3.5	26	14
15	8.5		14.5		3	21	8	2.5	14.5	10	4	27	15
16	9	3.5	15.5	11			8.5		15.5		4.5	28	16
17	9.5	4	16.5	12	3.5	22	9	3	16.5	11	5	29	17
18	10		17.5		4		9.5	3.5	17.5	12	6		18
19	10.5	4.5	18.5	13		23	10		18.5		6.5	30	19
20	11	5	19.5	14	4.5	24	10.5	4	19.5	13	7		20

表 C.17　附加分测验粗分等值转换（总样本）

量表分	Z 转换						比率转换						比率分
	汉词广度	人-名配对	人面再认	图画回忆	人面延迟	生活记忆	汉词广度	人-名配对	人面再认	图画回忆	人面延迟	生活记忆	
0	3		0	1		19	3.5	0	1.5	2		18	0
1	3.5		1.5	2		20	4	1	2.5	3	0	19	1
2	4	0	3	4	0		4.5	2	4	4		20	2
3	4.5	0.5	4	5		21		3	5	5	0.5		3
4	5	1	5.5	6	0.5	22	5	4	6.5	6	1	21	4
5	5.5	1.5	7	7			5.5	5	7.5	7	1.5	22	5
6	6	2.5	8	8	1	23	6	5.5	9	8	2	23	6
7	6.5	3.5	9.5	9	1.5	24	6.5	6.5	10	9	2.5	24	7
8		4.5	11	10	2		7	7.5	11	10	3		8
9	7	5.5	12.5	11	2.5	25		8.5	12.5	11	3.5	25	9
10	7.5	6.5	13.5	12	3	26	7.5	9.5	13.5	12	4	26	10
11	8	7.5	15	13	3.5		8	10.5	15	13	4.5	27	11
12	8.5	8.5	16.5	14	4	27	8.5	11	16	14	5	28	12
13	9	9.5	17.5	15	5	28	9	12	17.5		5.5		13
14	9.5	10.5	19	16	5.5		9.5	13	18.5	15	6	29	14
15	10	11.5	20.5	17	6	29		14	20	16	7	30	15
16	10.5	12.5	22	18	7		10	15	21	17	7.5		16
17	11	13.5	23	19	7.5	30	10.5	16	22	18	8		17
18	11.5	14.5	24.5	20	8		11	17	23.5	19	8.5		18
19	12	15.5	26	21	9		11.5	17.5	24.5	20	9		19
20	12.5	16.5	27.5	22	9.5		12	18.5	26	21	10		20

表 D.1　指数分等值转换（Z 转换）

量表分	记忆广度		联想学习		再认记忆		自由回忆		量表分
	指数分	90% CI	指数分	90% CI	指数分	90% CI	指数分	90% CI	
1	31	25 ~ 37	43	38 ~ 48	39	30 ~ 48	42	33 ~ 51	1
2	35	29 ~ 41	46	41 ~ 51	42	33 ~ 51	45	36 ~ 54	2
3	38	32 ~ 44	49	44 ~ 54	46	37 ~ 55	48	39 ~ 57	3
4	42	36 ~ 48	52	47 ~ 57	49	40 ~ 58	51	42 ~ 60	4
5	46	40 ~ 52	55	50 ~ 60	52	43 ~ 61	54	45 ~ 63	5
6	49	43 ~ 55	58	53 ~ 63	55	46 ~ 64	58	49 ~ 67	6
7	53	47 ~ 59	61	56 ~ 66	58	49 ~ 67	61	52 ~ 70	7
8	56	50 ~ 62	64	59 ~ 69	62	53 ~ 71	64	55 ~ 73	8
9	60	54 ~ 66	67	62 ~ 72	65	56 ~ 74	67	58 ~ 76	9
10	64	58 ~ 70	70	65 ~ 75	68	59 ~ 77	70	61 ~ 79	10
11	68	62 ~ 74	73	68 ~ 78	71	62 ~ 80	73	64 ~ 82	11
12	71	65 ~ 77	76	71 ~ 81	74	65 ~ 83	76	67 ~ 85	12
13	75	69 ~ 81	79	74 ~ 84	78	69 ~ 87	79	70 ~ 88	13
14	78	72 ~ 84	82	77 ~ 87	81	72 ~ 90	82	73 ~ 91	14
15	82	76 ~ 88	85	80 ~ 90	84	75 ~ 93	85	76 ~ 94	15
16	86	80 ~ 92	88	83 ~ 93	87	78 ~ 96	88	79 ~ 97	16
17	89	83 ~ 95	91	86 ~ 96	90	81 ~ 99	91	82 ~ 100	17
18	93	87 ~ 99	94	89 ~ 99	94	85 ~ 103	94	85 ~ 103	18
19	96	90 ~ 102	97	92 ~ 102	97	88 ~ 106	97	88 ~ 106	19
20	100	94 ~ 106	100	95 ~ 105	100	91 ~ 109	100	91 ~ 109	20
21	104	98 ~ 110	103	98 ~ 108	103	94 ~ 112	103	94 ~ 112	21
22	107	101 ~ 113	106	101 ~ 111	106	97 ~ 115	106	97 ~ 115	22
23	111	106 ~ 117	109	104 ~ 114	110	101 ~ 119	109	100 ~ 118	23
24	114	108 ~ 120	112	107 ~ 117	113	104 ~ 122	112	103 ~ 121	24
25	118	112 ~ 124	115	110 ~ 120	116	107 ~ 125	115	106 ~ 124	25
26	122	116 ~ 128	118	113 ~ 123	119	110 ~ 128	118	109 ~ 127	26
27	125	119 ~ 131	121	116 ~ 126	122	113 ~ 131	121	112 ~ 130	27
28	129	123 ~ 135	124	119 ~ 129	126	117 ~ 135	124	115 ~ 133	28
29	133	127 ~ 139	127	122 ~ 132	129	120 ~ 138	128	119 ~ 137	29
30	136	130 ~ 142	130	125 ~ 135	132	123 ~ 141	131	122 ~ 140	30
31	140	134 ~ 146	133	128 ~ 138	135	126 ~ 144	134	125 ~ 143	31
32	143	137 ~ 149	136	131 ~ 141	138	129 ~ 147	137	128 ~ 146	32
33	147	141 ~ 153	139	134 ~ 144	142	133 ~ 151	140	131 ~ 149	33
34	151	145 ~ 157	142	137 ~ 147	145	136 ~ 154	143	134 ~ 152	34
35	154	148 ~ 160	145	104 ~ 150	148	139 ~ 157	146	137 ~ 155	35
36	158	152 ~ 164	148	143 ~ 153	151	142 ~ 160	149	140 ~ 158	36
37	162	156 ~ 168	151	146 ~ 156	154	145 ~ 163	152	143 ~ 161	37
38	165	159 ~ 171	154	149 ~ 159	158	149 ~ 167	155	146 ~ 164	38
39	169	163 ~ 175	157	152 ~ 162	161	152 ~ 170	158	149 ~ 167	39
40	172	166 ~ 178	160	155 ~ 165	164	155 ~ 173	161	152 ~ 170	40

表 D. 2　指数分等值转换（Z 转换）

量表分	内隐记忆		日常记忆		延迟记忆		量表分
	指数分	90% CI	指数分	90% CI	指数分	90% CI	
1	43	34 ~ 52	29	21 ~ 37	43	36 ~ 50	1
2	46	37 ~ 55	33	25 ~ 41	46	39 ~ 53	2
3	49	40 ~ 58	37	29 ~ 45	49	42 ~ 56	3
4	52	43 ~ 61	40	32 ~ 48	52	45 ~ 59	4
5	55	46 ~ 64	44	36 ~ 52	55	48 ~ 62	5
6	58	49 ~ 67	48	40 ~ 56	58	51 ~ 65	6
7	61	52 ~ 70	52	44 ~ 60	61	54 ~ 68	7
8	64	55 ~ 73	55	47 ~ 63	64	57 ~ 71	8
9	67	58 ~ 76	59	51 ~ 67	67	60 ~ 74	9
10	70	61 ~ 79	63	55 ~ 71	70	63 ~ 77	10
11	73	64 ~ 82	67	59 ~ 75	73	66 ~ 80	11
12	76	67 ~ 85	70	62 ~ 78	76	69 ~ 83	12
13	79	70 ~ 88	74	66 ~ 82	79	72 ~ 86	13
14	82	73 ~ 91	78	70 ~ 86	82	75 ~ 89	14
15	85	76 ~ 94	82	74 ~ 90	85	78 ~ 92	15
16	88	79 ~ 97	85	77 ~ 93	88	81 ~ 95	16
17	91	82 ~ 100	89	81 ~ 97	91	84 ~ 98	17
18	94	85 ~ 103	93	85 ~ 101	94	87 ~ 101	18
19	97	88 ~ 106	97	89 ~ 105	97	90 ~ 104	19
20	100	91 ~ 109	100	92 ~ 108	100	93 ~ 107	20
21	103	94 ~ 112	104	96 ~ 112	103	96 ~ 110	21
22	106	97 ~ 115	108	100 ~ 116	106	99 ~ 113	22
23	109	100 ~ 118	112	104 ~ 120	109	102 ~ 116	23
24	112	103 ~ 121	115	107 ~ 123	112	105 ~ 119	24
25	115	106 ~ 124	119	111 ~ 127	115	108 ~ 122	25
26	118	109 ~ 127	123	115 ~ 131	118	111 ~ 125	26
27	121	112 ~ 130	127	119 ~ 135	121	114 ~ 128	27
28	124	115 ~ 133	130	122 ~ 138	124	117 ~ 131	28
29	127	118 ~ 136	134	126 ~ 142	127	120 ~ 134	29
30	130	121 ~ 139	138	130 ~ 146	130	123 ~ 137	30
31	133	124 ~ 142	142	134 ~ 150	133	126 ~ 140	31
32	136	127 ~ 145	145	137 ~ 153	136	129 ~ 143	32
33	139	130 ~ 148	149	141 ~ 157	139	132 ~ 146	33
34	142	133 ~ 151	153	145 ~ 161	142	135 ~ 149	34
35	145	136 ~ 154	157	149 ~ 165	145	138 ~ 152	35
36	148	139 ~ 157	160	152 ~ 168	148	141 ~ 155	36
37	151	142 ~ 160	164	156 ~ 172	151	144 ~ 158	37
38	154	145 ~ 163	168	160 ~ 176	154	147 ~ 161	38
39	157	148 ~ 166	172	164 ~ 180	157	150 ~ 164	39
40	160	151 ~ 169	175	167 ~ 183	160	153 ~ 167	40

表 D.3 指数分等值转换（Z 转换）

量表分	短时记忆		中时记忆		短时记忆		中时记忆		量表分
	指数分	90% CI	指数分	90% CI	指数分	90% CI	指数分	90% CI	
1	30	23 ~ 37	34	28 ~ 40	150	143 ~ 157	101	95 ~ 107	51
2	33	26 ~ 40	36	30 ~ 42	153	146 ~ 160	103	97 ~ 109	52
3	35	28 ~ 42	37	31 ~ 43	155	148 ~ 162	104	98 ~ 110	53
4	38	31 ~ 45	38	32 ~ 44	158	151 ~ 165	105	99 ~ 111	54
5	40	33 ~ 47	40	34 ~ 46	160	153 ~ 167	107	101 ~ 113	55
6	42	35 ~ 49	41	35 ~ 47	162	155 ~ 169	108	102 ~ 114	56
7	45	38 ~ 52	42	36 ~ 48	165	158 ~ 172	109	103 ~ 115	57
8	47	40 ~ 54	44	38 ~ 50	167	160 ~ 174	111	105 ~ 117	58
9	50	43 ~ 57	45	39 ~ 51	170	163 ~ 177	112	106 ~ 118	59
10	52	45 ~ 59	46	40 ~ 52	172	165 ~ 179	113	107 ~ 119	60
11	54	47 ~ 61	48	42 ~ 54			115	109 ~ 121	61
12	57	50 ~ 64	49	43 ~ 55			116	110 ~ 122	62
13	59	52 ~ 66	50	44 ~ 56			117	111 ~ 123	63
14	62	55 ~ 69	52	46 ~ 58			119	113 ~ 125	64
15	64	57 ~ 71	53	47 ~ 59			120	114 ~ 126	65
16	66	59 ~ 73	54	48 ~ 60			122	116 ~ 128	66
17	69	62 ~ 76	56	50 ~ 62			123	117 ~ 129	67
18	71	64 ~ 78	57	51 ~ 63			124	118 ~ 130	68
19	74	67 ~ 81	58	52 ~ 64			126	120 ~ 132	69
20	76	69 ~ 83	60	54 ~ 66			127	121 ~ 133	70
21	78	71 ~ 85	61	55 ~ 67			120	122 ~ 134	71
22	81	74 ~ 88	62	56 ~ 68			130	124 ~ 136	72
23	83	76 ~ 90	64	58 ~ 70			131	125 ~ 137	73
24	86	79 ~ 93	65	59 ~ 71			132	126 ~ 138	74
25	88	81 ~ 95	66	60 ~ 72			134	128 ~ 140	75
26	90	83 ~ 97	68	62 ~ 74			135	129 ~ 141	76
27	93	86 ~ 100	69	63 ~ 75			136	130 ~ 142	77
28	95	88 ~ 102	70	64 ~ 76			138	132 ~ 144	78
29	98	91 ~ 105	72	66 ~ 78			139	133 ~ 145	79
30	100	93 ~ 107	74	68 ~ 80			140	134 ~ 146	80
31	102	95 ~ 109	75	69 ~ 81			142	136 ~ 148	81
32	105	98 ~ 112	76	70 ~ 82			143	137 ~ 149	82
33	107	100 ~ 114	77	71 ~ 83			144	138 ~ 150	83
34	110	103 ~ 117	79	73 ~ 85			146	140 ~ 152	84
35	112	105 ~ 119	80	74 ~ 86			147	141 ~ 153	85
36	114	107 ~ 121	81	75 ~ 87			148	142 ~ 154	86
37	117	110 ~ 124	83	77 ~ 89			150	144 ~ 156	87
38	119	112 ~ 126	84	78 ~ 90			151	145 ~ 157	88
39	122	115 ~ 129	85	79 ~ 91			152	146 ~ 158	89
40	124	117 ~ 131	87	81 ~ 93			154	148 ~ 160	90
41	126	119 ~ 133	88	82 ~ 84			155	149 ~ 161	91
42	129	122 ~ 136	89	83 ~ 95			156	150 ~ 162	92
43	131	124 ~ 138	91	85 ~ 97			158	152 ~ 164	93
44	134	127 ~ 141	92	86 ~ 98			159	153 ~ 165	94
45	136	129 ~ 143	93	87 ~ 99			160	154 ~ 166	95
46	138	131 ~ 145	95	89 ~ 101			162	156 ~ 168	96
47	141	134 ~ 148	96	90 ~ 102			163	157 ~ 169	97
48	143	136 ~ 150	97	91 ~ 103			164	158 ~ 170	98
49	146	139 ~ 153	99	93 ~ 105			166	160 ~ 172	99
50	148	141 ~ 155	100	94 ~ 106			167	161 ~ 173	100

表 D.4　指数分等值转换（Z 转换）

量表分	长时记忆		量表分	长时记忆		量表分	长时记忆	
	指数分	90% CI		指数分	90% CI		指数分	90% CI
1	23	16 ~ 30	41	75	68 ~ 82	81	128	121 ~ 135
2	24	17 ~ 31	42	77	70 ~ 84	82	129	122 ~ 136
3	25	18 ~ 32	43	78	71 ~ 85	83	130	123 ~ 137
4	27	20 ~ 34	44	79	72 ~ 86	84	132	125 ~ 139
5	28	21 ~ 35	45	80	73 ~ 87	85	133	126 ~ 140
6	29	22 ~ 36	46	82	75 ~ 89	86	134	127 ~ 141
7	31	24 ~ 38	47	83	76 ~ 90	87	136	129 ~ 143
8	32	25 ~ 39	48	84	77 ~ 91	88	137	130 ~ 144
9	33	26 ~ 40	49	86	79 ~ 93	89	138	131 ~ 145
10	35	28 ~ 42	50	87	80 ~ 94	90	140	133 ~ 147
11	36	29 ~ 43	51	88	81 ~ 95	91	141	134 ~ 148
12	37	30 ~ 44	52	89	82 ~ 96	92	142	135 ~ 149
13	38	31 ~ 45	53	91	84 ~ 98	93	144	137 ~ 151
14	40	33 ~ 47	54	92	85 ~ 99	94	145	138 ~ 152
15	41	34 ~ 48	55	94	87 ~ 101	95	146	139 ~ 153
16	42	35 ~ 49	56	95	88 ~ 102	96	147	140 ~ 154
17	44	37 ~ 51	57	96	89 ~ 103	97	149	142 ~ 156
18	45	38 ~ 52	58	98	91 ~ 105	98	150	143 ~ 157
19	46	39 ~ 53	59	99	92 ~ 106	99	151	144 ~ 158
20	48	41 ~ 55	60	100	93 ~ 107	100	153	146 ~ 160
21	49	42 ~ 56	61	101	94 ~ 108	101	154	147 ~ 161
22	50	43 ~ 57	62	103	96 ~ 110	102	155	148 ~ 162
23	52	45 ~ 59	63	104	97 ~ 111	103	157	150 ~ 164
24	53	46 ~ 60	64	105	98 ~ 112	104	158	151 ~ 165
25	54	47 ~ 61	65	107	100 ~ 114	105	159	152 ~ 166
26	56	49 ~ 63	66	108	101 ~ 115	106	161	154 ~ 168
27	57	50 ~ 64	67	109	102 ~ 116	107	162	155 ~ 169
28	58	51 ~ 65	68	111	104 ~ 118	108	163	156 ~ 170
29	59	52 ~ 66	69	112	105 ~ 119	109	165	158 ~ 172
30	61	54 ~ 68	70	113	106 ~ 120	110	166	159 ~ 173
31	62	55 ~ 69	71	115	108 ~ 122	111	167	160 ~ 174
32	63	56 ~ 70	72	116	109 ~ 123	112	168	161 ~ 175
33	65	58 ~ 72	73	117	110 ~ 124	113	170	163 ~ 177
34	66	59 ~ 73	74	119	112 ~ 126	114	171	164 ~ 178
35	67	60 ~ 74	75	120	113 ~ 127	115	172	165 ~ 179
36	69	62 ~ 76	76	121	114 ~ 128	116	174	167 ~ 181
37	70	63 ~ 77	77	123	116 ~ 130	117	175	168 ~ 182
38	71	64 ~ 78	78	124	117 ~ 131	118	176	169 ~ 183
39	73	66 ~ 80	79	125	118 ~ 132	119	178	171 ~ 185
40	74	67 ~ 81	80	126	119 ~ 133	120	179	172 ~ 186

表 D.5　指数分等值转换（Z 转换）

量表分	视觉记忆		量表分	视觉记忆		量表分	视觉记忆	
	指数分	90% CI		指数分	90% CI		指数分	90% CI
1	35	30 ~ 40	41	79	74 ~ 84	81	123	118 ~ 128
2	37	32 ~ 42	42	80	75 ~ 85	82	124	119 ~ 129
3	38	33 ~ 43	43	81	76 ~ 86	83	125	120 ~ 130
4	39	34 ~ 44	44	83	78 ~ 88	84	126	121 ~ 131
5	40	35 ~ 45	45	84	79 ~ 89	85	127	122 ~ 132
6	41	36 ~ 46	46	85	80 ~ 90	86	128	123 ~ 133
7	42	37 ~ 47	47	86	81 ~ 91	87	130	125 ~ 135
8	43	38 ~ 48	48	87	82 ~ 92	88	131	126 ~ 136
9	44	39 ~ 49	49	88	83 ~ 93	89	132	127 ~ 137
10	45	40 ~ 50	50	89	84 ~ 94	90	133	128 ~ 138
11	46	41 ~ 51	51	90	85 ~ 95	91	134	129 ~ 139
12	47	42 ~ 52	52	91	86 ~ 96	92	135	130 ~ 140
13	49	44 ~ 54	53	92	87 ~ 97	93	136	131 ~ 141
14	50	45 ~ 55	54	93	88 ~ 98	94	137	132 ~ 142
15	51	46 ~ 56	55	95	90 ~ 100	95	138	133 ~ 143
16	52	47 ~ 57	56	96	91 ~ 101	96	139	134 ~ 144
17	53	48 ~ 58	57	97	92 ~ 102	97	141	136 ~ 146
18	54	49 ~ 59	58	98	93 ~ 103	98	142	137 ~ 147
19	55	50 ~ 60	59	99	94 ~ 104	99	143	138 ~ 148
20	56	51 ~ 61	60	100	95 ~ 105	100	144	139 ~ 149
21	57	52 ~ 62	61	101	96 ~ 106	101	145	140 ~ 150
22	58	53 ~ 63	62	102	97 ~ 107	102	146	141 ~ 151
23	60	55 ~ 65	63	103	98 ~ 108	103	147	142 ~ 152
24	61	56 ~ 66	64	104	99 ~ 109	104	148	143 ~ 153
25	62	57 ~ 67	65	106	101 ~ 111	105	149	144 ~ 154
26	63	58 ~ 68	66	107	102 ~ 112	106	150	145 ~ 155
27	64	59 ~ 69	67	108	103 ~ 113	107	151	146 ~ 156
28	65	60 ~ 70	68	109	104 ~ 114	108	153	148 ~ 158
29	66	61 ~ 71	69	110	105 ~ 115	109	154	149 ~ 159
30	67	62 ~ 72	70	111	106 ~ 116	110	155	150 ~ 160
31	68	63 ~ 73	71	112	107 ~ 117	111	156	151 ~ 161
32	69	64 ~ 74	72	113	108 ~ 118	112	157	152 ~ 162
33	70	65 ~ 75	73	114	109 ~ 119	113	158	153 ~ 163
34	72	67 ~ 77	74	115	110 ~ 120	114	159	154 ~ 164
35	73	68 ~ 78	75	116	111 ~ 121	115	160	155 ~ 165
36	74	69 ~ 79	76	118	113 ~ 123	116	161	156 ~ 166
37	75	70 ~ 80	77	119	114 ~ 124	117	162	157 ~ 167
38	76	71 ~ 81	78	120	115 ~ 125	118	164	159 ~ 169
39	77	72 ~ 82	79	121	116 ~ 126	119	165	160 ~ 170
40	78	73 ~ 83	80	122	117 ~ 127	120	166	161 ~ 171

表 D.6　指数分等值转换（Z 转换）

量表分	听觉记忆		量表分	听觉记忆		量表分	听觉记忆	
	指数分	90% CI		指数分	90% CI		指数分	90% CI
1	24	18 ~ 30	41	76	70 ~ 82	81	127	121 ~ 133
2	26	20 ~ 32	42	77	71 ~ 83	82	128	122 ~ 134
3	27	21 ~ 33	43	78	72 ~ 84	83	130	124 ~ 136
4	28	22 ~ 34	44	79	73 ~ 85	84	131	125 ~ 137
5	29	23 ~ 35	45	81	75 ~ 87	85	132	126 ~ 138
6	31	25 ~ 37	46	82	76 ~ 88	86	133	127 ~ 139
7	32	26 ~ 38	47	83	77 ~ 89	87	135	129 ~ 141
8	33	27 ~ 39	48	85	79 ~ 91	88	136	130 ~ 142
9	35	29 ~ 41	49	86	80 ~ 92	89	137	131 ~ 143
10	36	30 ~ 42	50	87	81 ~ 93	90	139	133 ~ 145
11	37	31 ~ 43	51	88	82 ~ 94	91	140	134 ~ 146
12	38	32 ~ 44	52	90	84 ~ 96	92	141	135 ~ 147
13	40	34 ~ 46	53	91	85 ~ 97	93	142	136 ~ 148
14	41	35 ~ 47	54	92	86 ~ 98	94	144	138 ~ 150
15	42	36 ~ 48	55	94	88 ~ 100	95	145	139 ~ 151
16	44	38 ~ 50	56	95	89 ~ 101	96	146	140 ~ 152
17	45	39 ~ 51	57	96	90 ~ 102	97	148	142 ~ 154
18	46	40 ~ 52	58	97	91 ~ 103	98	149	143 ~ 155
19	47	41 ~ 53	59	99	93 ~ 105	99	150	144 ~ 156
20	49	43 ~ 55	60	100	94 ~ 106	100	151	145 ~ 157
21	50	44 ~ 56	61	101	95 ~ 107	101	153	147 ~ 159
22	51	45 ~ 57	62	103	97 ~ 109	102	154	148 ~ 160
23	53	47 ~ 59	63	104	98 ~ 110	103	155	149 ~ 161
24	54	48 ~ 60	64	105	99 ~ 111	104	157	151 ~ 163
25	55	49 ~ 61	65	106	100 ~ 112	105	158	152 ~ 164
26	56	50 ~ 62	66	108	102 ~ 114	106	159	153 ~ 165
27	58	52 ~ 64	67	109	103 ~ 115	107	160	154 ~ 166
28	59	53 ~ 65	68	110	104 ~ 116	108	162	156 ~ 168
29	60	54 ~ 66	69	112	106 ~ 118	109	163	157 ~ 169
30	61	55 ~ 67	70	113	107 ~ 119	110	164	158 ~ 170
31	63	57 ~ 69	71	114	108 ~ 120	111	166	160 ~ 172
32	64	58 ~ 70	72	115	109 ~ 121	112	167	161 ~ 173
33	65	59 ~ 71	73	117	111 ~ 123	113	168	162 ~ 174
34	67	61 ~ 73	74	118	112 ~ 124	114	169	163 ~ 175
35	68	62 ~ 74	75	119	113 ~ 125	115	171	165 ~ 177
36	69	63 ~ 75	76	121	115 ~ 127	116	172	166 ~ 178
37	70	64 ~ 76	77	122	116 ~ 128	117	173	167 ~ 179
38	72	66 ~ 78	78	123	117 ~ 129	118	175	169 ~ 181
39	73	67 ~ 79	79	124	118 ~ 130	119	176	170 ~ 182
40	74	68 ~ 80	80	126	120 ~ 132	120	177	171 ~ 183

表 D.7　指数分等值转换（Z 转换）

量表分	外显记忆		量表分	外显记忆		量表分	外显记忆		量表分	外显记忆	
	指数分	90% CI		指数分	90% CI		指数分	90% CI		指数分	90% CI
			46	61	57 ~ 65	101	101	97 ~ 105	157	141	137 ~ 145
			47	62	58 ~ 66	103	102	98 ~ 106	159	142	138 ~ 146
			48	63	59 ~ 67	104	103	99 ~ 107	160	143	139 ~ 147
			50	64	60 ~ 68	106	104	100 ~ 108	161	144	140 ~ 148
			51	65	61 ~ 69	107	105	101 ~ 109	163	145	141 ~ 149
			53	66	62 ~ 70	108	106	102 ~ 110	164	146	142 ~ 150
			54	67	63 ~ 71	110	107	103 ~ 111	166	147	143 ~ 151
0	28	24 ~ 32	55	68	64 ~ 72	111	108	104 ~ 112	167	148	144 ~ 152
1	29	25 ~ 33	57	69	65 ~ 73	113	109	105 ~ 113	168	149	145 ~ 153
2	30	26 ~ 34	58	70	66 ~ 74	114	110	106 ~ 114	170	150	146 ~ 154
4	31	27 ~ 35	59	71	67 ~ 75	115	111	107 ~ 115	171	151	147 ~ 155
5	32	28 ~ 36	61	72	68 ~ 76	117	112	108 ~ 116	173	152	148 ~ 156
6	33	29 ~ 37	62	73	69 ~ 77	118	113	109 ~ 117	174	153	149 ~ 157
8	34	30 ~ 38	64	74	70 ~ 78	119	114	110 ~ 118	175	154	150 ~ 158
9	35	31 ~ 39	65	75	71 ~ 79	121	115	111 ~ 119	177	155	151 ~ 159
11	36	32 ~ 40	66	76	72 ~ 80	122	116	112 ~ 120	178	156	152 ~ 160
12	37	33 ~ 41	68	77	73 ~ 81	124	117	113 ~ 121	179	157	153 ~ 161
13	38	34 ~ 42	69	78	74 ~ 82	125	118	114 ~ 122	181	158	154 ~ 162
15	39	35 ~ 43	71	79	75 ~ 83	126	119	115 ~ 123	182	159	155 ~ 163
16	40	36 ~ 44	72	80	76 ~ 84	128	120	116 ~ 124	184	160	156 ~ 164
18	41	37 ~ 45	73	81	77 ~ 85	129	121	117 ~ 125	185	161	157 ~ 165
19	42	38 ~ 46	75	82	78 ~ 86	131	122	118 ~ 126	186	162	158 ~ 166
20	43	39 ~ 47	76	83	79 ~ 87	132	123	119 ~ 127	188	163	159 ~ 167
22	44	40 ~ 48	78	84	80 ~ 88	133	124	120 ~ 128	189	164	160 ~ 168
23	45	41 ~ 49	79	85	81 ~ 89	135	125	121 ~ 129	191	165	161 ~ 169
25	46	42 ~ 50	80	86	82 ~ 90	136	126	122 ~ 130	192	166	162 ~ 170
26	47	43 ~ 51	82	87	83 ~ 91	138	127	123 ~ 131	193	167	163 ~ 171
27	48	44 ~ 52	83	88	84 ~ 92	139	128	124 ~ 132	195	168	164 ~ 172
29	49	45 ~ 53	85	89	85 ~ 93	140	129	125 ~ 133	196	169	165 ~ 173
30	50	46 ~ 54	86	90	86 ~ 94	142	130	126 ~ 134	198	170	166 ~ 174
32	51	47 ~ 55	87	91	87 ~ 95	143	131	127 ~ 135	199	171	167 ~ 175
33	52	48 ~ 56	89	92	88 ~ 96	145	132	128 ~ 136	200	172	168 ~ 176
34	53	49 ~ 57	90	93	89 ~ 94	146	133	129 ~ 137			
36	54	50 ~ 58	92	94	90 ~ 98	147	134	130 ~ 138			
37	55	51 ~ 59	93	95	91 ~ 99	149	135	131 ~ 139			
39	56	52 ~ 60	94	96	92 ~ 100	150	136	132 ~ 140			
40	57	53 ~ 61	96	97	93 ~ 101	152	137	133 ~ 141			
41	58	54 ~ 62	97	98	94 ~ 102	153	138	134 ~ 142			
43	59	55 ~ 63	99	99	95 ~ 103	154	139	135 ~ 143			
44	60	56 ~ 64	100	100	96 ~ 104	156	140	136 ~ 144			

表 D.8 指数分等值转换（Z 转换）

量表分	总记忆商		量表分	总记忆商		量表分	总记忆商		量表分	总记忆商	
	指数分	90% CI		指数分	90% CI		指数分	90% CI		指数分	90% CI
1	19	15 ~ 23	71	60	56 ~ 64	142	101	97 ~ 105	213	142	138 ~ 146
2	20	16 ~ 24	72	61	57 ~ 65	143	102	98 ~ 106	214	143	139 ~ 147
3	21	17 ~ 25	74	62	58 ~ 66	145	103	99 ~ 107	216	144	140 ~ 148
5	22	18 ~ 26	76	63	59 ~ 67	147	104	100 ~ 108	218	145	141 ~ 149
6	23	19 ~ 27	77	64	60 ~ 68	148	105	101 ~ 109	219	146	142 ~ 150
8	24	20 ~ 28	79	65	61 ~ 69	150	106	102 ~ 110	221	147	143 ~ 151
10	25	21 ~ 29	81	66	62 ~ 70	152	107	103 ~ 111	223	148	144 ~ 152
12	26	22 ~ 30	83	67	63 ~ 71	154	108	104 ~ 112	225	149	145 ~ 153
13	27	23 ~ 31	84	68	64 ~ 72	155	109	105 ~ 113	226	150	146 ~ 154
15	28	24 ~ 32	86	69	65 ~ 73	157	110	106 ~ 114	228	151	147 ~ 155
17	29	25 ~ 33	88	70	66 ~ 74	159	111	107 ~ 115	230	152	148 ~ 156
19	30	26 ~ 34	90	71	67 ~ 75	161	112	108 ~ 116	232	153	149 ~ 157
20	31	27 ~ 35	91	72	68 ~ 76	162	113	109 ~ 117	233	154	150 ~ 158
22	32	28 ~ 36	93	73	69 ~ 77	164	114	110 ~ 118	235	155	151 ~ 159
24	33	29 ~ 37	95	74	70 ~ 78	166	115	111 ~ 119	237	156	152 ~ 160
25	34	30 ~ 38	97	75	71 ~ 79	168	116	112 ~ 120	239	157	153 ~ 161
27	35	31 ~ 39	98	76	72 ~ 80	169	117	113 ~ 121	240	158	154 ~ 162
29	36	32 ~ 40	100	77	73 ~ 81	171	118	114 ~ 122	242	159	155 ~ 163
31	37	33 ~ 41	102	78	74 ~ 82	173	119	115 ~ 123	244	160	156 ~ 164
32	38	34 ~ 42	103	79	75 ~ 83	174	120	116 ~ 124	245	161	157 ~ 165
34	39	35 ~ 43	105	80	76 ~ 84	176	121	117 ~ 125	247	162	158 ~ 166
36	40	36 ~ 44	107	81	77 ~ 85	178	122	118 ~ 126	249	163	159 ~ 167
38	41	37 ~ 45	109	82	78 ~ 86	180	123	119 ~ 127	251	164	160 ~ 168
39	42	38 ~ 46	110	83	79 ~ 87	181	124	120 ~ 128	252	165	161 ~ 169
41	43	39 ~ 47	112	84	80 ~ 88	183	125	121 ~ 129	254	166	162 ~ 170
43	44	40 ~ 48	114	85	81 ~ 89	185	126	122 ~ 130	256	167	163 ~ 171
45	45	41 ~ 49	116	86	82 ~ 90	187	127	123 ~ 131	258	168	164 ~ 172
46	46	42 ~ 50	117	87	83 ~ 91	188	128	124 ~ 132	259	169	165 ~ 173
48	47	43 ~ 51	119	88	84 ~ 92	190	129	125 ~ 133	261	170	166 ~ 174
50	48	44 ~ 52	121	89	85 ~ 93	192	130	126 ~ 134	263	171	167 ~ 175
51	49	45 ~ 53	122	90	86 ~ 94	193	131	127 ~ 135	265	172	168 ~ 176
53	50	46 ~ 54	124	91	87 ~ 95	195	132	128 ~ 136	266	173	169 ~ 177
55	51	47 ~ 55	126	92	88 ~ 96	197	133	129 ~ 137	268	174	170 ~ 178
57	52	48 ~ 56	128	93	89 ~ 94	199	134	130 ~ 138	270	175	171 ~ 179
58	53	49 ~ 57	129	94	90 ~ 98	200	135	131 ~ 139	271	176	172 ~ 180
60	54	50 ~ 58	131	95	91 ~ 99	202	136	132 ~ 140	273	177	173 ~ 181
62	55	51 ~ 59	133	96	92 ~ 100	204	137	133 ~ 141	275	178	174 ~ 182
64	56	52 ~ 60	135	97	93 ~ 101	206	138	134 ~ 142	277	179	175 ~ 183
65	57	53 ~ 61	136	98	94 ~ 102	207	139	135 ~ 143	278	180	176 ~ 184
67	58	54 ~ 62	138	99	95 ~ 103	209	140	136 ~ 144	280	181	177 ~ 185
69	59	55 ~ 63	140	100	96 ~ 104	211	141	137 ~ 145			

表 E.1 指数分等值转换（比率转换）

比率分	记忆广度		联想学习		再认记忆		自由回忆		比率分
	指数分	90% CI	指数分	90% CI	指数分	90% CI	指数分	90% CI	
1	24	18 ~ 30	43	38 ~ 48	24	15 ~ 33	38	29 ~ 47	1
2	28	22 ~ 34	46	41 ~ 51	28	19 ~ 37	41	32 ~ 50	2
3	32	26 ~ 38	49	44 ~ 54	32	23 ~ 41	44	35 ~ 53	3
4	36	30 ~ 42	52	47 ~ 57	36	27 ~ 45	47	38 ~ 56	4
5	40	34 ~ 46	55	50 ~ 60	40	31 ~ 49	51	42 ~ 60	5
6	44	38 ~ 50	58	53 ~ 63	44	35 ~ 53	54	45 ~ 63	6
7	48	42 ~ 54	61	56 ~ 66	48	39 ~ 57	57	48 ~ 66	7
8	52	46 ~ 58	64	59 ~ 69	52	43 ~ 61	61	52 ~ 70	8
9	56	50 ~ 62	67	62 ~ 72	56	47 ~ 65	64	55 ~ 73	9
10	60	54 ~ 66	70	65 ~ 75	60	51 ~ 69	67	58 ~ 76	10
11	64	58 ~ 70	73	68 ~ 78	64	55 ~ 73	70	61 ~ 79	11
12	68	62 ~ 74	76	71 ~ 81	68	59 ~ 77	74	65 ~ 83	12
13	72	66 ~ 78	79	74 ~ 84	72	63 ~ 81	77	68 ~ 86	13
14	76	70 ~ 82	82	77 ~ 87	76	67 ~ 85	80	71 ~ 89	14
15	80	74 ~ 86	85	80 ~ 90	80	71 ~ 89	84	75 ~ 93	15
16	84	78 ~ 90	88	83 ~ 93	84	75 ~ 93	87	78 ~ 96	16
17	88	82 ~ 94	91	86 ~ 96	88	79 ~ 97	90	81 ~ 99	17
18	92	86 ~ 98	94	89 ~ 99	92	83 ~ 101	94	85 ~ 103	18
19	96	90 ~ 102	97	92 ~ 102	96	87 ~ 105	97	88 ~ 106	19
20	100	94 ~ 106	100	95 ~ 105	100	91 ~ 109	100	91 ~ 109	20
21	104	98 ~ 110	103	98 ~ 108	104	95 ~ 113	103	94 ~ 112	21
22	108	102 ~ 114	106	101 ~ 111	108	99 ~ 117	107	98 ~ 116	22
23	112	106 ~ 118	109	104 ~ 114	112	103 ~ 121	110	101 ~ 119	23
24	116	110 ~ 122	112	107 ~ 117	116	107 ~ 125	113	104 ~ 122	24
25	120	114 ~ 126	115	110 ~ 120	120	111 ~ 129	117	108 ~ 126	25
26	124	118 ~ 130	118	113 ~ 123	124	115 ~ 133	120	111 ~ 129	26
27	128	122 ~ 134	121	116 ~ 126	128	119 ~ 137	123	114 ~ 132	27
28	132	126 ~ 138	124	119 ~ 129	132	123 ~ 141	126	117 ~ 135	28
29	136	130 ~ 142	127	122 ~ 132	136	127 ~ 145	130	121 ~ 139	29
30	140	134 ~ 146	130	125 ~ 135	140	131 ~ 149	133	124 ~ 142	30
31	144	138 ~ 150	133	128 ~ 138	144	135 ~ 153	136	127 ~ 145	31
32	148	142 ~ 154	136	131 ~ 141	148	139 ~ 157	140	131 ~ 149	32
33	152	146 ~ 158	139	134 ~ 144	152	143 ~ 161	143	134 ~ 152	33
34	156	150 ~ 162	142	137 ~ 147	156	147 ~ 165	146	137 ~ 155	34
35	160	154 ~ 166	145	104 ~ 150	160	151 ~ 169	149	140 ~ 158	35
36	164	158 ~ 170	148	143 ~ 153	164	155 ~ 173	153	144 ~ 162	36
37	168	162 ~ 174	151	146 ~ 156	168	159 ~ 177	156	147 ~ 165	37
38	172	166 ~ 178	154	149 ~ 159	172	163 ~ 181	159	150 ~ 169	38
39	176	170 ~ 182	157	152 ~ 162	176	167 ~ 185	163	154 ~ 173	39
40	180	174 ~ 186	160	155 ~ 165	180	171 ~ 189	166	157 ~ 176	40

表 E.2　指数分等值转换（比率转换）

比率分	内隐记忆		日常记忆		延迟记忆		比率分
	指数分	90% CI	指数分	90% CI	指数分	90% CI	
1	28	19 ~ 37	34	26 ~ 42	31	24 ~ 38	1
2	32	23 ~ 41	37	29 ~ 45	35	28 ~ 42	2
3	36	27 ~ 45	41	33 ~ 49	39	32 ~ 46	3
4	40	31 ~ 49	44	36 ~ 52	42	35 ~ 49	4
5	43	34 ~ 52	48	40 ~ 56	46	39 ~ 53	5
6	47	38 ~ 56	51	43 ~ 59	50	43 ~ 57	6
7	51	42 ~ 60	55	47 ~ 63	53	46 ~ 60	7
8	55	46 ~ 64	58	50 ~ 66	57	50 ~ 64	8
9	59	50 ~ 68	62	54 ~ 70	61	54 ~ 68	9
10	62	53 ~ 71	66	58 ~ 74	64	57 ~ 71	10
11	66	57 ~ 75	69	61 ~ 77	68	61 ~ 75	11
12	70	61 ~ 79	73	65 ~ 81	71	64 ~ 78	12
13	74	65 ~ 83	76	68 ~ 84	75	68 ~ 82	13
14	78	69 ~ 87	80	72 ~ 88	79	72 ~ 86	14
15	81	72 ~ 90	83	75 ~ 91	82	75 ~ 89	15
16	85	76 ~ 94	87	79 ~ 95	86	89 ~ 93	16
17	89	80 ~ 98	90	82 ~ 98	90	83 ~ 97	17
18	93	84 ~ 102	94	86 ~ 102	93	86 ~ 100	18
19	96	87 ~ 105	97	89 ~ 105	97	90 ~ 104	19
20	100	91 ~ 109	100	92 ~ 108	100	93 ~ 107	20
21	104	95 ~ 113	104	96 ~ 112	104	97 ~ 111	21
22	108	99 ~ 117	108	100 ~ 116	107	100 ~ 114	22
23	112	103 ~ 121	111	103 ~ 119	111	104 ~ 118	23
24	115	106 ~ 124	115	107 ~ 123	115	108 ~ 122	24
25	119	110 ~ 128	118	110 ~ 126	119	112 ~ 126	25
26	123	114 ~ 132	122	114 ~ 130	122	115 ~ 129	26
27	127	118 ~ 136	125	117 ~ 133	126	119 ~ 133	27
28	131	122 ~ 140	129	121 ~ 137	130	123 ~ 137	28
29	134	125 ~ 143	132	124 ~ 140	133	126 ~ 140	29
30	138	129 ~ 147	136	128 ~ 144	137	130 ~ 144	30
31	142	133 ~ 151	139	131 ~ 147	141	134 ~ 148	31
32	146	137 ~ 155	143	135 ~ 151	144	137 ~ 151	32
33	149	140 ~ 158	146	138 ~ 154	148	141 ~ 155	33
34	153	144 ~ 162	150	142 ~ 158	152	145 ~ 159	34
35	157	148 ~ 166	153	145 ~ 161	155	148 ~ 162	35
36	161	152 ~ 170	157	149 ~ 165	159	152 ~ 166	36
37	165	156 ~ 174	160	152 ~ 169	163	156 ~ 170	37
38	168	159 ~ 177	164	156 ~ 173	166	159 ~ 173	38
39	172	163 ~ 181	167	159 ~ 176	170	163 ~ 177	39
40	176	167 ~ 185	171	163 ~ 180	173	166 ~ 180	40

表 E.3　指数分等值转换（比率转换）

比率分	短时记忆		中时记忆		短时记忆		中时记忆		比率分
	指数分	90% CI	指数分	90% CI	指数分	90% CI	指数分	90% CI	
1	20	13 ~ 27	38	32 ~ 44	158	151 ~ 165	102	96 ~ 108	51
2	23	16 ~ 30	40	34 ~ 46	161	154 ~ 168	103	97 ~ 109	52
3	26	19 ~ 33	41	35 ~ 47	163	156 ~ 170	104	98 ~ 110	53
4	28	21 ~ 35	42	36 ~ 48	166	159 ~ 173	105	99 ~ 111	54
5	31	24 ~ 38	44	38 ~ 50	169	162 ~ 176	107	101 ~ 113	55
6	34	27 ~ 41	45	39 ~ 51	172	165 ~ 179	108	102 ~ 114	56
7	37	30 ~ 44	46	40 ~ 52	174	167 ~ 181	109	103 ~ 115	57
8	39	32 ~ 46	47	41 ~ 53	177	170 ~ 184	110	104 ~ 116	58
9	42	35 ~ 49	49	43 ~ 55	180	173 ~ 187	112	106 ~ 118	59
10	45	38 ~ 52	50	44 ~ 56	183	176 ~ 190	113	107 ~ 119	60
11	48	41 ~ 55	51	45 ~ 57			114	108 ~ 120	61
12	50	43 ~ 57	52	46 ~ 58			115	109 ~ 121	62
13	53	46 ~ 60	54	48 ~ 60			117	111 ~ 123	63
14	56	49 ~ 63	55	49 ~ 61			118	112 ~ 124	64
15	59	52 ~ 66	56	50 ~ 62			119	113 ~ 125	65
16	62	55 ~ 69	57	51 ~ 63			120	114 ~ 126	66
17	64	57 ~ 71	59	53 ~ 65			122	116 ~ 128	67
18	67	60 ~ 74	60	54 ~ 66			123	117 ~ 129	68
19	70	63 ~ 77	61	55 ~ 67			124	118 ~ 130	69
20	73	66 ~ 80	62	56 ~ 68			125	129 ~ 131	70
21	75	68 ~ 82	64	58 ~ 70			127	121 ~ 133	71
22	78	71 ~ 85	65	59 ~ 71			128	122 ~ 134	72
23	81	74 ~ 88	66	60 ~ 72			129	123 ~ 135	73
24	84	77 ~ 91	67	61 ~ 73			131	125 ~ 137	74
25	86	79 ~ 93	69	63 ~ 75			132	126 ~ 138	75
26	89	82 ~ 96	70	64 ~ 76			133	127 ~ 139	76
27	92	85 ~ 99	71	65 ~ 77			134	128 ~ 140	77
28	95	88 ~ 102	73	67 ~ 79			136	130 ~ 142	78
29	97	90 ~ 104	74	68 ~ 80			137	131 ~ 143	79
30	100	93 ~ 107	75	69 ~ 81			138	132 ~ 144	80
31	103	96 ~ 110	76	70 ~ 82			139	133 ~ 145	81
32	106	99 ~ 113	78	72 ~ 84			141	135 ~ 147	82
33	108	101 ~ 115	79	73 ~ 85			142	136 ~ 148	83
34	111	104 ~ 118	80	74 ~ 86			143	137 ~ 149	84
35	114	107 ~ 121	81	75 ~ 87			144	138 ~ 150	85
36	117	110 ~ 124	83	77 ~ 89			146	140 ~ 152	86
37	119	112 ~ 126	84	78 ~ 90			147	141 ~ 153	87
38	122	115 ~ 129	85	79 ~ 91			148	142 ~ 154	88
39	125	118 ~ 132	86	80 ~ 92			149	144 ~ 156	89
40	128	121 ~ 135	88	82 ~ 84			151	145 ~ 157	90
41	130	123 ~ 137	89	83 ~ 95			152	146 ~ 158	91
42	133	126 ~ 140	90	84 ~ 96			153	147 ~ 159	92
43	136	129 ~ 143	91	85 ~ 97			154	148 ~ 160	93
44	139	132 ~ 146	93	87 ~ 99			156	150 ~ 162	94
45	141	134 ~ 148	94	88 ~ 100			157	151 ~ 163	95
46	144	137 ~ 151	95	89 ~ 101			158	152 ~ 164	96
47	147	140 ~ 154	96	90 ~ 102			160	154 ~ 166	97
48	150	143 ~ 157	98	92 ~ 104			161	155 ~ 167	98
49	152	145 ~ 159	99	93 ~ 105			162	156 ~ 168	99
50	155	148 ~ 162	100	94 ~ 106			163	157 ~ 169	100

表 E. 4　指数分等值转换（比率转换）

比率分	长时记忆		比率分	长时记忆		比率分	长时记忆	
	指数分	90% CI		指数分	90% CI		指数分	90% CI
1	33	26 ~ 40	41	79	72 ~ 86	81	124	117 ~ 131
2	34	27 ~ 41	42	80	73 ~ 87	82	126	119 ~ 133
3	36	29 ~ 43	43	81	74 ~ 88	83	127	120 ~ 134
4	37	30 ~ 44	44	82	75 ~ 89	84	128	121 ~ 135
5	38	31 ~ 45	45	83	76 ~ 90	85	129	122 ~ 136
6	39	32 ~ 46	46	85	78 ~ 92	86	130	123 ~ 137
7	40	33 ~ 47	47	86	79 ~ 93	87	131	124 ~ 138
8	41	34 ~ 48	48	87	80 ~ 94	88	132	125 ~ 139
9	42	35 ~ 49	49	88	81 ~ 95	89	133	126 ~ 140
10	44	37 ~ 51	50	89	82 ~ 96	90	135	128 ~ 142
11	45	38 ~ 52	51	90	83 ~ 97	91	136	129 ~ 143
12	46	39 ~ 53	52	91	84 ~ 98	92	137	130 ~ 144
13	47	40 ~ 54	53	93	86 ~ 100	93	138	131 ~ 145
14	48	41 ~ 55	54	94	87 ~ 101	94	139	132 ~ 146
15	49	42 ~ 56	55	95	88 ~ 102	95	140	133 ~ 147
16	50	43 ~ 57	56	96	89 ~ 103	96	141	134 ~ 148
17	52	45 ~ 59	57	97	90 ~ 104	97	143	136 ~ 150
18	53	46 ~ 60	58	98	91 ~ 105	98	144	137 ~ 151
19	54	47 ~ 61	59	99	92 ~ 106	99	145	138 ~ 152
20	55	48 ~ 62	60	100	93 ~ 107	100	146	139 ~ 153
21	56	49 ~ 63	61	102	95 ~ 109	101	147	140 ~ 154
22	57	50 ~ 64	62	103	96 ~ 110	102	148	141 ~ 155
23	58	51 ~ 65	63	104	97 ~ 111	103	149	142 ~ 156
24	60	53 ~ 67	64	105	98 ~ 112	104	151	144 ~ 158
25	61	54 ~ 68	65	106	99 ~ 113	105	152	145 ~ 159
26	62	55 ~ 69	66	107	100 ~ 114	106	153	146 ~ 160
27	63	56 ~ 70	67	108	101 ~ 115	107	154	147 ~ 161
28	64	57 ~ 71	68	110	103 ~ 117	108	155	148 ~ 162
29	65	58 ~ 72	69	111	104 ~ 118	109	156	149 ~ 163
30	66	59 ~ 73	70	112	105 ~ 119	110	157	150 ~ 164
31	67	60 ~ 74	71	113	106 ~ 120	111	159	152 ~ 166
32	69	62 ~ 76	72	114	107 ~ 121	112	160	153 ~ 167
33	70	63 ~ 77	73	115	108 ~ 122	113	161	154 ~ 168
34	71	64 ~ 78	74	116	109 ~ 123	114	162	155 ~ 169
35	72	65 ~ 79	75	118	111 ~ 125	115	163	156 ~ 170
36	73	66 ~ 80	76	119	112 ~ 126	116	164	157 ~ 171
37	74	67 ~ 81	77	120	113 ~ 127	117	165	158 ~ 172
38	75	68 ~ 82	78	121	114 ~ 128	118	166	159 ~ 173
39	77	70 ~ 84	79	122	115 ~ 129	119	168	161 ~ 175
40	78	71 ~ 85	80	123	116 ~ 130	120	169	162 ~ 176

表 E.5　指数分等值转换（比率转换）

比率分	视觉记忆		比率分	视觉记忆		比率分	视觉记忆	
	指数分	90% CI		指数分	90% CI		指数分	90% CI
1	34	29 ~ 39	41	79	74 ~ 84	81	124	119 ~ 129
2	35	30 ~ 40	42	80	75 ~ 85	82	125	120 ~ 130
3	36	31 ~ 41	43	81	76 ~ 86	83	126	121 ~ 131
4	37	32 ~ 42	44	82	77 ~ 87	84	127	122 ~ 132
5	38	33 ~ 43	45	83	78 ~ 88	85	128	123 ~ 133
6	39	34 ~ 44	46	84	79 ~ 89	86	130	125 ~ 135
7	40	35 ~ 45	47	86	81 ~ 91	87	131	126 ~ 136
8	41	36 ~ 46	48	87	82 ~ 92	88	132	127 ~ 137
9	43	38 ~ 48	49	88	83 ~ 93	89	133	128 ~ 138
10	44	39 ~ 49	50	89	84 ~ 94	90	134	129 ~ 139
11	45	40 ~ 50	51	90	85 ~ 95	91	135	130 ~ 140
12	46	41 ~ 51	52	91	86 ~ 96	92	136	131 ~ 141
13	47	42 ~ 52	53	92	87 ~ 97	93	137	132 ~ 142
14	48	43 ~ 53	54	93	88 ~ 98	94	139	134 ~ 144
15	49	44 ~ 54	55	95	90 ~ 100	95	140	135 ~ 145
16	50	45 ~ 55	56	96	91 ~ 101	96	141	136 ~ 146
17	52	47 ~ 57	57	97	92 ~ 102	97	142	137 ~ 147
18	53	48 ~ 58	58	98	93 ~ 103	98	143	138 ~ 148
19	54	49 ~ 59	59	99	94 ~ 104	99	144	139 ~ 149
20	55	50 ~ 60	60	100	95 ~ 105	100	145	140 ~ 150
21	56	51 ~ 61	61	101	96 ~ 106	101	147	142 ~ 152
22	57	52 ~ 62	62	102	97 ~ 107	102	148	143 ~ 153
23	58	53 ~ 63	63	104	99 ~ 109	103	149	144 ~ 154
24	60	55 ~ 65	64	105	100 ~ 110	104	150	145 ~ 155
25	61	56 ~ 66	65	106	101 ~ 111	105	151	146 ~ 156
26	62	57 ~ 67	66	107	102 ~ 112	106	152	147 ~ 157
27	63	58 ~ 68	67	108	103 ~ 113	107	153	148 ~ 158
28	64	59 ~ 69	68	109	104 ~ 114	108	154	149 ~ 159
29	65	60 ~ 70	69	110	105 ~ 115	109	156	151 ~ 161
30	66	61 ~ 71	70	112	107 ~ 117	110	157	152 ~ 162
31	67	62 ~ 72	71	113	108 ~ 118	111	158	153 ~ 163
32	69	63 ~ 73	72	114	109 ~ 119	112	159	154 ~ 164
33	70	64 ~ 74	73	115	110 ~ 120	113	160	155 ~ 165
34	71	65 ~ 75	74	116	111 ~ 121	114	161	156 ~ 166
35	72	67 ~ 77	75	117	113 ~ 123	115	162	157 ~ 167
36	73	68 ~ 78	76	118	114 ~ 124	116	163	158 ~ 168
37	74	69 ~ 79	77	119	115 ~ 125	117	165	159 ~ 169
38	75	70 ~ 80	78	121	116 ~ 126	118	166	160 ~ 170
39	76	71 ~ 81	79	122	117 ~ 127	119	167	161 ~ 171
40	78	73 ~ 83	80	123	118 ~ 128	120	168	162 ~ 172

表 E. 6　指数分等值转换（比率转换）

比率分	听觉记忆		比率分	听觉记忆		比率分	听觉记忆	
	指数分	90% CI		指数分	90% CI		指数分	90% CI
1	38	32 ~ 44	41	80	74 ~ 86	81	123	117 ~ 129
2	39	33 ~ 45	42	81	75 ~ 87	82	124	118 ~ 130
3	40	34 ~ 46	43	82	76 ~ 88	83	125	119 ~ 131
4	41	35 ~ 47	44	83	77 ~ 89	84	126	120 ~ 132
5	42	36 ~ 48	45	84	78 ~ 90	85	127	121 ~ 133
6	43	37 ~ 49	46	85	79 ~ 91	86	128	122 ~ 134
7	44	38 ~ 50	47	87	81 ~ 93	87	129	123 ~ 135
8	45	39 ~ 51	48	88	82 ~ 94	88	130	124 ~ 136
9	46	40 ~ 52	49	89	83 ~ 95	89	131	125 ~ 137
10	47	41 ~ 53	50	90	84 ~ 96	90	132	126 ~ 138
11	48	42 ~ 54	51	91	85 ~ 97	91	133	127 ~ 139
12	49	43 ~ 55	52	92	86 ~ 98	92	134	128 ~ 140
13	50	44 ~ 56	53	93	87 ~ 99	93	135	129 ~ 141
14	52	46 ~ 58	54	94	88 ~ 100	94	136	130 ~ 142
15	53	47 ~ 59	55	95	89 ~ 101	95	137	131 ~ 143
16	54	48 ~ 60	56	96	90 ~ 102	96	138	132 ~ 144
17	55	49 ~ 61	57	97	91 ~ 103	97	140	134 ~ 146
18	56	50 ~ 62	58	98	92 ~ 104	98	141	135 ~ 147
19	57	51 ~ 63	59	99	93 ~ 105	99	142	136 ~ 148
20	58	52 ~ 64	60	100	94 ~ 106	100	143	137 ~ 149
21	59	53 ~ 65	61	101	95 ~ 107	101	144	138 ~ 150
22	60	54 ~ 66	62	102	96 ~ 108	102	145	139 ~ 151
23	61	55 ~ 67	63	103	97 ~ 109	103	146	140 ~ 152
24	62	56 ~ 68	64	105	99 ~ 111	104	147	141 ~ 153
25	63	57 ~ 69	65	106	100 ~ 112	105	148	142 ~ 154
26	64	58 ~ 70	66	107	101 ~ 113	106	149	143 ~ 155
27	65	59 ~ 71	67	108	102 ~ 114	107	150	144 ~ 156
28	66	60 ~ 72	68	109	103 ~ 115	108	151	145 ~ 157
29	67	61 ~ 73	69	110	104 ~ 116	109	152	146 ~ 158
30	68	62 ~ 74	70	111	105 ~ 117	110	153	147 ~ 159
31	70	64 ~ 76	71	112	106 ~ 118	111	154	148 ~ 160
32	71	65 ~ 77	72	113	107 ~ 119	112	155	149 ~ 161
33	72	66 ~ 78	73	114	108 ~ 120	113	156	150 ~ 162
34	73	67 ~ 79	74	115	109 ~ 121	114	158	152 ~ 164
35	74	68 ~ 80	75	116	110 ~ 122	115	159	153 ~ 165
36	75	69 ~ 81	76	117	111 ~ 123	116	160	154 ~ 166
37	76	70 ~ 82	77	118	112 ~ 124	117	161	155 ~ 167
38	77	71 ~ 83	78	119	113 ~ 125	118	162	156 ~ 168
39	78	72 ~ 84	79	120	114 ~ 126	119	163	157 ~ 169
40	79	73 ~ 85	80	121	115 ~ 127	120	164	158 ~ 170

表 E.7　指数分等值转换（比率转换）

比率分	外显记忆		比率分	外显记忆		比率分	外显记忆		比率分	外显记忆	
	指数分	90% CI		指数分	90% CI		指数分	90% CI		指数分	90% CI
			48	61	57 ~ 65	101	101	97 ~ 105	154	141	137 ~ 145
			49	62	58 ~ 66	102	102	98 ~ 106	156	142	138 ~ 146
			50	63	59 ~ 67	104	103	99 ~ 107	157	143	139 ~ 147
			52	64	60 ~ 68	105	104	100 ~ 108	158	144	140 ~ 148
0	25	21 ~ 29	53	65	61 ~ 69	106	105	101 ~ 109	160	145	141 ~ 149
1	26	22 ~ 30	54	66	62 ~ 70	108	106	102 ~ 110	161	146	142 ~ 150
2	27	23 ~ 31	56	67	63 ~ 71	109	107	103 ~ 111	162	147	143 ~ 151
3	28	24 ~ 32	57	68	64 ~ 72	110	108	104 ~ 112	164	148	144 ~ 152
5	29	25 ~ 33	58	69	65 ~ 73	112	109	105 ~ 113	165	149	145 ~ 153
6	30	26 ~ 34	60	70	66 ~ 74	113	110	106 ~ 114	166	150	146 ~ 154
7	31	27 ~ 35	61	71	67 ~ 75	114	111	107 ~ 115	168	151	147 ~ 155
9	32	28 ~ 36	62	72	68 ~ 76	116	112	108 ~ 116	169	152	148 ~ 156
10	33	29 ~ 37	64	73	69 ~ 77	117	113	109 ~ 117	170	153	149 ~ 157
11	34	30 ~ 38	65	74	70 ~ 78	118	114	110 ~ 118	172	154	150 ~ 158
13	35	31 ~ 39	66	75	71 ~ 79	120	115	111 ~ 119	173	155	151 ~ 159
14	36	32 ~ 40	68	76	72 ~ 80	121	116	112 ~ 120	174	156	152 ~ 160
15	37	33 ~ 41	69	77	73 ~ 81	122	117	113 ~ 121	176	157	153 ~ 161
17	38	34 ~ 42	70	78	74 ~ 82	124	118	114 ~ 122	177	158	154 ~ 162
18	39	35 ~ 43	72	79	75 ~ 83	125	119	115 ~ 123	178	159	155 ~ 163
19	40	36 ~ 44	73	80	76 ~ 84	126	120	116 ~ 124	180	160	156 ~ 164
21	41	37 ~ 45	74	81	77 ~ 85	128	121	117 ~ 125	181	161	157 ~ 165
22	42	38 ~ 46	76	82	78 ~ 86	129	122	118 ~ 126	183	162	158 ~ 166
23	43	39 ~ 47	77	83	79 ~ 87	130	123	119 ~ 127	184	163	159 ~ 167
25	44	40 ~ 48	78	84	80 ~ 88	132	124	120 ~ 128	185	164	160 ~ 168
26	45	41 ~ 49	80	85	81 ~ 89	133	125	121 ~ 129	187	165	161 ~ 169
27	46	42 ~ 50	81	86	82 ~ 90	134	126	122 ~ 130	188	166	162 ~ 170
29	47	43 ~ 51	82	87	83 ~ 91	136	127	123 ~ 131	189	167	163 ~ 171
30	48	44 ~ 52	84	88	84 ~ 92	137	128	124 ~ 132	191	168	164 ~ 172
31	49	45 ~ 53	85	89	85 ~ 93	138	129	125 ~ 133	192	169	165 ~ 173
33	50	46 ~ 54	86	90	86 ~ 94	140	130	126 ~ 134	193	170	166 ~ 174
34	51	47 ~ 55	88	91	87 ~ 95	141	131	127 ~ 135	195	171	167 ~ 175
35	52	48 ~ 56	89	92	88 ~ 96	142	132	128 ~ 136	196	172	168 ~ 176
37	53	49 ~ 57	90	93	89 ~ 94	144	133	129 ~ 137	197	173	169 ~ 177
38	54	50 ~ 58	92	94	90 ~ 98	145	134	130 ~ 138	199	174	170 ~ 178
39	55	51 ~ 59	93	95	91 ~ 99	146	135	131 ~ 139	200	175	171 ~ 179
41	56	52 ~ 60	94	96	92 ~ 100	148	136	132 ~ 140			
12	57	53 ~ 61	96	97	93 ~ 101	149	137	133 ~ 141			
43	58	54 ~ 62	97	98	94 ~ 102	150	138	134 ~ 142			
45	59	55 ~ 63	98	99	95 ~ 103	152	139	135 ~ 143			
46	60	56 ~ 64	100	100	96 ~ 104	153	140	136 ~ 144			

表 E.8　指数分等值转换（比率转换）

比率分	总记忆商		比率分	总记忆商		比率分	总记忆商		比率分	总记忆商	
	指数分	90% CI		指数分	90% CI		指数分	90% CI		指数分	90% CI
0	21	17 ~ 25	70	61	57 ~ 65	141	101	97 ~ 105	212	141	137 ~ 145
1	22	18 ~ 26	72	62	58 ~ 66	143	102	98 ~ 106	214	142	138 ~ 146
3	23	19 ~ 27	74	63	59 ~ 67	145	103	99 ~ 107	216	143	139 ~ 147
5	24	20 ~ 28	76	64	60 ~ 68	146	104	100 ~ 108	217	144	140 ~ 148
7	25	21 ~ 29	77	65	61 ~ 69	148	105	101 ~ 109	219	145	141 ~ 149
8	26	22 ~ 30	79	66	62 ~ 70	150	106	102 ~ 110	221	146	142 ~ 150
10	27	23 ~ 31	81	67	63 ~ 71	152	107	103 ~ 111	223	147	143 ~ 151
12	28	24 ~ 32	83	68	64 ~ 72	154	108	104 ~ 112	224	148	144 ~ 152
14	29	25 ~ 33	84	69	65 ~ 73	155	109	105 ~ 113	226	149	145 ~ 153
15	30	26 ~ 34	86	70	66 ~ 74	157	110	106 ~ 114	228	150	146 ~ 154
17	31	27 ~ 35	88	71	67 ~ 75	159	111	107 ~ 115	230	151	147 ~ 155
19	32	28 ~ 36	90	72	68 ~ 76	161	112	108 ~ 116	231	152	148 ~ 156
21	33	29 ~ 37	92	73	69 ~ 77	162	113	109 ~ 117	233	153	149 ~ 157
22	34	30 ~ 38	93	74	70 ~ 78	164	114	110 ~ 118	235	154	150 ~ 158
24	35	31 ~ 39	95	75	71 ~ 79	166	115	111 ~ 119	237	155	151 ~ 159
26	36	32 ~ 40	97	76	72 ~ 80	168	116	112 ~ 120	239	156	152 ~ 160
28	37	33 ~ 41	99	77	73 ~ 81	169	117	113 ~ 121	240	157	153 ~ 161
30	38	34 ~ 42	100	78	74 ~ 82	171	118	114 ~ 122	242	158	154 ~ 162
31	39	35 ~ 43	102	79	75 ~ 83	173	119	115 ~ 123	244	159	155 ~ 163
33	40	36 ~ 44	104	80	76 ~ 84	175	120	116 ~ 124	246	160	156 ~ 164
35	41	37 ~ 45	106	81	77 ~ 85	177	121	117 ~ 125	247	161	157 ~ 165
37	42	38 ~ 46	107	82	78 ~ 86	178	122	118 ~ 126	249	162	158 ~ 166
38	43	39 ~ 47	109	83	79 ~ 87	180	123	119 ~ 127	251	163	159 ~ 167
40	44	40 ~ 48	111	84	80 ~ 88	182	124	120 ~ 128	253	164	160 ~ 168
42	45	41 ~ 49	113	85	81 ~ 89	184	125	121 ~ 129	255	165	161 ~ 169
44	46	42 ~ 50	115	86	82 ~ 90	185	126	122 ~ 130	256	166	162 ~ 170
45	47	43 ~ 51	116	87	83 ~ 91	187	127	123 ~ 131	258	167	163 ~ 171
47	48	44 ~ 52	118	88	84 ~ 92	189	128	124 ~ 132	260	168	164 ~ 172
49	49	45 ~ 53	120	89	85 ~ 93	191	129	125 ~ 133	262	169	165 ~ 173
51	50	46 ~ 54	122	90	86 ~ 94	193	130	126 ~ 134	263	170	166 ~ 174
53	51	47 ~ 55	123	91	87 ~ 95	194	131	127 ~ 135	265	171	167 ~ 175
54	52	48 ~ 56	125	92	88 ~ 96	196	132	128 ~ 136	267	172	168 ~ 176
56	53	49 ~ 57	127	93	89 ~ 94	198	133	129 ~ 137	269	173	169 ~ 177
58	54	50 ~ 58	129	94	90 ~ 98	200	134	130 ~ 138	270	174	170 ~ 178
60	55	51 ~ 59	131	95	91 ~ 99	201	135	131 ~ 139	272	175	171 ~ 179
61	56	52 ~ 60	132	96	92 ~ 100	203	136	132 ~ 140	274	176	172 ~ 180
63	57	53 ~ 61	134	97	93 ~ 101	205	137	133 ~ 141	276	177	173 ~ 181
65	58	54 ~ 62	136	98	94 ~ 102	207	138	134 ~ 142	278	178	174 ~ 182
67	59	55 ~ 63	138	99	95 ~ 103	208	139	135 ~ 143	279	179	175 ~ 183
69	60	56 ~ 64	139	100	96 ~ 104	210	140	136 ~ 144	280	180	176 ~ 184

表 E. 9　简式记忆商数等值转换（比率转换）

比率分	简式记忆商		比率分	简式记忆商		比率分	简式记忆商		比率分	简式记忆商	
	指数分	90% CI		指数分	90% CI		指数分	90% CI		指数分	90% CI
1	32	27 ~ 37	41	72	67 ~ 77	81	111	106 ~ 116	121	151	146 ~ 156
2	33	28 ~ 38	42	73	68 ~ 78	82	112	107 ~ 117	122	152	147 ~ 157
3	34	29 ~ 39	43	74	69 ~ 79	83	113	108 ~ 118	123	153	148 ~ 158
4	35	30 ~ 40	44	75	70 ~ 80	84	114	109 ~ 119	124	154	149 ~ 159
5	36	31 ~ 41	45	76	71 ~ 81	85	115	110 ~ 120	125	155	150 ~ 160
6	37	32 ~ 42	46	77	72 ~ 82	86	116	111 ~ 121	126	156	151 ~ 161
7	38	33 ~ 43	47	78	73 ~ 83	87	117	112 ~ 122	127	157	152 ~ 162
8	39	34 ~ 44	48	79	74 ~ 84	88	118	113 ~ 123	128	158	153 ~ 163
9	40	35 ~ 45	49	80	75 ~ 85	89	119	114 ~ 124	129	159	154 ~ 164
10	41	36 ~ 46	50	81	76 ~ 86	90	120	115 ~ 125	130	160	155 ~ 165
11	42	37 ~ 47	51	82	77 ~ 87	91	121	116 ~ 126	131	161	156 ~ 166
12	43	38 ~ 48	52	83	78 ~ 88	92	122	117 ~ 127	132	162	157 ~ 167
13	44	39 ~ 49	53	84	79 ~ 89	93	123	118 ~ 128	133	163	158 ~ 168
14	45	40 ~ 50	54	85	80 ~ 90	94	124	119 ~ 129	134	164	159 ~ 169
15	46	41 ~ 51	55	86	81 ~ 91	95	125	120 ~ 130	135	165	160 ~ 170
16	47	42 ~ 52	56	87	82 ~ 92	96	126	121 ~ 131	136	166	161 ~ 171
17	48	43 ~ 53	57	88	83 ~ 93	97	127	122 ~ 132	137	167	162 ~ 172
18	49	44 ~ 54	58	89	84 ~ 94	98	128	123 ~ 133	138	168	163 ~ 173
19	50	45 ~ 55	59	90	85 ~ 95	99	129	124 ~ 134	139	169	164 ~ 174
20	51	46 ~ 56	60	91	86 ~ 96	100	130	125 ~ 135	140	170	165 ~ 175
21	52	47 ~ 57	61	92	87 ~ 97	101	131	126 ~ 136			
22	53	48 ~ 58	62	93	88 ~ 98	102	132	127 ~ 137			
23	54	49 ~ 59	63	94	89 ~ 99	103	133	128 ~ 138			
24	55	50 ~ 60	64	94	89 ~ 99	104	134	129 ~ 139			
25	56	51 ~ 61	65	95	90 ~ 100	105	135	130 ~ 140			
26	57	52 ~ 62	66	96	91 ~ 101	106	136	131 ~ 141			
27	58	53 ~ 63	67	97	92 ~ 102	107	137	132 ~ 142			
28	59	54 ~ 64	68	98	93 ~ 103	108	138	133 ~ 134			
29	60	55 ~ 65	69	99	94 ~ 104	109	139	134 ~ 144			
30	61	56 ~ 66	70	100	95 ~ 105	110	140	135 ~ 145			
31	62	57 ~ 67	71	101	96 ~ 106	111	141	136 ~ 146			
32	63	58 ~ 68	72	102	97 ~ 107	112	142	137 ~ 147			
33	64	59 ~ 69	73	103	98 ~ 108	113	143	138 ~ 148			
34	65	60 ~ 70	74	104	99 ~ 109	114	144	139 ~ 149			
35	66	61 ~ 71	75	105	100 ~ 110	115	145	140 ~ 150			
36	67	62 ~ 72	76	106	101 ~ 111	116	146	141 ~ 151			
37	68	63 ~ 73	77	107	102 ~ 112	117	147	142 ~ 152			
38	69	64 ~ 74	78	108	103 ~ 113	118	148	143 ~ 153			
39	70	65 ~ 75	79	109	104 ~ 114	119	149	144 ~ 154			
40	71	66 ~ 76	80	110	105 ~ 115	120	150	145 ~ 155			

表 E. 10　简式记忆商数等值转换（Z 转换）

量表分	简式记忆商		量表分	简式记忆商		量表分	简式记忆商		量表分	简式记忆商	
	指数分	90% CI		指数分	90% CI		指数分	90% CI		指数分	90% CI
1	29	24 ~ 34	41	70	65 ~ 75	81	111	106 ~ 116	121	153	148 ~ 158
2	30	25 ~ 35	42	71	66 ~ 76	82	113	108 ~ 118	122	154	149 ~ 159
3	31	26 ~ 36	43	72	67 ~ 77	83	114	109 ~ 119	123	155	150 ~ 160
4	32	27 ~ 37	44	73	68 ~ 78	84	115	110 ~ 120	124	156	151 ~ 161
5	33	28 ~ 38	45	74	69 ~ 79	85	116	111 ~ 121	125	157	152 ~ 162
6	34	29 ~ 39	46	75	70 ~ 80	86	117	112 ~ 122	126	158	153 ~ 163
7	35	30 ~ 40	47	77	72 ~ 82	87	118	113 ~ 123	127	159	154 ~ 164
8	36	31 ~ 41	48	78	73 ~ 83	88	119	114 ~ 124	128	160	155 ~ 165
9	37	32 ~ 42	49	79	74 ~ 84	89	120	115 ~ 125	129	161	156 ~ 166
10	38	33 ~ 43	50	80	75 ~ 85	90	121	116 ~ 126	130	162	157 ~ 167
11	40	35 ~ 45	51	81	76 ~ 86	91	122	117 ~ 127	131	163	158 ~ 168
12	41	36 ~ 46	52	82	77 ~ 87	92	123	118 ~ 128	132	164	159 ~ 169
13	42	37 ~ 47	53	83	78 ~ 88	93	124	119 ~ 129	133	165	160 ~ 170
14	43	38 ~ 48	54	84	79 ~ 89	94	125	120 ~ 130	134	166	161 ~ 171
15	44	39 ~ 49	55	85	80 ~ 90	95	126	121 ~ 131	135	167	162 ~ 172
16	45	40 ~ 50	56	86	81 ~ 91	96	127	122 ~ 132	136	168	163 ~ 173
17	46	41 ~ 51	57	87	82 ~ 92	97	128	123 ~ 133	137	169	164 ~ 174
18	47	42 ~ 52	58	88	83 ~ 93	98	129	124 ~ 134	138	170	165 ~ 175
19	48	43 ~ 53	59	89	84 ~ 94	99	130	125 ~ 135	139	171	166 ~ 176
20	49	44 ~ 54	60	90	85 ~ 95	100	131	126 ~ 136	140	172	167 ~ 177
21	50	45 ~ 55	61	91	86 ~ 96	101	132	127 ~ 137			
22	51	46 ~ 56	62	92	87 ~ 97	102	133	128 ~ 138			
23	52	47 ~ 57	63	93	88 ~ 98	103	134	129 ~ 139			
24	53	48 ~ 58	64	94	89 ~ 99	104	135	130 ~ 140			
25	54	49 ~ 59	65	95	90 ~ 100	105	136	131 ~ 141			
26	55	50 ~ 60	66	96	91 ~ 101	106	137	132 ~ 142			
27	56	51 ~ 61	67	97	92 ~ 102	107	138	133 ~ 134			
28	57	52 ~ 62	68	98	93 ~ 103	108	139	134 ~ 144			
29	58	53 ~ 63	69	99	94 ~ 104	109	140	135 ~ 145			
30	59	54 ~ 64	70	100	95 ~ 105	110	141	136 ~ 146			
31	60	55 ~ 65	71	101	96 ~ 106	111	142	137 ~ 147			
32	61	56 ~ 66	72	102	97 ~ 107	112	143	138 ~ 148			
33	62	57 ~ 67	73	103	98 ~ 108	113	144	139 ~ 149			
34	63	58 ~ 68	74	104	99 ~ 109	114	145	140 ~ 150			
35	64	59 ~ 69	75	105	100 ~ 110	115	146	141 ~ 151			
36	65	60 ~ 70	76	106	101 ~ 111	116	147	142 ~ 152			
37	66	61 ~ 71	77	107	102 ~ 112	117	148	143 ~ 153			
38	67	62 ~ 72	78	108	103 ~ 113	118	150	145 ~ 155			
39	68	63 ~ 73	79	109	104 ~ 114	119	151	146 ~ 156			
40	69	64 ~ 74	80	110	105 ~ 115	120	152	147 ~ 157			

表 F.1　提取指数的百分位常模

百分位	儿童	成人	老人	儿童	成人	老人	百分位
1	13.89	17.28	11.27	42.67	45.24	37.33	51
2	18.05	21.43	13.89	42.91	45.61	37.50	52
3	20.00	22.99	16.67	43.14	45.98	37.68	53
4	21.43	24.00	20.59	43.24	46.32	37.78	54
5	22.92	25.40	22.22	43.48	46.46	38.10	55
6	24.00	26.19	23.08	43.75	46.67	38.46	56
7	24.69	27.27	24.00	43.99	46.88	38.89	57
8	25.29	27.78	24.44	44.44	47.06	39.08	58
9	26.67	28.57	24.69	44.88	47.31	39.39	59
10	27.16	29.89	25.29	45.10	47.62	39.51	60
11	27.78	30.56	25.81	45.16	48.15	39.58	61
12	28.57	31.75	26.67	45.33	48.48	40.00	62
13	28.99	32.10	27.45	46.30	48.89	40.58	63
14	29.63	32.43	27.59	46.46	49.12	41.67	64
15	30.30	32.85	28.07	46.67	49.46	42.11	65
16	30.95	33.13	28.57	47.06	50.00	42.42	66
17	31.11	34.34	29.33	47.62	50.51	42.86	67
18	31.75	34.41	29.63	47.92	50.79	43.01	68
19	32.10	34.48	29.89	48.45	50.98	43.14	69
20	32.43	34.67	30.30	49.02	51.11	43.48	70
21	32.87	35.29	30.38	49.38	51.28	43.89	71
22	33.33	35.71	30.77	49.46	51.61	44.44	72
23	33.78	36.11	30.95	49.72	52.08	44.85	73
24	34.23	36.36	31.11	50.00	52.38	45.24	74
25	34.34	36.78	31.24	50.51	52.78	45.61	75
26	34.41	37.04	31.37	50.87	53.33	46.15	76
27	35.29	37.33	31.58	51.28	53.76	46.67	77
28	35.90	37.68	31.88	51.78	54.17	47.22	78
29	36.19	38.10	32.00	52.38	54.55	47.62	79
30	36.36	38.71	32.10	52.53	55.07	48.72	80
31	36.56	39.08	32.18	52.87	55.56	48.89	81
32	36.78	39.39	32.46	53.76	55.91	49.38	82
33	36.92	39.58	32.76	54.32	56.41	50.00	83
34	37.25	40.00	33.02	54.76	57.14	50.67	84
35	37.33	40.40	33.33	55.17	57.97	50.79	85
36	37.50	40.74	33.74	55.24	58.33	51.52	86
37	37.84	41.27	34.11	56.00	59.05	51.85	87
38	38.46	41.67	34.48	56.25	60.22	52.08	88
39	38.71	41.98	34.57	56.86	60.87	52.87	89
40	39.08	42.22	34.67	57.47	61.73	53.33	90
41	39.58	42.59	34.78	58.06	63.33	54.32	91
42	40.00	43.01	35.02	58.82	64.37	55.07	92
43	40.40	43.24	35.29	60.22	65.53	55.91	93
44	40.74	43.59	35.56	61.33	66.67	57.97	94
45	40.86	43.68	35.71	62.96	68.97	59.52	95
46	41.03	43.91	35.90	64.65	69.57	60.87	96
47	41.28	44.44	36.11	64.86	72.22	62.96	97
48	41.68	44.78	36.36	66.67	73.12	66.67	98
49	42.07	45.10	36.78	69.70	76.92	72.46	99
50	42.42	45.16	37.04	79.57	97.30	84.62	100

表 F.2 学习速率的百分位常模

百分位	儿童	成人	老人	儿童	成人	老人	百分位
1	7.14	18.75	3.70	67.69	63.04	41.77	51
2	22.58	22.58	7.14	68.10	63.41	42.11	52
3	28.13	25.71	10.71	68.63	63.83	42.50	53
4	30.30	27.27	13.79	68.95	64.29	42.86	54
5	31.43	30.30	15.13	69.23	64.44	43.24	55
6	33.33	31.43	16.67	69.57	65.22	43.59	56
7	37.84	32.26	17.24	70.00	65.31	43.90	57
8	38.89	32.43	18.75	70.59	65.91	44.74	58
9	40.00	34.21	19.35	70.81	65.96	45.00	59
10	41.67	35.90	20.00	71.15	66.67	45.71	60
11	42.11	36.59	21.88	71.43	67.39	45.95	61
12	43.44	37.50	22.58	71.72	67.79	46.15	62
13	44.00	38.89	23.33	72.00	68.09	46.34	63
14	45.15	39.47	24.24	72.34	68.63	46.67	64
15	46.01	40.54	25.18	72.55	69.23	47.22	65
16	47.07	41.03	26.47	72.92	69.39	47.50	66
17	47.62	41.67	27.27	73.08	69.77	47.83	67
18	48.78	42.11	28.13	73.47	70.00	48.57	68
19	49.39	42.86	29.03	73.74	70.59	48.78	69
20	50.00	43.24	29.41	74.00	70.83	48.89	70
21	50.51	44.34	29.73	74.42	71.43	49.29	71
22	51.10	45.15	30.56	74.83	72.00	49.61	72
23	51.68	45.71	31.25	75.22	72.55	50.00	73
24	52.27	46.34	31.58	75.63	72.92	51.32	74
25	53.03	46.71	31.91	76.00	73.33	51.63	75
26	53.49	47.22	32.35	76.47	74.00	51.93	76
27	54.55	47.81	32.84	76.92	74.47	52.20	77
28	55.56	48.22	33.33	77.48	75.00	52.38	78
29	56.10	48.62	33.75	78.00	75.51	52.50	79
30	56.52	48.94	34.21	78.43	76.00	52.63	80
31	57.78	50.50	34.29	78.85	76.60	53.19	81
32	58.14	51.16	34.64	79.46	77.55	53.85	82
33	59.18	52.17	35.00	80.00	78.00	54.55	83
34	59.57	52.38	35.14	80.77	78.85	55.25	84
35	60.00	53.33	35.29	81.43	80.39	55.98	85
36	60.47	53.66	35.90	82.00	81.63	56.88	86
37	61.22	54.55	36.11	82.69	82.35	57.78	87
38	61.70	55.00	36.47	83.27	82.69	58.67	88
39	62.00	55.81	36.84	83.80	83.33	59.77	89
40	63.27	56.82	37.14	84.31	83.67	60.87	90
41	63.64	57.14	37.50	84.92	84.62	61.70	91
42	63.83	58.00	37.84	85.73	85.71	62.84	92
43	64.44	58.70	38.46	86.54	86.27	63.83	93
44	64.71	59.18	38.89	87.51	86.98	64.91	94
45	65.31	60.00	39.47	88.46	87.83	65.96	95
46	65.91	60.47	40.00	90.38	88.76	67.67	96
47	66.00	60.98	40.54	92.31	90.38	70.45	97
48	66.67	61.70	40.91	94.23	92.31	74.51	98
49	67.35	62.22	41.03	96.15	94.23	77.08	99
50	67.39	62.79	41.46	98.08	96.15	80.39	100

表 F.3　保持率的百分位常模

百分位	儿童	成人	老人	儿童	成人	老人	百分位
1	50.00	25.00	10.00	88.23	84.62	69.53	51
2	60.00	42.86	16.67	88.46	85.00	69.85	52
3	63.64	47.06	20.00	88.67	85.19	70.16	53
4	65.00	50.00	22.22	88.89	85.71	70.51	54
5	66.67	53.85	25.00	89.29	86.03	70.82	55
6	68.75	55.56	28.57	89.47	86.36	71.04	56
7	70.00	57.14	30.77	89.73	86.67	71.43	57
8	70.59	58.82	31.25	90.00	86.96	71.86	58
9	71.43	61.11	33.33	90.24	87.23	72.22	59
10	72.22	62.50	35.50	90.48	87.50	72.73	60
11	73.33	63.64	37.70	90.69	87.70	73.33	61
12	74.12	64.29	40.00	90.91	87.89	73.68	62
13	75.00	64.71	41.67	91.10	88.12	74.31	63
14	76.00	65.00	42.86	91.30	88.30	75.00	64
15	76.80	65.83	45.00	91.48	88.46	76.19	65
16	77.27	66.67	46.15	91.67	88.67	76.92	66
17	77.54	68.75	47.85	91.83	88.89	77.27	67
18	77.86	69.23	49.00	92.00	89.09	77.78	68
19	78.26	69.57	50.69	92.15	89.29	78.57	69
20	79.17	70.00	53.00	92.31	89.49	78.95	70
21	79.41	70.59	53.85	92.59	89.70	79.45	71
22	80.00	70.83	54.55	92.86	89.85	79.83	72
23	80.95	71.43	55.56	93.15	90.00	80.24	73
24	81.48	72.22	56.37	93.46	90.24	80.75	74
25	81.82	72.73	57.14	93.75	90.48	81.28	75
26	82.35	73.33	57.73	93.94	90.70	81.82	76
27	82.61	74.07	58.33	94.12	90.98	82.30	77
28	82.87	75.00	58.82	94.44	91.30	82.62	78
29	83.08	76.00	59.51	94.74	91.49	83.21	79
30	83.33	76.47	60.00	95.00	91.67	83.67	80
31	83.67	76.92	60.54	95.24	92.00	84.62	81
32	84.00	77.27	61.11	95.45	92.31	85.71	82
33	84.21	77.78	61.54	95.65	92.59	86.67	83
34	84.42	78.20	62.00	95.83	92.86	87.50	84
35	84.62	78.57	62.50	96.00	93.33	88.89	85
36	84.81	79.17	63.16	96.15	93.84	89.47	86
37	85.00	79.58	63.64	96.30	94.44	90.00	87
38	85.15	80.00	64.29	96.50	94.74	90.91	88
39	85.30	80.77	64.71	96.82	95.00	91.30	89
40	85.51	80.95	65.00	97.13	95.24	92.31	90
41	85.71	81.48	65.51	97.83	95.45	93.36	91
42	86.04	81.82	66.14	98.51	96.51	94.11	92
43	86.36	82.11	66.67	99.00	98.38	95.65	93
44	86.51	82.35	67.21	99.50	100.0	98.12	94
45	86.67	82.61	67.67	100.0	101.5	100.0	95
46	86.96	82.98	68.18	101.0	103.2	103.4	96
47	87.16	83.33	68.42	102.0	105.0	106.8	97
48	87.50	83.67	68.75	103.0	106.2	110.0	98
49	87.75	84.00	68.98	104.0	107.1	115.8	99
50	88.00	84.21	69.23	105.0	111.1	123.0	100

表 F.4 离散指数的百分位常模

百分位	儿童	成人	老人	儿童	成人	老人	百分位
1	53.28	53.07	59.79	16.22	19.36	24.15	51
2	44.37	50.61	55.74	15.80	19.26	23.55	52
3	38.95	44.87	54.04	15.58	19.12	23.46	53
4	36.94	44.50	52.39	15.41	19.01	23.30	54
5	35.37	42.60	46.10	15.39	18.67	23.14	55
6	34.46	40.85	45.35	15.35	18.56	22.94	56
7	33.21	37.81	43.17	15.02	18.23	22.83	57
8	31.94	36.75	43.09	14.72	18.06	22.40	58
9	31.32	35.73	42.04	14.56	17.93	22.11	59
10	29.85	34.67	41.62	14.34	17.85	22.04	60
11	28.92	33.44	40.31	14.19	17.71	21.88	61
12	26.52	33.15	39.61	13.97	17.62	21.52	62
13	25.67	32.70	37.89	13.83	17.39	21.46	63
14	25.09	31.65	36.82	13.81	17.26	21.36	64
15	24.69	30.58	36.27	13.76	17.08	21.19	65
16	24.27	30.12	35.94	13.68	16.91	21.05	66
17	23.41	29.51	34.54	13.55	16.79	20.84	67
18	23.12	29.30	33.76	13.29	16.68	20.53	68
19	23.00	28.57	33.11	13.23	16.27	20.47	69
20	22.60	27.89	32.88	13.19	15.93	20.21	70
21	22.17	27.40	32.60	12.85	15.87	20.12	71
22	21.51	26.71	31.89	12.66	15.46	19.66	72
23	21.20	25.95	31.60	12.54	15.28	19.62	73
24	20.95	25.50	31.19	12.33	15.10	19.54	74
25	20.80	25.36	30.58	12.11	14.96	19.44	75
26	20.71	25.05	30.31	11.98	14.61	19.37	76
27	20.19	24.76	30.22	11.88	14.43	18.71	77
28	19.93	24.30	29.89	11.63	13.99	18.54	78
29	19.71	24.00	29.65	11.56	13.91	18.11	79
30	19.59	23.78	29.51	11.40	13.65	17.69	80
31	19.45	23.67	29.27	11.29	13.54	17.61	81
32	19.31	23.24	28.77	11.22	13.34	17.47	82
33	19.08	22.96	28.50	11.16	13.16	17.43	83
34	18.94	22.69	28.36	11.10	13.04	17.03	84
35	18.84	22.49	28.09	10.90	12.97	16.63	85
36	18.68	22.14	27.84	10.79	12.80	16.33	86
37	18.65	21.86	27.65	10.62	12.59	16.31	87
38	18.36	21.70	27.05	10.49	12.28	16.20	88
39	18.03	21.44	26.53	10.45	12.15	15.95	89
40	17.73	21.32	26.39	10.34	12.03	15.91	90
41	17.64	21.23	26.16	10.17	11.72	15.25	91
42	17.45	21.11	25.70	9.83	11.35	14.66	92
43	17.34	21.03	25.70	9.68	11.16	14.21	93
44	17.18	20.90	25.55	9.60	10.61	14.01	94
45	16.96	20.69	25.33	9.28	10.08	13.53	95
46	16.82	20.58	25.01	9.08	9.44	12.90	96
47	16.80	20.51	24.55	8.79	8.81	12.69	97
48	16.70	20.21	24.38	8.51	8.55	12.60	98
49	16.59	20.01	24.27	7.86	8.09	10.31	99
50	16.30	19.87	24.21	6.53	7.09	7.82	100

表G.1　指数分（儿童）间差异的显著性

	基本指数									附加指数				
	记忆广度	联想学习	再认记忆	自由回忆	内隐记忆	延迟记忆	日常记忆	外显记忆	总记忆商	短时记忆	中时记忆	长时记忆	听觉记忆	视觉记忆
记忆广庹		9.2	18.5	13.1	14.6	11.8	11.7	8.7	8.5	10.4	9.8	9.9	9.9	9.6
联想学习	7.8		17.8	12.3	13.8	10.8	10.7	7.3	7.0	9.2	8.6	8.7	8.7	8.3
再认记忆	15.5	15.0		20.2	21.1	19.3	19.3	17.6	17.5	18.5	18.2	18.2	18.2	18.0
自由回忆	11.1	10.3	16.9		16.7	14.3	14.3	11.9	11.7	13.2	12.7	12.8	12.8	12.6
内隐记忆	12.3	11.6	17.8	14.0		15.6	15.6	13.4	13.3	14.6	14.2	14.3	14.3	14.0
延迟记忆	10.0	9.1	16.3	12.1	13.2		13.1	10.4	10.2	11.9	11.4	11.5	11.5	11.2
日常记忆	9.9	9.0	16.2	12.0	13.1	11.0		10.3	10.1	11.8	11.3	11.4	11.4	11.0
外显记忆	7.3	6.2	14.8	10.0	11.3	8.8	8.7		6.4	8.8	8.1	8.2	8.2	7.8
总记忆商	7.1	5.9	14.7	9.9	11.2	8.6	8.5	5.4		8.5	7.8	7.9	7.9	7.5
短时记忆	8.7	7.8	15.6	11.1	12.3	10.0	9.9	7.4	7.2		9.9	10.0	10.0	9.6
中时记忆	8.3	7.3	15.3	10.7	11.9	9.6	9.5	6.8	6.6	8.3		9.4	9.4	9.0
长时记忆	8.4	7.4	15.3	10.8	12.0	9.6	9.6	6.9	6.7	8.4	7.9		9.5	9.1
听觉记忆	8.4	7.4	15.3	10.8	12.0	9.6	9.6	6.9	6.7	8.4	7.9	8.0		9.1
视觉记忆	8.1	7.0	15.2	10.6	11.8	9.4	9.3	6.6	6.3	8.1	7.6	7.7	7.7	

注：左下三角为 P=0.1 时的差异值，右上三角为 P=0.05 时的差异值。

表 G.2　指数分（成人）间差异的显著性

	基本指数									附加指数				
	记忆广度	联想学习	再认记忆	自由回忆	内隐记忆	延迟记忆	日常记忆	外显记忆	总记忆商	短时记忆	中时记忆	长时记忆	听觉记忆	视觉记忆
记忆广度		9.5	17.1	13.9	15.7	11.6	15.5	8.9	8.8	11.0	10.1	11.7	10.7	9.3
联想学习	8.0		16.4	13.1	15.0	10.6	14.7	7.5	7.4	9.9	8.9	10.7	9.8	8.0
再认记忆	14.4	13.8		19.3	20.6	17.7	20.5	16.1	16.0	17.3	16.8	17.8	17.1	16.3
自由回忆	11.7	11.0	16.3		18.1	14.7	17.9	12.7	12.6	14.2	13.6	14.8	14.0	13.0
内隐记忆	13.2	12.6	17.4	15.3		16.4	19.4	14.6	14.6	16.0	15.4	16.5	15.8	14.9
延迟记忆	9.7	8.9	14.9	12.4	13.8		16.2	10.0	9.9	11.9	11.1	12.6	11.7	10.4
日常记忆	13.0	12.4	17.2	15.1	16.3	13.6		14.3	14.3	15.7	15.1	16.3	15.5	14.6
外显记忆	7.5	6.3	13.5	10.7	12.3	8.4	12.1		6.6	9.3	8.3	10.2	9.0	7.2
总记忆商	7.4	6.2	13.5	10.6	12.3	8.4	12.0	5.5		9.2	8.2	10.1	8.9	7.1
短时记忆	9.2	8.3	14.6	12.0	13.4	10.0	13.2	7.8	7.7		10.5	12.1	11.0	9.7
中时记忆	8.5	7.5	14.1	11.4	12.9	9.4	12.8	7.0	6.9	8.8		11.3	10.2	8.7
长时记忆	9.9	9.0	15.0	12.5	13.9	10.6	13.7	8.6	8.5	10.1	9.5		11.8	10.5
听觉记忆	9.0	8.1	14.4	11.8	13.3	9.8	13.1	7.6	7.5	9.3	8.6	9.9		9.4
视觉记忆	7.8	6.7	13.7	10.9	12.5	8.7	12.3	6.1	6.0	8.1	7.3	8.9	7.9	

注：左下三角为 P=0.1 时的差异值，右上三角为 P=0.05 时的差异值。

表 G.3　指数分（老年人）间差异的显著性

	基本指数									附加指数				
	记忆广度	联想学习	再认记忆	自由回忆	内隐记忆	延迟记忆	日常记忆	外显记忆	总记忆商	短时记忆	中时记忆	长时记忆	听觉记忆	视觉记忆
记忆广度		12.1	23.7	18.0	18.0	15.1	16.8	12.1	11.9	15.0	13.4	14.1	13.6	12.6
联想学习	10.2		22.7	16.7	16.7	13.5	15.4	10.0	9.7	13.4	11.5	12.4	11.8	10.5
再认记忆	20.0	19.1		26.4	26.4	24.5	25.6	22.7	22.6	24.4	23.5	23.9	23.6	23.0
自由回忆	15.2	14.0	22.2		21.4	19.0	20.4	16.7	16.6	18.9	17.7	18.3	17.8	17.0
内隐记忆	15.2	14.0	22.2	18.0		19.0	20.4	16.7	16.5	18.9	17.7	18.3	17.8	17.0
延迟记忆	12.7	11.4	20.6	16.0	16.0		17.9	13.5	13.4	16.2	14.7	15.4	14.9	14.0
日常记忆	14.2	13.0	21.5	17.2	17.2	15.1		15.4	15.3	17.8	16.5	17.1	16.6	15.8
外显记忆	10.2	8.4	19.1	14.1	14.1	11.4	13.0		9.8	13.4	11.6	12.4	11.8	10.6
总记忆商	10.0	8.2	19.0	13.9	13.9	11.2	12.8	8.2		13.2	11.4	12.2	11.6	10.3
短时记忆	12.7	11.3	20.5	15.9	15.9	13.7	15.0	11.3	11.1		14.6	15.3	14.8	13.8
中时记忆	11.3	9.7	19.7	14.9	14.9	12.4	13.9	9.7	9.6	12.3		13.7	13.1	12.1
长时记忆	11.9	10.4	20.1	15.4	15.4	13.0	14.4	10.4	10.3	12.9	11.5		13.9	12.9
听觉记忆	11.5	9.9	19.8	15.0	15.0	12.6	14.0	9.9	9.7	12.5	11.1	11.7		12.3
视觉记忆	10.6	8.9	19.3	14.3	14.3	11.7	13.3	8.9	8.7	11.6	10.1	10.8	10.3	

注：左下三角为 P=0.1 时的差异值，右上三角为 P=0.05 时的差异值。

表 G.4　分测验（儿童）间差异的显著性

分测验	基本分测验														附加分测验					
	数字广度	空间广度	汉词配对	图符配对	汉词再认	图画再认	汉词回忆	图形再生	自由组词	残图命名	词对延迟	图符延迟	经历定向	常识记忆	汉词广度	人—名配对	人面再认	图画回忆	人—名延迟	生活记忆
数字广度		2.8	2.2	2.3	4.6	4.0	4.2	3.1	3.2	3.7	2.8	3.0	3.0	2.7	2.5	2.1	4.4	3.8	2.9	3.7
空间广度	2.4		2.7	2.9	4.9	4.4	4.5	3.6	3.6	4.1	3.2	3.5	3.4	3.1	3.0	2.7	4.7	4.2	3.4	4.1
汉词配对	1.8	2.3		2.2	4.5	4.0	4.1	3.0	3.1	3.6	2.7	2.9	2.8	2.5	2.4	2.0	4.3	3.7	2.8	3.7
图符配对	2.0	2.4	1.8		4.6	4.1	4.2	3.2	3.2	3.7	2.8	3.1	3.0	2.7	2.5	2.2	4.4	3.8	3.0	3.8
汉词再认	3.8	4.1	3.8	3.8		5.6	5.8	5.0	5.1	5.4	4.8	5.0	4.9	4.7	4.6	4.5	5.9	5.5	4.9	5.4
图画再认	3.4	3.7	3.3	3.4	4.8		5.4	4.6	4.6	5.0	4.3	4.5	4.5	4.3	4.2	4.0	5.5	5.1	4.4	5.0
汉词回忆	3.6	3.8	3.5	3.6	4.9	4.5		4.7	4.8	5.1	4.5	4.7	4.6	4.4	4.3	4.1	5.6	5.2	4.6	5.2
图形再生	2.7	3.0	2.6	2.7	4.2	3.9	4.0		3.9	4.3	3.5	3.7	3.7	3.4	3.3	3.0	4.9	4.4	3.6	4.3
自由组词	2.7	3.0	2.6	2.7	4.3	3.9	4.0	3.2		4.3	3.6	3.8	3.7	3.5	3.3	3.1	4.9	4.4	3.7	4.4
残图命名	3.1	3.4	3.1	3.1	4.6	4.2	4.3	3.6	3.7		4.0	4.2	4.2	4.0	3.8	3.6	5.3	4.8	4.1	4.8
词对延迟	2.3	2.7	2.2	2.4	4.1	3.7	3.8	3.0	3.0	3.4		3.4	3.3	3.1	2.9	2.6	4.6	4.1	3.3	4.1
图符延迟	2.6	2.9	2.5	2.6	4.2	3.8	3.9	3.1	3.2	3.5	2.9		3.6	3.3	3.2	2.9	4.8	4.3	3.5	4.2
经历定向	2.5	2.9	2.4	2.5	4.1	3.8	3.9	3.1	3.1	3.5	2.8	3.0		3.2	3.1	2.8	4.8	4.2	3.5	4.2
常识记忆	2.2	2.6	2.1	2.3	4.0	3.6	3.7	2.9	2.9	3.3	2.6	2.8	2.7		2.8	2.5	4.6	4.0	3.2	4.0
汉词广度	2.1	2.5	2.0	2.1	3.9	3.5	3.6	2.8	2.8	.32	2.5	2.7	2.6	2.4		2.3	4.5	3.9	3.1	3.9
人—名配对	1.8	2.3	1.7	1.8	3.8	3.3	3.5	2.5	2.6	3.0	2.2	2.4	2.4	2.1	2.0		4.3	3.7	2.8	3.6
人面再认	3.7	3.9	3.6	3.7	5.0	4.6	4.7	4.1	4.1	4.4	3.9	4.0	4.0	3.8	3.8	3.6		5.3	4.7	5.3
图画回忆	3.2	3.5	3.1	3.2	4.6	4.3	4.4	3.7	3.7	4.0	3.5	3.6	3.6	3.4	3.3	3.1	4.5		4.2	4.8
人—名延迟	2.5	2.8	2.4	2.5	4.1	3.7	3.9	3.1	3.1	3.5	2.8	3.0	2.9	2.7	2.6	2.4	4.0	3.6		4.2
生活记忆	3.1	3.4	3.1	3.2	4.6	4.2	4.3	3.6	3.7	4.0	3.4	3.6	3.5	3.3	3.2	3.1	4.4	4.1	3.5	

注：左下三角为 P=0.1 时的差异值，右上三角为 P=0.05 时的差异值。

表 G.5　分测验（成人）间差异的显著性

分测验	基本分测验														附加分测验					
	数字广度	空间广度	汉词配对	图符配对	汉词再认	图画再认	汉词回忆	图形再生	自由组词	残图命名	词对延迟	图符延迟	经历定向	常识记忆	汉词广度	人一名配对	人面再认	图画回忆	人一名延迟	生活记忆
数字广度		2.8	2.4	2.3	4.2	3.6	3.9	3.3	3.1	4.1	3.0	2.9	2.3	3.1	3.0	2.4	4.7	4.0	2.9	4.3
空间广度	2.3		2.7	2.6	4.3	3.8	4.1	3.5	3.3	4.3	3.3	3.1	2.6	3.4	3.2	2.7	4.9	4.1	3.1	4.5
汉词配对	2.0	2.2		2.2	4.1	3.5	3.8	3.2	3.0	4.0	2.9	2.7	2.2	3.0	2.9	2.3	4.7	3.9	2.8	4.2
图符配对	2.0	2.2	1.8		4.1	3.5	3.8	3.2	3.0	4.0	2.9	2.7	2.1	3.0	2.8	2.2	4.6	3.8	2.7	4.2
汉词再认	3.5	3.6	3.4	3.4		4.9	5.1	4.7	4.6	5.3	4.5	4.4	4.0	4.6	4.5	4.1	5.8	5.2	4.4	5.4
图画再认	3.0	3.2	3.0	2.9	4.1		4.7	4.2	4.1	4.9	4.0	3.9	3.5	4.1	4.0	3.6	5.4	4.7	3.9	5.0
汉词回忆	3.3	3.4	3.2	3.2	4.3	3.9		4.5	4.3	5.1	4.2	4.1	3.8	4.3	4.2	3.8	5.6	4.9	4.2	5.2
图形再生	2.8	3.0	2.7	2.7	4.0	3.6	3.8		3.8	4.7	3.7	3.6	3.2	3.8	3.7	3.2	5.2	4.5	3.6	4.8
自由组词	2.6	2.8	2.5	2.5	3.8	3.4	3.6	3.2		4.5	3.6	3.4	3.0	3.7	3.5	3.1	5.1	4.4	3.5	4.7
残图命名	3.5	3.6	3.4	3.4	4.5	4.1	4.3	3.9	3.8		4.5	4.3	4.0	4.5	4.4	4.1	5.8	5.1	4.4	5.4
词对延迟	2.6	2.7	2.5	2.4	3.8	3.4	3.6	3.1	3.0	3.8		3.3	2.9	3.6	3.4	3.0	5.0	4.3	3.4	4.6
图符延迟	2.4	2.6	2.3	2.3	3.7	3.3	3.5	3.0	2.9	3.7	2.8		2.7	3.4	3.3	2.8	4.9	4.2	3.2	4.5
经历定向	1.9	2.2	1.8	1.8	3.4	2.9	3.2	2.7	2.5	3.4	2.4	2.3		3.0	2.8	2.2	4.6	3.8	2.7	4.2
常识记忆	2.6	2.8	2.6	2.5	3.9	3.4	3.6	3.2	3.1	3.8	3.0	2.9	2.5		3.5	3.1	5.1	4.4	3.5	4.7
汉词广度	2.5	2.7	2.4	2.4	3.8	3.4	3.6	3.1	3.0	3.7	2.9	2.8	2.4	3.0		2.9	5.0	4.3	3.3	4.6
人一名配对	2.0	2.3	1.9	1.9	3.5	3.0	3.2	2.7	2.6	3.4	2.5	2.3	1.9	2.6	2.5		4.7	3.9	2.8	4.2
人面再认	4.0	4.1	3.9	3.9	4.9	4.6	4.7	4.4	4.3	4.9	4.2	4.2	3.9	4.3	4.2	3.9		5.6	5.0	5.9
图画回忆	3.3	3.5	3.3	3.2	4.3	4.0	4.2	3.8	3.7	4.3	3.6	3.5	3.2	3.7	3.6	3.3	4.7		4.2	5.3
人一名延迟	2.4	2.6	2.3	2.3	3.7	3.3	3.5	3.0	2.9	3.7	2.8	2.7	2.3	2.9	2.8	2.4	4.2	3.5		4.5
生活记忆	3.6	3.8	3.6	3.5	4.6	4.2	4.4	4.1	3.9	4.6	3.9	3.8	3.5	4.0	3.9	3.6	4.9	4.4	3.8	

注：左下三角为 P=0.1 时的差异值，右上三角为 P=0.05 时的差异值。

表 G.6　分测验（老年人）间差异的显著性

分测验	基本分测验														附加分测验					
	数字广度	空间广度	汉词配对	图符配对	汉词再认	图画再认	汉词回忆	图形再生	自由组词	残图命名	词对延迟	图符延迟	经历定向	常识记忆	汉词广度	人一名配对	人面再认	图画回忆	人一名延迟	生活记忆
数字广度		3.7	2.6	2.6	5.0	3.7	4.4	3.6	3.6	3.7	3.5	3.3	2.7	3.4	3.6	2.9	5.2	4.4	3.6	5.0
空间广度	3.1		3.6	3.6	5.6	4.5	5.1	4.4	4.4	4.5	4.4	4.2	3.7	4.3	4.4	3.8	5.8	5.1	4.4	5.6
汉词配对	2.2	3.1		2.5	5.0	3.7	4.4	3.6	3.6	3.7	3.5	3.3	2.6	3.4	3.6	2.8	5.2	4.4	3.6	4.9
图符配对	2.2	3.1	2.1		5.0	3.7	4.4	3.5	3.5	36.	3.5	3.3	2.6	3.4	3.6	2.8	5.2	4.3	3.6	4.9
汉词再认	4.2	4.8	4.2	4.2		5.7	6.1	5.6	5.6	5.6	5.6	5.4	5.0	5.5	5.6	5.2	6.8	6.1	5.6	6.5
图画再认	3.1	3.8	3.1	3.1	4.8		5.1	4.4	4.4	4.5	4.4	4.2	3.7	4.3	4.5	3.9	5.9	5.1	4.5	5.6
汉词回忆	3.7	4.3	3.7	3.7	5.2	4.3		5.0	5.0	5.1	5.0	4.9	4.4	4.9	5.1	4.5	6.3	5.6	5.1	6.1
图形再生	3.0	3.7	3.0	3.0	4.7	3.7	4.2		4.3	4.4	4.3	4.1	3.6	4.2	4.4	3.8	5.8	5.0	4.4	5.5
自由组词	3.0	3.7	3.0	3.0	4.7	3.7	4.2	3.6		4.4	4.3	4.1	3.6	4.2	4.4	3.8	5.8	5.0	4.4	5.5
残图命名	3.1	3.8	3.1	3.1	4.8	3.8	4.3	3.7	3.7		4.4	4.2	3.7	4.3	4.4	3.9	5.8	5.1	4.4	5.6
词对延迟	3.0	3.7	3.0	2.9	4.7	3.7	4.2	3.6	3.6	3.7		4.1	3.6	4.2	4.3	3.7	5.8	5.0	4.3	5.5
图符延迟	2.8	3.5	2.8	2.8	4.6	3.6	4.1	3.5	3.5	3.5	3.4		3.4	4.0	4.2	3.5	5.6	4.8	4.2	5.4
经历定向	2.2	3.1	2.2	2.2	4.2	3.1	3.7	3.0	3.0	3.1	3.0	2.8		3.4	3.6	2.9	5.3	4.4	3.6	5.0
常识记忆	2.9	3.6	2.8	2.8	4.6	3.6	4.1	3.5	3.5	3.6	3.5	3.4	2.9		4.2	3.6	5.7	4.9	4.2	5.4
汉词广度	3.0	3.7	3.0	3.0	4.7	3.8	4.3	3.7	3.7	3.7	3.6	3.5	3.1	3.6		3.8	5.8	5.0	4.4	5.5
人一名配对	2.4	3.2	2.4	2.4	4.3	3.3	3.8	3.2	3.2	3.2	3.1	3.0	2.4	3.0	3.2		5.4	4.5	3.8	5.1
人面再认	4.4	4.9	4.4	4.4	5.7	4.9	5.3	4.9	4.9	4.9	4.8	4.7	4.4	4.8	4.9	4.5		6.3	5.8	6.7
图画回忆	3.7	4.3	3.7	3.7	5.2	4.3	4.7	4.2	4.2	4.3	4.2	4.1	3.7	4.1	4.2	3.8	5.3		5.0	6.1
人一名延迟	3.0	3.7	3.0	3.0	4.7	3.7	4.2	3.6	3.7	3.7	3.6	3.5	3.1	3.6	3.7	3.2	4.9	4.3		5.5
生活记忆	4.2	4.7	4.1	4.1	5.5	4.7	5.1	4.6	4.6	4.7	4.6	4.5	4.2	4.5	4.7	4.3	5.6	5.1	4.7	

注：左下三角为 P=0.1 时的差异值，右上三角为 P=0.05 时的差异值。

表 G.7　分测验与平均量表分（儿童）间差异的显著性

	分测验	P 值			常模样本中差异累计发生率						
		0.05	0.1	0.15	1%	5%	10%	15%	20%	25%	30%
基本分测验	数字广度	1.68	1.41	1.23	4.66	3.24	2.46	2.03	1.55	1.29	0.99
	空间广度	2.28	1.92	1.68	4.56	2.95	2.19	1.88	1.52	1.26	0.99
	汉词配对	1.50	1.26	1.10	4.80	3.16	2.26	2.23	1.87	1.56	1.28
	图符配对	1.71	1.44	1.26	4.78	3.16	2.49	2.01	1.69	1.33	0.99
	汉词再认	4.01	3.37	2.92	5.35	3.81	3.02	2.32	1.91	1.51	1.23
	图画再认	3.51	2.95	2.58	5.46	3.71	2.88	2.24	1.82	1.39	10.3
	汉词回忆	3.67	3.09	2.70	5.74	4.42	3.47	2.65	2.07	1.78	1.38
	图形再生	2.59	2.18	1.91	4.93	3.45	2.61	2.19	1.78	1.43	1.11
	自由组词	2.66	2.24	1.96	7.39	5.28	3.86	3.34	2.59	2.12	1.61
	残图命名	3.17	2.67	2.33	3.92	4.32	3.43	2.59	2.08	1.68	1.37
	词对延迟	2.21	1.86	1.63	4.07	2.95	2.26	1.93	1.51	1.07	0.85
	图符延迟	2.47	2.08	1.82	6.12	3.46	2.67	2.13	1.71	1.38	1.16
	经历定向	2.40	2.02	1.77	6.93	4.22	3.07	2.31	1.79	1.49	1.13
	常识记忆	2.08	1.75	1.53	4.84	3.01	2.41	1.92	1.52	1.26	1.03
附加分测验	汉词广度	1.89	1.59	1.39	4.37	3.46	2.79	2.43	1.89	1.58	1.14
	人一名配对	1.47	1.23	1.08	6.94	5.02	3.79	3.19	2.60	2.08	1.63
	人面再认	3.83	3.22	2.81	5.98	4.24	3.22	2.77	2.08	1.79	1.41
	图画回忆	3.28	2.76	2.41	5.38	3.59	2.90	2.43	1.99	1.47	1.05
	人一名延迟	2.37	1.99	1.74	5.31	4.11	3.09	2.52	2.10	1.74	1.35
	生活记忆	3.21	2.70	2.36	6.04	4.21	3.16	2.55	2.12	1.79	1.35

表 G.8 分测验与平均量表分（成人）间差异的显著性

	分测验	P 值			常模样本中差异累计发生率						
		0.05	0.1	0.15	1%	5%	10%	15%	20%	25%	30%
基本分测验	数字广度	1.78	1.50	1.31	4.84	3.02	2.39	1.90	1.56	1.26	1.01
	空间广度	2.10	1.77	1.54	5.22	3.66	2.53	2.08	1.77	1.38	1.08
	汉词配对	1.61	1.36	1.18	5.27	3.56	2.83	2.40	1.97	1.51	1.19
	图符配对	1.55	1.30	1.14	5.35	3.72	2.96	2.31	1.98	1.60	1.26
	汉词再认	3.55	2.99	2.61	5.30	4.06	3.35	2.71	2.04	1.54	1.22
	图画再认	3.00	2.53	2.21	6.29	4.38	3.34	2.70	2.11	1.71	1.29
	汉词回忆	3.29	2.77	2.42	6.76	4.57	3.37	2.69	2.22	1.75	1.30
	图形再生	2.69	2.26	1.98	5.18	3.61	2.81	2.22	1.85	1.47	1.12
	自由组词	2.48	2.09	1.82	8.06	5.98	4.22	3.44	2.68	2.18	1.65
	残图命名	3.52	2.96	2.59	7.17	4.83	3.75	3.05	2.43	1.90	1.46
	词对延迟	2.37	2.00	1.74	5.07	3.52	2.72	2.13	1.66	1.36	0.98
	图符延迟	2.18	1.84	1.61	6.30	4.43	3.52	2.87	2.34	1.98	1.55
	经历定向	1.55	1.30	1.14	4.39	3.14	2.43	1.98	1.64	1.36	1.06
	常识记忆	2.50	2.10	1.83	5.18	3.52	2.81	2.23	1.91	1.50	1.19
附加分测验	汉词广度	2.34	1.97	1.72	4.87	3.55	2.83	2.29	1.84	1.40	1.04
	人—名配对	1.66	1.40	1.22	7.60	5.88	4.78	3.67	3.22	2.61	2.03
	人面再认	4.13	3.47	3.03	7.03	4.75	3.76	3.20	2.72	2.20	1.78
	图画回忆	3.34	2.81	2.46	6.59	4.41	3.47	2.68	2.20	1.81	1.50
	人—名延迟	2.24	1.88	1.64	6.99	4.10	2.95	2.44	2.00	1.56	1.25
	生活记忆	3.70	3.11	2.72	7.92	5.15	3.80	2.89	2.22	1.82	1.33

表 G.9　分测验与平均量表分（老人）间差异的显著性

	分测验	P值			常模样本中差异累计发生率						
		0.05	0.1	0.15	1%	5%	10%	15%	20%	25%	30%
基本分测验	数字广度	1.88	1.59	1.38	4.49	3.16	2.50	1.96	1.56	1.35	1.10
	空间广度	3.05	2.56	2.24	4.45	3.06	2.51	1.98	1.67	1.29	0.97
	汉词配对	1.85	1.56	1.36	4.45	3.50	2.61	2.09	1.63	1.27	0.97
	图符配对	1.82	1.53	1.34	7.45	5.05	4.06	3.61	2.93	2.47	1.98
	汉词再认	4.39	3.70	3.23	5.27	3.83	3.12	2.49	1.99	1.69	1.42
	图画再认	3.06	2.58	2.25	6.31	4.33	3.04	2.55	2.13	1.75	1.38
	汉词回忆	3.77	3.17	2.77	5.48	3.83	3.13	2.18	1.97	1.58	1.22
	图形再生	2.94	2.48	2.16	4.76	3.21	2.36	1.93	1.61	1.27	1.01
	自由组词	2.94	2.48	2.16	8.02	5.32	4.23	3.49	2.83	2.27	1.72
	残图命名	3.05	2.56	2.24	7.05	4.81	3.93	3.33	2.72	2.08	1.33
	词对延迟	2.89	2.43	2.12	5.44	3.60	2.78	2.29	1.81	1.37	1.17
	图符延迟	2.68	2.26	1.97	6.64	4.10	3.23	2.49	2.16	1.71	1.36
	经历定向	1.93	1.63	1.42	4.20	2.90	2.39	1.92	1.60	1.29	1.02
	常识记忆	2.77	2.33	2.03	5.03	3.77	3.05	2.53	2.17	1.71	1.33
附加分测验	汉词广度	2.98	2.51	2.19	4.30	3.28	2.63	1.99	1.61	1.22	0.89
	人一名配对	2.17	1.82	1.59	6.93	5.18	4.02	3.45	2.63	2.22	1.62
	人面再认	4.61	3.88	3.38	6.01	4.67	3.81	3.25	2.62	2.21	1.70
	图画回忆	3.75	3.16	2.76	6.81	4.06	2.92	2.47	2.13	1.87	1.40
	人一名延迟	2.98	2.51	2.19	5.48	2.96	2.26	2.00	1.64	1.27	1.02
	生活记忆	4.32	3.64	3.17	7.04	5.17	4.26	3.52	2.80	2.30	1.79

表 H. 1 基本指数差异分的百分位常模

累计百分位	外显/内隐	外显/日常	日常/内隐	广度/延迟	联想/再认	联想/回忆	再认/回忆	累计百分位
0.05	60.52	59.98	68.55	56.21	55.75	48.84	55.21	0.05
0.10	60.10	54.67	59.12	53.72	52.22	46.68	48.29	0.10
0.15	59.21	53.56	57.90	5.174	49.94	44.01	46.43	0.15
0.20	51.45	50.46	56.52	51.48	44.15	39.70	45.02	0.20
0.25	48.46	49.66	55.32	46.72	41.27	39.66	44.15	0.25
0.30	47.06	47.49	53.99	46.46	14.22	36.77	43.47	0.30
0.35	46.89	44.89	51.25	43.54	40.60	35.91	41.45	0.35
0.40	44.39	43.66	49.20	41.74	40.12	35.13	40.66	0.40
0.45	44.34	41.11	48.74	40.39	39.94	34.39	39.87	0.45
0.5	44.29	38.88	48.27	39.46	39.73	32.46	37.43	0.5
1.0	39.15	33.12	42.43	37.09	34.60	30.38	34.77	1.0
1.5	35.09	31.23	39.63	33.48	32.49	29.45	32.16	1.5
2.0	33.55	29.69	37.43	31.27	30.17	27.48	30.17	2.0
2.5	32.92	27.64	35.53	30.23	29.30	26.29	29.52	2.5
3.0	31.74	25.79	34.55	28.49	28.40	25.33	28.32	3.0
3.5	30.55	24.60	32.47	27.54	26.95	24.24	27.48	3.5
4.0	29.09	23.56	31.43	26.60	25.63	23.48	26.88	4.0
4.5	28.18	22.73	30.77	25.80	25.06	22.93	25.77	4.5
5.0	27.46	21.60	29.69	25.01	24.54	21.81	25.05	5.0
5.5	26.44	21.09	28.53	24.44	23.66	21.08	24.58	5.5
6.0	25.62	20.73	27.76	23.40	23.05	20.74	24.19	6.0
6.5	25.14	20.26	27.22	22.92	22.43	20.80	23.66	6.5
7.0	24.54	20.01	26.46	22.16	21.36	19.39	22.88	7.0
7.5	23.55	19.35	25.49	21.77	20.82	18.91	21.99	7.5
8.0	23.17	18.86	25.15	20.88	22.28	18.45	21.36	8.0
8.5	22.82	18.36	24.60	20.46	19.91	18.06	20.59	8.5
9.0	22.19	18.02	24.10	20.11	19.67	17.62	20.24	9.0
9.5	21.67	17.38	23.51	19.69	19.16	17.10	19.49	9.5
10.0	21.12	17.19	22.81	19.14	18.58	16.79	19.02	10.0
10.5	20.85	16.85	22.24	18.80	17.95	16.25	18.45	10.5
11.0	20.55	16.68	21.86	18.51	17.82	15.85	18.18	11.0
11.5	20.03	16.25	21.17	18.03	17.46	15.59	17.73	11.5
12.0	19.52	16.05	20.76	17.66	17.10	15.21	17.36	12.0
12.5	19.06	15.82	20.39	17.18	16.77	14.97	17.01	12.5
13.0	18.72	15.38	19.98	16.79	16.62	14.66	16.57	13.0
13.5	18.30	14.82	19.33	16.37	16.17	14.19	16.31	13.5
14.0	17.81	14.45	19.07	15.95	15.91	13.97	16.03	14.0
14.5	17.62	14.14	18.88	15.65	15.74	13.73	15.70	14.5
15.0	17.37	13.76	18.60	15.44	15.37	13.40	15.41	15.0
15.5	17.01	13.51	18.21	15.07	15.06	13.15	14.96	15.5
16.0	16.63	13.39	17.92	14.80	14.82	12.99	14.57	16.0
16.5	16.28	13.15	17.51	14.21	14.48	12.55	14.36	16.5
17.0	15.92	12.95	17.09	13.99	14.27	12.36	14.18	17.0
17.5	15.32	12.65	16.65	13.48	13.94	12.09	14.05	17.5
18.0	14.83	12.54	16.35	13.17	13.64	11.76	13.75	18.0
18.5	14.46	12.39	15.98	12.96	13.36	11.56	13.42	18.5
19.0	14.14	12.00	15.58	12.82	12.75	11.30	13.22	19.0
19.5	14.00	11.72	15.24	12.62	12.57	11.12	13.06	19.5
20.0	13.80	11.49	14.89	16.12	12.29	10.68	12.71	20.0

表 H. 2　附加指数差异分的百分位常模

百分位	视觉 / 听觉	短时 / 中时	中时 / 长时	长时 / 短时	百分位
0.05	41.13	39.97	39.39	48.13	0.05
0.10	40.14	38.45	31.53	43.11	0.10
0.15	38.16	38.29	31.49	40.88	0.15
0.20	36.72	37.68	31.47	39.35	0.20
0.25	35.71	36.81	30.73	38.46	0.25
0.30	35.21	36.49	30.28	38.03	0.30
0.35	34.69	35.49	29.30	36.46	0.35
0.40	34.41	35.42	28.82	35.41	0.40
0.45	34.13	35.23	28.78	34.73	0.45
0.5	33.85	33.94	26.81	32.02	0.5
1.0	29.82	31.79	24.83	30.88	1.0
1.5	28.23	29.79	23.89	28.59	1.5
2.0	26.16	27.43	22.35	27.00	2.0
2.5	24.23	26.14	21.10	26.05	2.5
3.0	23.27	24.83	20.35	24.77	3.0
3.5	22.10	23.94	19.20	23.80	3.5
4.0	21.02	22.92	18.43	22.88	4.0
4.5	20.39	22.44	17.91	22.10	4.5
5.0	19.41	21.81	17.49	21.39	5.0
5.5	18.92	21.54	16.74	21.12	5.5
6.0	18.30	20.11	16.38	20.78	6.0
6.5	17.86	20.14	16.01	20.18	6.5
7.0	17.43	19.38	15.65	19.38	7.0
7.5	17.02	18.63	15.19	18.61	7.5
8.0	16.62	18.25	14.83	18.17	8.0
8.5	16.17	17.84	14.61	17.69	8.5
9.0	15.96	17.26	14.34	17.27	9.0
9.5	15.70	16.95	14.10	16.69	9.5
10.0	15.18	16.57	13.72	16.34	10.0
10.5	14.82	16.17	13.20	16.14	10.5
11.0	14.56	15.95	12.86	15.77	11.0
11.5	14.27	15.41	12.62	15.44	11.5
12.0	13.98	15.15	12.33	15.10	12.0
12.5	13.66	14.81	12.15	14.79	12.5
13.0	13.47	14.54	12.01	14.54	13.0
13.5	13.20	14.22	11.80	13.96	13.5
14.0	12.82	13.97	11.57	13.57	14.0
14.5	12.66	13.56	11.42	13.17	14.5
15.0	12.49	13.28	11.27	12.89	15.0
15.5	12.04	12.97	11.01	12.51	15.5
16.0	11.94	12.58	10.56	12.18	16.0
16.5	11.55	12.39	10.44	12.05	16.5
17.0	11.35	12.18	10.30	11.77	17.0
17.5	11.24	11.89	10.04	11.64	17.5
18.0	11.05	11.51	9.88	11.34	18.0
18.5	10.68	11.32	9.60	11.05	18.5
19.0	10.37	11.12	9.26	10.83	19.0
19.5	10.20	10.87	9.04	10.54	19.5
20.0	9.95	10.48	8.88	10.35	20.0

表 H.3 分测验间差异分的百分位常模（儿童）

百分位	记忆广度			联想学习			再认记忆			自由回忆			内隐	日常记忆			延迟记忆			百分位
	数字与汉词	汉词与空间	空间与数字	汉词与图符	图符与人名	人名与汉词	汉词与图画	图画与人面	人面与汉词	汉词与图画	图画与图形	图形与汉词	组词与残图	经历与常识	常识与生活	生活与经历	词对与图符	图符与人名	人名与词对	
1	4.6	6.2	6.2	6.9	7.6	8.3	7.8	7.1	8.3	7.4	7.9	8.2	9.7	7.3	6.9	9.1	8.3	6.9	6.4	1
2	4.1	5.1	5.1	6.0	6.7	7.5	7.0	6.1	7.7	6.4	7.1	7.6	9.3	6.3	6.2	7.4	7.0	6.1	5.9	2
3	3.7	4.6	5.0	5.4	6.3	6.1	6.3	5.9	6.6	5.6	6.3	7.1	8.6	5.6	5.7	6.8	5.8	5.6	5.0	3
4	3.5	4.4	4.4	5.3	6.1	5.6	6.0	5.6	6.2	5.3	6.0	6.5	7.8	5.3	5.5	6.4	5.4	5.4	4.9	4
5	3.3	4.1	4.2	4.6	5.7	5.3	5.6	4.9	5.7	5.2	5.5	6.3	7.0	4.9	5.2	6.0	4.9	4.9	4.5	5
6	3.2	3.6	4.0	4.2	5.4	5.1	5.2	4.8	5.5	4.8	5.0	5.7	6.6	4.5	4.8	5.5	4.2	4.6	4.4	6
7	3.0	3.5	3.8	3.9	4.9	5.0	5.1	4.6	5.2	4.5	4.8	5.3	6.4	4.4	4.5	5.2	3.9	4.4	4.3	7
8	2.8	3.4	3.6	3.7	4.7	4.9	4.9	4.4	4.7	4.4	4.5	5.0	6.0	4.1	4.3	4.6	3.7	4.3	4.2	8
9	2.7	3.3	3.5	3.5	4.6	4.7	4.2	4.3	4.4	4.2	4.3	4.7	5.7	3.8	4.1	4.5	3.6	4.2	4.1	9
10	2.6	3.1	3.4	3.4	4.4	4.5	3.9	4.2	4.1	4.0	4.1	4.5	5.4	3.4	4.0	4.1	3.3	4.1	4.0	10
11	2.5	3.0	3.3	3.2	4.2	4.4	3.7	4.1	4.0	3.9	3.9	4.2	5.1	3.3	3.7	3.6	3.1	4.0	3.9	11
12	2.4	2.9	3.2	3.1	4.0	4.3	3.4	3.9	3.8	3.7	3.7	4.1	4.9	3.1	3.6	3.4	3.0	3.9	3.8	12
13	2.3	2.7	3.0	3.0	3.8	4.0	3.2	3.8	3.7	3.6	3.6	4.0	4.6	3.0	3.4	3.2	2.9	3.7	3.7	13
14	2.2	2.6	2.8	2.9	3.7	3.9	3.1	3.7	3.6	3.5	3.5	3.9	4.5	2.8	3.2	3.1	2.8	3.6	3.5	14
15	2.2	2.5	2.7	2.7	3.6	3.7	2.8	3.5	3.4	3.2	3.4	3.8	4.4	2.7	3.1	3.0	2.6	3.5	3.4	15
16	2.1	2.4	2.5	2.6	3.4	3.6	2.7	3.3	3.2	3.1	3.2	3.7	4.2	2.7	3.0	2.9	2.4	3.4	3.3	16
17	2.1	2.3	2.3	2.4	3.2	3.5	2.6	3.2	3.1	3.0	3.1	3.6	4.0	2.6	2.9	2.5	2.2	3.3	3.2	17
18	1.9	2.2	2.2	2.3	3.1	3.4	2.5	3.1	2.9	3.0	2.9	3.5	3.8	2.6	2.8	2.4	2.1	3.1	3.1	18
19	1.9	2.1	2.1	2.2	2.9	3.2	2.4	3.0	2.8	2.9	2.8	3.4	3.7	2.5	2.7	2.3	2.0	3.0	3.0	19
20	1.8	2.0	2.0	2.1	2.8	3.1	2.3	2.9	2.7	2.8	2.7	3.2	3.6	2.3	2.6	2.2	1.9	2.9	2.8	20

表 H.4　分测验间差异分的百分位常模（成人）

百分位	记忆广度			联想学习			再认记忆			自由回忆			内隐	日常记忆			延迟记忆			百分位
	数字与汉词	汉词与空间	空间与数字	汉词与图符	图符与人名	人名与汉词	汉词与图画	图画与人面	人面与汉词	汉词与图画	图画与图形	图形与汉词	组词与残图	经历与常识	常识与生活	生活与经历	词对与图符	图符与人名	人名与词对	
1	5.0	6.4	6.6	7.4	8.6	9.3	8.5	9.3	9.0	8.3	7.8	9.1	10.3	6.6	6.6	8.2	8.1	8.1	8.4	1
2	4.2	5.7	5.5	6.3	7.1	7.8	7.0	8.3	8.4	7.6	7.1	7.9	9.4	5.9	5.9	6.1	7.2	6.7	7.1	2
3	3.8	5.1	5.0	5.7	6.4	7.3	6.8	7.8	7.3	6.8	6.6	7.1	8.2	5.6	5.6	5.3	6.5	6.1	6.1	3
4	3.7	5.0	4.6	5.2	6.0	7.0	6.4	7.4	6.9	6.1	5.8	6.8	8.0	5.1	5.3	5.0	5.9	5.5	5.6	4
5	3.6	4.7	4.3	4.9	5.8	6.7	6.1	6.9	6.5	5.8	5.6	6.3	7.3	5.0	5.1	4.8	5.2	5.3	5.0	5
6	3.3	4.5	4.1	4.6	5.5	6.2	5.8	6.6	6.3	5.4	5.4	5.9	7.0	4.9	5.0	4.4	5.0	5.1	4.8	6
7	3.1	4.3	3.7	4.4	5.2	5.9	5.6	6.1	6.0	5.1	5.2	5.5	6.4	4.7	4.7	4.0	4.9	4.7	4.7	7
8	3.0	4.0	3.6	4.2	5.0	5.6	5.3	5.6	5.5	4.8	5.0	5.2	6.0	4.4	4.4	3.8	4.8	4.5	4.4	8
9	2.8	3.9	3.4	3.9	4.7	5.1	5.0	5.3	5.2	4.6	4.7	4.9	5.7	4.2	4.2	3.7	4.6	4.3	4.3	9
10	2.7	3.6	3.3	3.7	4.5	4.9	4.9	5.1	5.2	4.4	4.5	4.7	5.5	3.9	3.9	3.6	4.3	4.1	4.1	10
11	2.6	3.4	3.2	3.6	4.4	4.6	4.7	4.9	4.8	4.1	4.3	4.5	5.3	3.8	3.8	3.3	4.2	3.9	3.9	11
12	2.5	3.2	3.1	3.5	4.2	4.5	4.4	4.8	4.5	4.0	4.0	4.3	5.1	3.7	3.7	3.2	3.9	3.7	3.8	12
13	2.4	3.1	3.0	3.2	4.1	4.3	4.1	4.6	4.3	3.9	3.8	4.1	4.9	3.6	3.6	2.9	3.8	3.6	3.7	13
14	2.3	2.9	2.9	3.1	4.0	4.2	3.9	4.4	4.1	3.8	3.7	4.0	4.7	3.3	3.3	2.8	3.6	3.5	3.5	14
15	2.1	2.8	2.8	2.9	3.9	4.0	3.8	4.3	3.9	3.6	3.6	3.9	4.4	3.2	3.2	2.7	3.5	3.4	3.4	15
16	2.0	2.7	2.6	2.8	3.7	3.9	3.5	4.2	3.7	3.4	3.5	3.7	4.1	3.1	3.1	2.6	3.4	3.3	3.3	16
17	1.9	2.6	2.5	2.6	3.6	3.7	3.4	4.0	3.4	3.3	3.4	3.5	4.0	3.0	3.0	2.5	3.2	3.2	3.1	17
18	1.8	2.5	2.4	2.5	3.5	3.6	3.2	3.9	3.3	3.1	3.3	3.3	3.7	2.9	2.9	2.4	2.9	3.0	3.0	18
19	1.7	2.3	2.3	2.4	3.3	3.5	3.1	3.7	3.2	3.0	3.2	3.2	3.5	2.8	2.8	2.3	2.8	2.9	2.8	19
20	1.6	2.2	2.2	2.3	3.2	3.3	3.0	3.5	3.1	2.9	3.0	3.1	3.4	2.6	2.6	2.1	2.7	2.8	2.7	20

表 H.5　分测验间差异分的百分位常模（老人）

百分位	记忆广度			联想学习			再认记忆			自由回忆			内隐	日常记忆			延迟记忆			百分位
	数字与汉词	汉词与空间	空间与数字	汉词与图符	图符与人名	人名与汉词	汉词与图画	图画与人面	人面与汉词	汉词与图画	图画与图形	图形与汉词	组词与残图	经历与常识	常识与生活	生活与经历	词对与图符	图符与人名	人名与词对	
1	4.9	5.4	5.4	9.6	9.2	8.9	8.9	9.9	8.5	6.6	7.8	7.3	11.3	6.1	7.8	7.0	8.5	8.6	7.5	1
2	4.1	5.1	4.7	8.5	8.5	7.8	7.7	8.5	7.4	6.1	6.7	6.0	9.8	5.6	7.0	6.6	7.5	6.7	6.6	2
3	3.4	4.6	4.4	7.2	8.2	7.0	7.3	7.3	7.1	5.5	6.2	5.7	9.1	5.3	6.4	5.9	6.2	6.1	5.3	3
4	3.2	4.3	4.3	6.8	7.8	6.7	6.7	6.6	6.3	5.4	6.0	5.4	8.5	4.8	6.1	5.5	5.8	5.7	5.0	4
5	3.1	4.0	4.0	6.5	7.3	6.2	6.1	6.4	6.2	5.1	5.4	5.3	8.2	4.5	6.0	5.2	5.5	5.1	4.8	5
6	2.9	3.8	3.8	6.3	6.6	5.7	5.9	5.9	6.0	4.8	5.2	5.1	7.7	4.1	5.9	4.8	5.4	4.8	4.7	6
7	2.8	3.7	3.6	6.0	6.4	5.4	5.7	5.8	5.5	4.6	4.9	5.0	7.4	3.9	5.8	4.5	5.2	4.6	4.5	7
8	2.7	3.5	3.5	5.9	6.2	5.1	5.4	5.5	5.4	4.4	4.6	4.8	7.3	3.8	5.5	4.3	4.8	4.2	4.4	8
9	2.6	3.4	3.3	5.6	5.8	5.0	5.2	5.4	5.2	4.3	4.4	4.7	6.5	3.7	5.1	4.1	4.6	4.1	4.2	9
10	2.5	3.1	3.2	5.1	5.7	4.6	5.0	5.1	5.0	4.2	4.1	4.4	6.3	3.6	4.7	3.9	4.4	3.9	4.0	10
11	2.3	3.0	3.0	4.8	5.4	4.4	4.6	5.0	4.6	4.1	3.9	4.2	6.0	3.5	4.5	3.8	4.3	3.8	3.8	11
12	2.2	2.7	2.9	4.7	4.8	4.2	4.4	4.8	4.3	3.8	3.8	4.1	5.9	3.4	4.4	3.7	4.1	3.6	3.6	12
13	2.1	2.6	2.8	4.4	4.5	4.0	4.3	4.6	4.2	3.6	3.6	3.9	5.4	3.3	4.3	3.5	3.9	3.4	3.5	13
14	2.0	2.5	2.7	4.2	4.3	3.9	4.1	4.4	4.1	3.5	3.4	3.8	5.1	3.2	4.2	3.4	3.7	3.3	3.4	14
15	2.0	2.4	2.6	4.1	4.0	3.7	4.0	4.2	4.0	3.2	3.3	3.4	5.0	3.1	4.1	3.3	3.6	3.1	3.3	15
16	1.9	2.3	2.5	3.8	3.8	3.6	3.6	4.0	3.5	3.1	3.1	3.2	4.9	3.0	4.0	3.2	3.4	2.8	3.2	16
17	1.8	2.3	2.4	3.6	3.7	3.5	3.4	3.9	3.4	2.9	3.0	3.1	4.8	2.7	3.8	3.1	3.3	2.7	3.1	17
18	1.8	2.2	2.3	3.5	3.4	3.4	3.3	3.8	3.2	2.6	2.9	2.9	4.7	2.6	3.6	3.0	3.2	2.6	3.0	18
19	1.7	2.1	2.2	3.4	3.3	3.3	3.1	3.7	3.1	2.4	2.7	2.8	4.4	2.5	3.5	2.9	3.1	2.5	2.9	19
20	1.7	2.0	2.1	3.2	3.2	3.2	2.9	3.3	2.9	2.3	2.6	2.6	4.2	2.4	3.3	2.8	2.9	2.4	2.8	20

表 1. Z 分对应的百分位

Z	0.00	0.01	0.02	0.03	0.04	0.05	0.06	0.07	0.08	0.09
0.0	.5000	.5040	.5120	.5160	.5190	.5199	.5239	.5279	.5319	.5359
0.1	.5398	.5438	.5478	.5517	.5557	.5596	.5636	.5675	.5714	.5753
0.2	.5793	.5832	.5871	.5910	.5948	.5987	.6026	.6064	.6103	.6141
0.3	.6179	.6217	.6255	.6293	.6331	.6368	.6406	.6443	.6480	.6517
0.4	.6554	.6591	.6628	.6664	.6700	.6736	.6772	.6808	.6844	.6879
0.5	.6915	.6950	.6985	.7019	.7054	.7088	.7123	.7157	.7190	.7224
0.6	.7257	.7291	.7324	.7357	.7389	.7422	.7454	.7486	.7517	.7549
0.7	.7580	.7611	.7642	.7673	.7704	.7734	.7764	.7794	.7823	.7852
0.8	.7881	.7910	.7939	.7967	.7995	.8023	.8051	.8078	.8106	.8133
0.9	.8159	.8186	.8212	.8238	.8264	.8289	.8315	.8340	.8365	.8389
1.0	.8413	.8438	.8461	.8485	.8508	.8531	.8554	.8577	.8599	.8621
1.1	.8643	.8665	.8686	.8708	.8729	.8749	.8770	.8790	.8810	.8830
1.2	.8849	.8869	.8888	.8907	.8925	.8944	.8962	.8980	.8997	.9015
1.3	.9032	.9049	.9066	.9082	.9099	.9115	.9131	.9147	.9162	.9177
1.4	.9192	.9207	.9222	.9236	.9251	.9265	.9279	.9292	.9308	.9319
1.5	.9332	.9345	.9357	.9370	.9382	.9394	.9406	.9418	.9429	.9441
1.6	9.452	.9463	.9474	.9484	.9495	.9505	.9515	.9525	.9535	.9545
1.7	.9554	.9564	.9573	.9582	.9591	.9599	.9608	.9616	.9625	.9633
1.8	.9641	.9649	.9656	.9664	.9671	.9678	.9686	.9693	.9699	.9706
1.9	.9713	.9719	.9726	.9732	.9738	.9744	.9750	.9756	.9761	.9767
2.0	.9772	.9778	.9783	.9788	.9793	.9798	.9803	.9808	.9812	.9817
2.1	.9821	.9826	.9830	.9834	.9838	.9842	.9846	.9850	.9854	.9857
2.2	.9861	.9864	.9868	.9871	.9875	.9878	.9881	.9884	.9887	.9890
2.3	.9893	.9896	.9898	.9901	.9904	.9906	.9909	.9911	.9913	.9916
2.4	.9918	.9920	.9922	.9925	.9922	.9929	.9931	.9932	.9934	.9936
2.5	.9938	.9940	.9941	.9943	.9945	.9946	.9948	.9949	.9951	.9952
2.6	.9953	.9955	.9956	.9957	.9959	.9960	.9961	.9962	.9963	.9964
2.7	.9965	.9966	.9967	.9968	.9969	.9970	.9971	.9972	.9973	.9974
2.8	.9974	.9975	.9976	.9977	.9977	.9978	.9979	.9979	.9980	.9981
2.9	.9981	.9982	.9982	.9983	.9984	.9984	.9985	.9985	.9986	.9986
3.0	.9987	.9987	.9987	.9988	.9988	.9989	.9989	.9989	.9990	.9990